普通高等教育新工科通信类专业系列教材

随机信号分析

主编　许方敏　刘兆霆　尚俊娜
主审　王海泉

西安电子科技大学出版社

内容简介

本书以确定信号的时频域分析和概率论为基础，介绍了随机信号分析的基本原理，包括随机变量及其统计特性、随机过程及其统计特性、平稳随机过程、确定信号的时频域分析、随机信号的功率谱、随机信号通过线性时不变系统、窄带随机过程与希尔伯特变换、常见的随机过程等内容。同时，本书还将理论与工程应用相结合，引入了随机信号分析在电子信息、通信工程等方面的应用实例。

本书可以作为高校通信工程、电子信息类专业本科生的教材或参考用书，也可以作为通信工程、电子信息等相关专业的工程技术人员的参考用书。

图书在版编目(CIP)数据

随机信号分析/许方敏，刘兆霆，尚俊娜主编. —西安：西安电子科技大学出版社，2023.3
ISBN 978-7-5606-6763-8

Ⅰ. ①随… Ⅱ. ①许… ②刘… ③尚… Ⅲ. ①随机信号—信号分析 Ⅳ. ①TN911.6

中国国家版本馆 CIP 数据核字(2023)第 001072 号

策　　划　陈　婷
责任编辑　陈　婷
出版发行　西安电子科技大学出版社(西安市太白南路 2 号)
电　　话　(029)88202421　88201467　　邮　　编　710071
网　　址　www.xduph.com　　电子邮箱　xdupfxb001@163.com
经　　销　新华书店
印　　刷　陕西天意印务有限责任公司
版　　次　2023 年 3 月第 1 版　2023 年 3 月第 1 次印刷
开　　本　787 毫米×1092 毫米　1/16　印张 11.75
字　　数　253 千字
印　　数　1～3000 册
定　　价　32.00 元
ISBN 978-7-5606-6763-8/TN
XDUP 706500　1-1
如有印装问题可调换

前　言

随机信号广泛存在于通信、信息、电子工程等领域。如何有效地分析和处理这些随机信号是通信、信息等相关专业人员必须掌握的专业基础知识。鉴于目前很多学校安排的随机信号分析课程的学时数较少(一般为32～48学时)，而学生需要学习的课程种类多，学习精力有限，本书仅介绍随机信号分析的基础理论和对应的一些常见工程案例。

本书详细介绍了随机信号分析的基础理论，对随机信号分别进行了时域、频域以及时频域综合分析。前三章主要从时域角度分析随机信号。其中，第1章首先介绍了随机变量及其统计特性；在此基础上，第2章引入了随机过程的概念、分类及统计特性；第3章主要讨论随机过程的平稳性、各态历经性以及统计特性。第4章和第5章分别讨论了确定信号分析的基础理论和随机信号的频域分析。其中，第4章的内容在信号与系统课程中已有涉及，可以供读者自学参考。第6章是随机信号通过线性时不变系统的时频域综合分析。第7章和第8章分别介绍了常用的随机过程(窄带随机过程)及希尔伯特变换和马尔可夫过程。

本书的特色在于用易懂的语言和例子解释相关的随机分析理论。另外，本书还充分结合并灵活应用了信号与系统课程的知识点来分析随机信号的时频域特征和随机信号通过线性时不变系统的时频域特征。

本书由许方敏、刘兆霆、尚俊娜共同编写。

王海泉教授以及课程组的其他老师对本书提出了许多宝贵的建议，西安电子科技大学出版社的编辑为本书的出版付出了很大努力，在此一并表示感谢。

本书虽然经过多次修改，但书中难免存在欠妥之处，恳请读者不吝赐教。读者可将对本书的指正和建议发送到电子邮箱 xufangmin@hdu.edu.cn，作者在此深表感谢！

作　者

2022年7月

目　录

第 1 章　随机变量及其统计特性

随机信号分析的基础是概率论与数理统计、信号与系统等。概率论是研究随机现象的科学，起源于 17 世纪，最初是为赌博服务的，后来逐步发展为数学的一个分支。在概率论的发展史上，瑞士数学家贝努利(Bernoulli)提出了著名的"大数定律"，苏联数学家柯尔莫哥洛夫(Kolmogorov)为概率论建立了公理化体系结构，奠定了严密的数学基础。随着科学的发展，概率与统计的方法日益渗透到各个领域，并广泛应用于自然科学、经济学、医学甚至人文科学中。本章主要介绍概率论的基本概念和基本理论，包括随机现象的基本概念、随机变量及分布函数、随机变量的数字特征等。

1.1　随机现象的基本概念

概率论的研究对象是随机现象。随机现象是和确定现象相对的。后者是在一定条件下必然发生的现象，比如一枚硬币有正反两面，一个骰子有六个面。前者是在一定条件下出现的随机的、不可预测的现象。比如，投掷一个骰子，可能得到点数为 1 点、2 点、3 点、4 点、5 点或 6 点；买一张彩票可能会中奖，也可能不会中奖；在二进制信息传输系统中，对接收机来说，发射机发送的码元是未知的，它可能发送码元"1"，也可能发送"0"。随着人类对自然和社会研究的深入，遇到的随机现象会越来越多，必然需要研究探讨一个随机事件的统计规律性，如随机现象发生的概率、均值、方差等问题，这就需要运用研究统计规律性的数学工具——概率论。下面介绍概率论中常用的一些概念。

1. 随机现象

随机现象指在个别试验中呈现出不确定性而在大量重复试验中又表现出统计规律性的现象。与随机现象相对的是确定现象，确定现象在一次试验中肯定发生或肯定不发生。

2. 随机试验

随机试验指具有以下几个特点的试验：

(1) 在一定条件下可以重复进行；

(2) 结果不唯一，并且是明确的；

(3) 试验前不能确定出现哪种结果。

【例 1.1.1】 随机试验的例子。

(1) 抛掷一枚均匀的硬币，观察其正面和反面出现的情形；

(2) 抛掷一个均匀的骰子，观察其出现的点数；

(3) 一个盒子中装有红色和白色两种颜色的小球，从袋中任取一个，观察其颜色。

随机试验可以大量重复进行，并且表现出一定的统计规律性。我们通过随机试验来研究随机现象。

3. 样本空间和样本点

随机试验中所有可能的结果组成的集合称为样本空间，一般用 Ω 表示。样本空间的每个元素称为样本点。例如，在投掷硬币的随机试验中，样本空间为{正面，反面}，样本点为“正面”和“反面”。

4. 随机事件和基本事件

可能发生也可能不发生的事件叫作随机事件，而在大量重复试验中具有某种规律性的事件叫作随机事件(简称事件)，一般用大写字母 A，B，…表示。随机事件是样本空间的一个子集。由样本空间的单个样本点构成的事件称为基本事件，基本事件是不能再细分的事件。例如，投掷骰子试验中，“结果是 1”“结果是 2”…… “结果是 6”都是基本事件，“结果小于 3”“结果大于 2”等就属于随机事件。

5. 必然事件

必然事件指在一定条件下一定会发生的事件。由于样本空间 Ω 包含所有的基本事件，它在一次试验中一定发生，所以必然事件也可以用 Ω 表示。

6. 不可能事件

不可能事件指在一定条件下一定不会发生的事件，一般记为空集 $\varnothing$。

1.1.1 随机事件之间的关系

随机事件之间具有一定的关系，它们通过一定的运算构成其他事件。

1. 包含关系

若事件 A 发生必然导致事件 B 发生，则称事件 B 包含事件 A，或称事件 A 包含于事件 B，记作 $A \subset B$ 或 $B \supset A$。例如，“结果是 1”发生，那么“结果小于 3”一定发生，后者包含前者。

2. 相等关系

若事件 A 和 B 互相包含，则称事件 A 和 B 相等(等价)，记为 $A=B$。

3. 和事件

和事件表示事件 A 和 B 至少有一个发生，记作 $A \cup B$。和事件的定义可以推广到多个事件的情况。

4. 积事件

积事件表示事件 A 和 B 同时发生，记作 $A \cap B$，有时简记为 AB。积事件的定义同样可以推广到多个事件的情况。

5. 差事件

差事件指事件 A 发生而事件 B 不发生，记为 $A-B$。

6. 互斥事件

不能同时发生的事件称为互斥事件。若 A 和 B 是互斥事件，则它们的积事件是不可能事件，即 $A\cap B=\varnothing$。互斥事件又称为互不相容事件。

7. 对立事件

在一次试验中不能同时发生并且必然有一个发生的两个事件称为对立事件。事件 A 的对立事件记为 $\overline{A}$，显然有 $A\cap\overline{A}=\varnothing$ 和 $A\cup\overline{A}=\Omega$。对立事件和互斥事件的关系是：互斥事件不一定为对立事件，但对立事件一定为互斥事件。

事件之间的关系及运算可以通过维恩图(Venn diagram，又称文氏图)形象地表示，如图 1.1.1 所示。

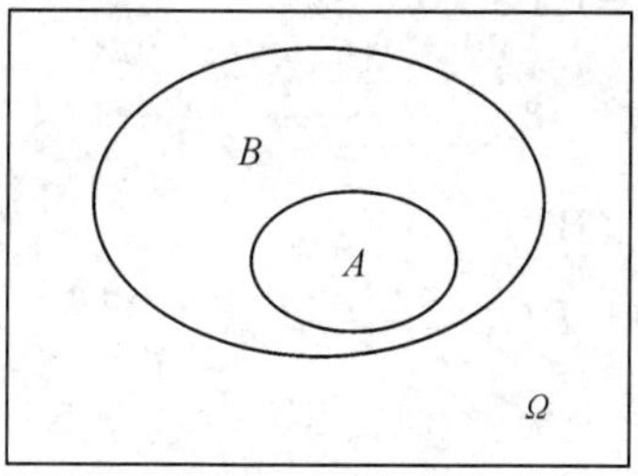

(a)事件 A 包含于事件 B

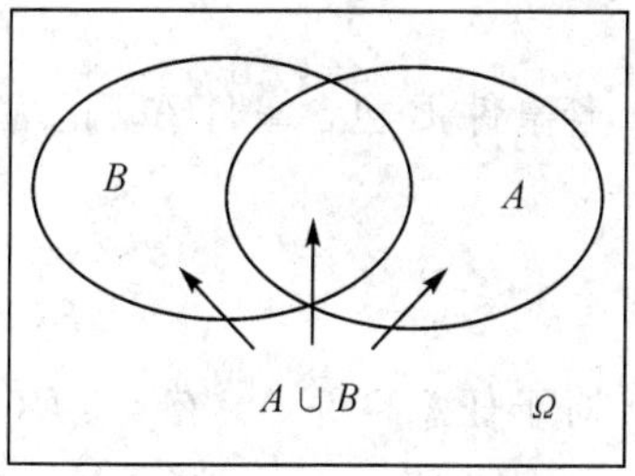

(b)事件 A 与事件 B 的和事件

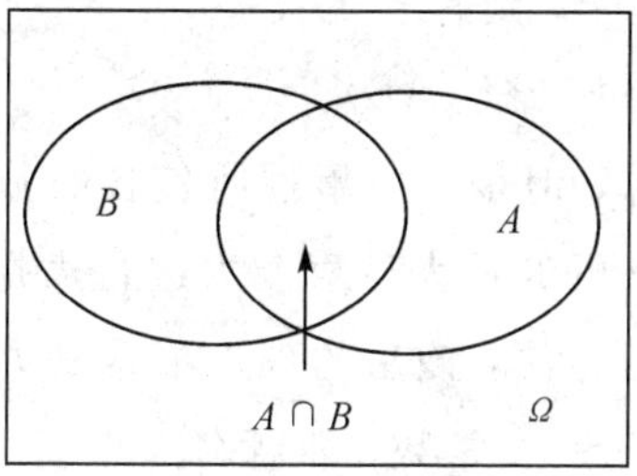

(c)事件 A 与事件 B 的积事件

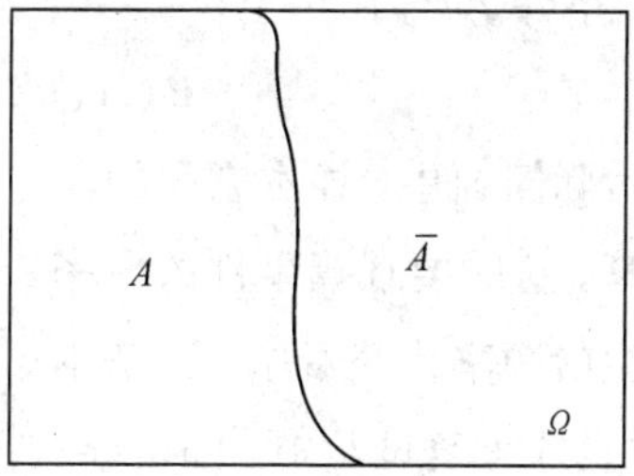

(d) 对立事件

图 1.1.1　用维恩图表示事件之间的关系

1.1.2　概率的定义及其性质

在 N 次同等条件下的试验中，事件 A 发生了 n 次，n 称为频数，而比值 $\frac{n}{N}$ 称为事件 A 发生的频率，记为 $f(\mathrm{A})=\frac{n}{N}$。由定义知，必然事件的频率为 1，不可能事件的频率为 0。当试验次数 n 增大时，事件 A 发生的频率 $\frac{n}{N}$ 表现出一定的稳定性，从频率的稳定性出发可以引入概率的概念。

定义 1.1.1 设随机事件为 A，对 A 赋予一个实数 $P(A)$，$P(A)$满足三个性质：

(1) 非负性，即 $P(A)\geqslant 0$；

(2) 规范性，即 $P(\Omega)=1$；

(3) 可加性，即对任意不同的 i 和 j，随机事件 A_i 和 A_j 两两互斥，即 $A_i\cap A_j=\varnothing$，则有

$$P(\bigcup_{i=1}^{\infty}A_i)=\sum_{i=1}^{\infty}P(A_i) \tag{1.1.1}$$

实数 $P(A)$称为事件 A 的概率。

从概率的定义出发，可以推出如下性质：

(1) 不可能事件的概率为 0，即 $P(\varnothing)=0$。

(2) 有限可加性：设有有限个两两互不相容事件 $A_1, A_2, \cdots, A_n$，则有

$$P(\bigcup_{i=1}^{n}A_i)=\sum_{i=1}^{n}P(A_i) \tag{1.1.2}$$

(3) 若事件 B 包含事件 A，记为 $A\subset B$，则有

$$P(A)\leqslant P(B) \tag{1.1.3}$$

$$P(B-A)=P(B)-P(A) \tag{1.1.4}$$

(4) 对于任意事件 A，有 $0\leqslant P(A)\leqslant 1$。

(5) 对立事件 A 与 $\overline{A}$ 的概率关系：$P(\overline{A})=1-P(A)$。

(6) 事件 A 与 B 同时发生，记为 $A\cap B$(或 AB)，其概率记为 $P(A\cap B)$或 $P(AB)$。

(7) 事件 A 与 B 中至少有一个发生，记为 $A\cup B$，则有

$$P(A\cup B)=P(A)+P(B)-P(AB) \tag{1.1.5}$$

在实际问题中，样本空间的大小一般较易计算，但是某一事件所包含的基本事件数却很难计算。这时要计算事件的概率，可以利用计算机的强大运算能力进行大量的试验，用事件发生的频率代替概率，其基本思想为蒙特卡洛方法，该法的理论根据是贝努利大数定理(在大量的重复试验中，随机事件发生的频率逼近一个常数，即概率)。

1.1.3 条件概率和乘法定理

事件在一定条件下发生的情况，即在一个事件发生的条件下另一事件发生的概率，就是条件概率问题。

定义 1.1.2 设 A、B 为随机试验的两个事件，且 $P(A)>0$，则称

$$P(B|A)=\frac{P(AB)}{P(A)} \tag{1.1.6}$$

为事件 A 发生的条件下事件 B 发生的条件概率。

类似地，若 $P(B)>0$，有

$$P(A|B)=\frac{P(AB)}{P(B)} \tag{1.1.7}$$

由条件概率，可以得到乘法定理。

设 $P(B)>0$，则有

$$P(AB)=P(A|B)P(B) \tag{1.1.8}$$

若 $P(A)>0$，则有

$$P(AB)=P(B|A)P(A) \tag{1.1.9}$$

乘法定理可以推广到 n 个事件之积的情况。设 A_1，A_2，…，A_n 为 n 个事件($n\geqslant 2$)，且 $P(A_n|A_1A_2\cdots A_{n-1})>0$，则有

$$P(A_1A_2\cdots A_n)=P(A_1)P(A_2|A_1)P(A_3|A_1A_2)\cdots P(A_n|A_1A_2\cdots A_{n-1}) \tag{1.1.10}$$

1.1.4　全概率公式

若事件 A_1，A_2，…，A_n 两两互不相容，且

$$\bigcup_{i=1}^{n} A_i = \Omega \tag{1.1.11}$$

则称 A_1，A_2，…，A_n 构成一个完备事件组。

设 n 个事件 A_1，A_2，…，A_n 构成随机试验 E 的一个完备事件组，且 $P(A_i)>0$，B 为随机试验 E 的一个事件，则

$$P(B) = \sum_{i=1}^{n} P(A_i)P(B \mid A_i) \tag{1.1.12}$$

1.1.5　贝叶斯公式

在全概率公式的命题中，若事件 B 已经发生，求事件 A_i 的概率，即求 $P(A_i|B)(i=1, 2, \cdots, n)$的大小，可以用如下公式：

$$P(A_i \mid B) = \frac{P(A_i)P(B \mid A_i)}{\sum_{j=1}^{n} P(A_j)P(B \mid A_j)} \tag{1.1.13}$$

式(1.1.13)称为贝叶斯(Bayes)公式。贝叶斯公式是英国学者托马斯・贝叶斯(Thomas Bayes，1702—1761 年)最早发现的，首次发表在 1763 年，当时贝叶斯已经去世，其结果没有受到应有的重视。1774 年，法国数学家拉普拉斯(Laplace)再次总结了这一结果。此后，人们逐渐认识到这个概率公式的重要性。目前，贝叶斯公式在事故诊断、安全监控、质量控制、药剂检测等方面发挥着重要的作用。

在贝叶斯公式中，B 事件可能由多个原因 A_1，A_2，…，A_n 引起，各种原因引起事件 B 的条件概率即 $P(B|A_i)$可以由以前的统计资料得出。由全概率公式(1.1.12)可以计算由于各种原因导致的事件 B 发生的概率。在事件 B 已经发生的条件下，要计算事件 B 是由某个原因 A_i 引起的概率 $P(A_i|B)$，则需要用贝叶斯公式(1.1.13)计算。全概率公式和贝叶斯公

式互为逆过程。

【例 1.1.2】 在一个数字通信系统中，由于随机干扰，接收到的信号与发出的信号可能不同，假设发报机分别以 0.7 和 0.3 的概率发出信号 0 和 1，当发出信号 0 时分别以概率 0.8 和 0.2 收到信号 0 和 1，当发出信号 1 时接收机分别以概率 0.9 和 0.1 收到信号 1 和 0，试求当接收机收到信号 0 时发报机发出 0 的概率。

解 我们假设 B 事件为接收机收到信号 0，A_0 表示发送信号 0，A_1 表示发送信号 1，则

$$P(A_0)=0.7,\ P(A_1)=0.3,\ P(B|A_0)=0.8,\ P(B|A_1)=0.1$$

于是

$$P(A_0|B)=\frac{P(A_0)P(B|A_0)}{P(A_0)P(B|A_0)+P(A_1)P(B|A_1)}$$

$$=\frac{0.7\times0.8}{0.7\times0.8+0.3\times0.1}\approx0.949$$

【例 1.1.3】 有一个豪宅在过去的 10 年里一共发生过 2 次被盗事件，豪宅的主人有一条狗，狗平均每周晚上叫 3 次，在盗贼入侵时狗叫的概率被估计为 0.95，在狗叫的时候发生盗贼入侵的概率是多少?

解 我们假设 B 事件为狗在晚上叫，A 为盗贼入侵，则以天为单位统计，事件 B 发生的概率约等于 3/7，即

$$P(B)\approx\frac{3}{7},\ P(A)\approx\frac{2}{10\times365},\ P(B|A)\approx0.95$$

按照公式很容易得出结果：

$$P(A|B)=\frac{P(A)P(B|A)}{P(B)}\approx\frac{(2/3650)\times0.95}{3/7}=0.001\ 214\ 61$$

可见，在狗叫的时候发生盗贼入侵的概率只有 0.001 214 61。例 1.1.3 中，盗贼入侵是与狗叫有关的。在实际应用中，也有很多事件之间是相互无关的。比如有两枚硬币，$A=$ {第一枚硬币正面朝上}，$B=$ {第二枚硬币反面朝上}。容易计算 $P(B/A)=P(B)=0.5$。这表明第一枚硬币是否正面朝上不影响第二枚硬币的朝向。这时称 A、B 两事件独立。下面介绍事件独立的定义。

1.1.6 事件的独立性

定义 1.1.3 设 A 和 B 是两个随机事件，如果它们满足关系式 $P(AB)=P(A)P(B)$，则称它们是独立的。相互独立事件具有如下两个简单的性质：

(1) 若 A 和 B 是相互独立事件，并且 $P(A)>0$，那么有 $P(B|A)=P(B)$。

该性质表明，若 A 和 B 相互独立，则 A 相对 B 的条件概率和非条件概率是相等的。

(2) 若 A 和 B 是相互独立事件，则下列各对事件也是相互独立事件：A 与 $\overline{B}$，$\overline{A}$ 与 B。

独立性的概念可以推广到多个事件的情况。

定义 1.1.4　设 A_1，A_2，…，A_n 为 n 个事件，若对任意的 $r(1<r\leqslant n)$及任意的 $1\leqslant i_1<i_2<\cdots<i_r\leqslant n$ 有

$$P(A_{i_1}A_{i_2}\cdots A_{i_r})=P(A_{i_1})P(A_{i_2})\cdots P(A_{i_r}) \tag{1.1.14}$$

则称事件 A_1，A_2，…，A_n 相互独立。

显然，若 A_1，A_2，…，A_n 独立，则 A_1，A_2，…，A_n 中的任意两个都是独立的(称为两两独立)；反之，若 A_1，A_2，…，A_n 两两独立，则未必有 A_1，A_2，…，A_n 独立。

1.2　随机变量及分布函数

1.2.1　一维随机变量及其分布函数

随机变量及其概率分布理论的建立是概率论的基础，也是随机信号分析的基础。概率分布是概率统计中重要的函数，它使得随机变量可用数学分析的方法来研究。概率分布函数也是随机变量最重要的概率特征之一，可以完整地描述随机变量的统计规律。

定义 1.2.1　设 X 是一个随机变量，x 是实数，函数 $F(x)=P(X\leqslant x)$称为随机变量 X 的概率分布函数，简称分布函数。

分布函数具有如下三个性质：

(1) 单调非减性，即当 $x_1<x_2$ 时，有 $F(x_1)\leqslant F(x_2)$；

(2) 取值区间为[0，1]，即 $0\leqslant F(x)\leqslant 1$；

(3) 右连续性。

除了概率分布函数，随机变量的概率密度函数也可以完整地描述随机变量的统计规律。

定义 1.2.2　记随机变量 X 的分布函数为 $F(x)$，若存在非负函数 $f(x)\geqslant 0$，使得对于任意实数 x，有

$$F(x)=\int_{-\infty}^{x}f(\xi)\mathrm{d}\xi \tag{1.2.1}$$

则函数 $f(x)$称为随机变量 X 的概率密度函数，简称概率密度。对式(1.2.1)求导可知，如果已知随机变量 X 的分布函数 $F(x)$，则其概率密度函数为

$$f(x)=\frac{\mathrm{d}F(x)}{\mathrm{d}x} \tag{1.2.2}$$

概率密度函数有如下性质：

(1) 概率密度函数为非负的，即 $f(x)\geqslant 0$；

(2) 概率密度函数在整个取值区间的积分为 1，即

$$\int_{-\infty}^{\infty} f(x)\mathrm{d}x = 1 \tag{1.2.3}$$

(3) 概率密度函数在区间$(x_1, x_2]$的积分给出了该区间的概率，即

$$P\{x_1 < X \leqslant x_2\} = F(x_2) - F(x_1) = \int_{x_1}^{x_2} f(x)\mathrm{d}x \tag{1.2.4}$$

这说明随机变量落入$(x_1, x_2]$上的概率等于图 1.2.1 中阴影区的面积。从这条性质可以看出，对于连续型随机变量来说，在任意一点的概率为 0。

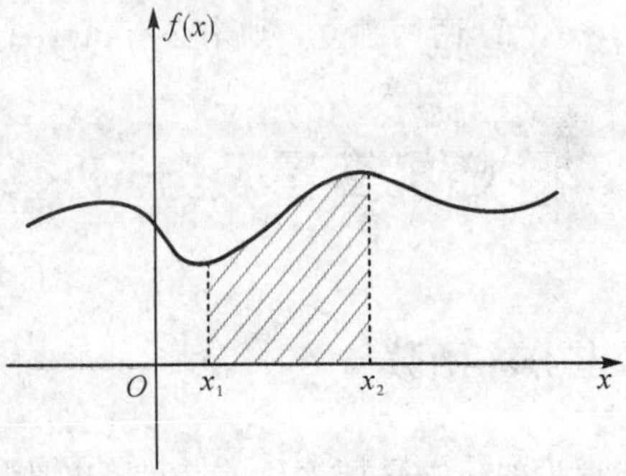

图 1.2.1　随机变量落入$(x_1, x_2]$的概率(以连续型随机变量为例)

定义 1.2.2 适用于连续型随机变量和离散型随机变量。为了更进一步了解随机变量的分布函数，下面分别举例说明一些常见的离散型随机变量和连续型随机变量。

1. 离散型随机变量及其分布律(分布列)

定义 1.2.3　若随机变量 X 的可能取值为有限个$(x_1, x_2, \cdots, x_n)$或可列无限个，则称此随机变量为离散型随机变量，称

$$P\{X=x_k\}=p_k, \quad k=1, 2, \cdots, n \tag{1.2.5}$$

为随机变量 X 的概率分布或分布律，其中$\sum_{k=1}^{n} p_k = 1$。

也可写成表 1.2.1 所示的形式。

表 1.2.1　随机变量 X 的分布律

X	x_1	x_2	$\cdots$	x_n
P	p_1	p_2	$\cdots$	p_n

由分布函数的定义可知，离散型随机变量的分布函数为

$$F(x) = \sum_{i=1}^{\infty} P\{X = x_i\}\mathrm{u}(x - x_i) = \sum_{i=1}^{\infty} p_i \mathrm{u}(x - x_i) \tag{1.2.6}$$

其中，$\mathrm{u}(\cdot)$为阶跃函数。

对式(1.2.6)求导，可以得到离散型随机变量的概率密度函数：

$$f(x) = \frac{\mathrm{d}F(x)}{\mathrm{d}x} = \sum_{i=1}^{\infty} p_i \delta(x - x_i) \tag{1.2.7}$$

其中，$\delta(\cdot)$为单位冲激信号。

下面介绍几种典型的离散型随机变量。

1) (0, 1)分布

设随机变量 X 的可能取值为 0 和 1 两个值，其概率分布为

$$P\{X=1\}=p,\ P\{X=0\}=1-p,\quad 0<p<1 \tag{1.2.8}$$

称 X 服从(0，1)分布。

2) 贝努利分布

设试验的样本空间 Ω 只有两个样本点 A 和 $\overline{A}$，其概率分别为 $P(A)=p$，$P(\overline{A})=1-p=q$，将试验独立地重复 n 次，那么 A 发生 m 次这个随机事件的概率服从贝努利分布，其概率为

$$P_n(X=m)=C_n^m p^m q^{n-m},\quad 0\leqslant m\leqslant n \tag{1.2.9}$$

贝努利分布又称二项分布，记为 $X\sim B(n,\ p)$。当 $n=1$ 时，贝努利分布退化为(0，1)分布。

3) 泊松分布

泊松分布是作为二项分布的近似而引入的，在实际中，许多随机现象服从或近似服从泊松分布。设随机变量 X 的可能取值为 0，1，2，…，且概率分布为

$$P(X=k)=\frac{\lambda^k e^{-\lambda}}{k!} \tag{1.2.10}$$

则称 X 服从参数为 λ 的泊松分布。

例如，某电话交换台在一段时间内收到的电话呼叫数、一个售货员接待的顾客数、公共汽车站在一段时间内来到的乘客数等都近似服从泊松分布。

在贝努利分布 $B(n,\ p)$中曾观察到一个事实，即 $B(n,\ p)$中的 n 越大，它的概率分布的对称性越好。我们可以想象，随着 n 的改变，贝努利分布趋于泊松分布。

2. 连续型随机变量及其概率密度函数

离散型随机变量 X 的取值是有限个或者可列无限个，在许多随机现象中出现的一些变量，如某通信电路的电压，测量某地气温，成年人的身高、体重等，它们的取值可以充满某个区间或区域，而不像离散型随机变量那样只取有限个或可列个值。下面介绍几种常见的连续型随机变量。

1) 均匀分布

满足下列概率密度函数的随机变量 X 称为服从[a，b]上的均匀分布：

$$f(x)=\begin{cases}\dfrac{1}{b-a}, & a<x<b\\ 0, & 其他\end{cases} \tag{1.2.11}$$

通常记为 $X\sim U[a,\ b]$。若随机变量 X 服从[a，b]上的均匀分布，那么它落在[a，b]的任意相等的区间内的概率都相等。

2）正态分布

设随机变量 X 的概率密度由下式确定：

$$f(x)=\frac{1}{\sqrt{2\pi}\sigma}\exp\left[-\frac{(x-m)^2}{2\sigma^2}\right] \tag{1.2.12}$$

其中，m、σ 为常数，则称 X 服从正态分布，简记为 $X\sim N(m,\sigma^2)$。均值为0、方差为1的正态分布称为标准正态分布 $N(0,1)$。正态分布随机变量的概率密度是一个高斯曲线，所以又称为高斯随机变量，概率密度曲线如图 1.2.2 所示。

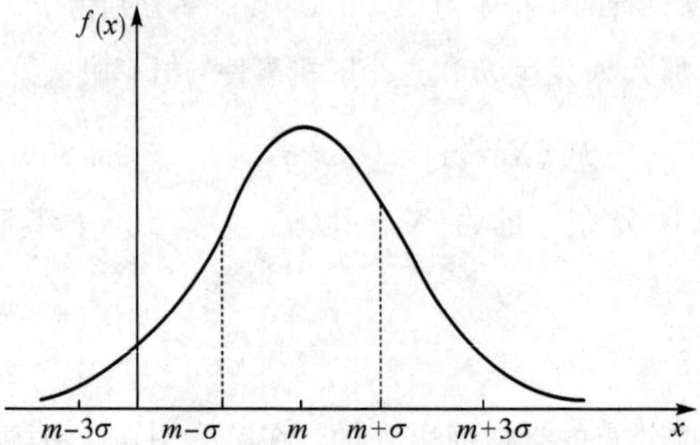

图 1.2.2　标准正态分布的概率密度函数

3）指数分布

设随机变量 X 的概率密度由下式确定：

$$f(x)=\begin{cases}\lambda e^{-\lambda x}, & x\geqslant 0\\ 0, & x<0\end{cases} \tag{1.2.13}$$

其中，$\lambda>0$ 为常数，则称 X 服从参数为 λ 的指数分布。

服从指数分布的随机变量 X 具有一个很重要的性质，称为无记忆性，即对任意 s，$t>0$，有以下等式成立：$P(T>t+s|T>t)=P(T>s)$。

4）瑞利分布

设随机变量 X 的概率密度由下式确定：

$$f(x)=\begin{cases}\frac{x}{\sigma^2}\exp\left[-\frac{x^2}{2\sigma^2}\right], & x\geqslant 0\\ 0, & x<0\end{cases} \tag{1.2.14}$$

其中，σ 为常数，则称 X 服从瑞利分布。

在移动通信系统中，多径信号的包络一般服从瑞利分布。当多径信号中存在一个直射径时，多径信号的包络服从莱斯分布。

5）对数正态分布

设随机变量 X 的概率密度由下式确定：

$$f(x)=\frac{1}{\sqrt{2\pi}\sigma}\exp\left\{-\frac{(\ln x-\mu)^2}{2\sigma^2}\right\},\quad x>0 \tag{1.2.15}$$

其中，$\sigma>0$，μ 为常数，则称 X 服从对数正态分布。在移动通信信道模型中，阴影衰落一般用对数正态分布来描述。

1.2.2　多维随机变量及其分布函数

前面讨论了一维随机变量的情况，其中，随机试验的结果和一维实数之间有对应关系。但实际应用中还会遇到这样的情况，即对于每一个试验结果，往往同时对应一个以上实数值，如通信系统中移动用户的位置分布、不均匀物体的密度等。将 n 个随机变量 X_1，X_2，…，X_n 组成的总体$(X_1, X_2, \cdots, X_n)$称为 n 维随机变量。

定义 1.2.4　n 维随机变量$(X_1, X_2, \cdots, X_n)$的 n 维(联合)分布函数为

$$F(x_1, x_2, \cdots, x_n)=P\{X_1\leqslant x_1, X_2\leqslant x_2, \cdots, X_n\leqslant x_n\} \tag{1.2.16}$$

定义 1.2.5　设 $F(x_1, x_2, \cdots, x_n)$为 n 维随机变量$(X_1, X_2, \cdots, X_n)$的 n 维分布函数，如果它的 n 阶混合偏导数存在，那么定义

$$f(x_1, x_2, \cdots, x_n)=\frac{\partial^n F(x_1, x_2, \cdots, x_n)}{\partial x_1 \partial x_2 \cdots \partial x_n} \tag{1.2.17}$$

为 n 维随机变量的 n 维概率密度。

下面主要介绍二维随机变量的情形。

1. 二维随机变量及分布函数

设(X, Y)为二维随机变量，x、y 为实数，定义

$$F(x, y)=P\{X\leqslant x, Y\leqslant y\} \tag{1.2.18}$$

为二维随机变量的分布函数。

二维分布函数具有如下性质：

(1) $0\leqslant F(x, y)\leqslant 1$。

(2) $F(-\infty, y)=0$，$F(-\infty, -\infty)=0$，$F(x, -\infty)=0$，$F(\infty, \infty)=1$。

(3) 由二维分布函数可以求出一维分布函数。比如，随机变量 X 的分布可以用边缘分布 $F(x, \infty)=F_X(x)$求得，随机变量 Y 的分布可以用边缘分布 $F(\infty, y)=F_Y(y)$求得。

(4) 对任意的(x_1, y_1)和(x_2, y_2)且 $x_2>x_1$，$y_2>y_1$，可以由如下式子计算随机变量落入某一区域的概率：

$$P(x_1<X\leqslant x_2; y_1<Y\leqslant y_2)=F(x_2, y_2)-F(x_2, y_1)-F(x_1, y_2)+F(x_1, y_1) \tag{1.2.19}$$

2. 二维概率密度

将二维联合概率密度定义为二维分布函数的二阶偏导数

$$f(x, y)=\frac{\partial^2 F(x, y)}{\partial x \partial y} \tag{1.2.20}$$

二维概率密度具有如下性质：

(1) $f(x, y)\geqslant 0$，即概率密度是非负的函数。

(2) $F(x, y)=\int_{-\infty}^{x}\int_{-\infty}^{y}f(x, y)\mathrm{d}x\mathrm{d}y$，$\int_{-\infty}^{\infty}\int_{-\infty}^{\infty}f(x, y)\mathrm{d}x\mathrm{d}y=1$；

(3) 从二维联合概率密度可以求出边缘概率密度：

$$f_X(x)=\int_{-\infty}^{\infty}f(x, y)\mathrm{d}y, \quad f_Y(y)=\int_{-\infty}^{\infty}f(x, y)\mathrm{d}x$$

如果 X 和 Y 分别为两个离散型随机变量，它们一切可能取的值为(a_i, b_j)，$i, j=1, 2, \cdots$，令

$$p_{ij}=P(X=a_i, Y=b_j),\ i, j=1, 2, \cdots \tag{1.2.21}$$

$p_{ij}(i, j=1, 2, \cdots)$为二维离散型随机变量$(X, Y)$的联合分布列。

二维离散型随机变量的分布函数有如下三个性质：

(1) $p_{ij}\geqslant 0$，$i, j=1, 2, \cdots$；

(2) $\sum_{i=1}^{\infty}\sum_{j=1}^{\infty}p_{ij}=1$；

(3) $P(X=a_i)=\sum_{j=1}^{\infty}p_{ij}=p_{i\cdot}$，$P(Y=b_j)=\sum_{i=1}^{\infty}p_{ij}=p_{\cdot j}$。

其中，(1)、(2)显然成立，(3)成立是因为

$$\begin{aligned}P(X=a_i)&=P\left\{(X=a_i)\cap\left[\bigcup_{j=1}^{\infty}(Y=b_j)\right]\right\}\\&=P\left\{\left[\bigcup_{j=1}^{\infty}(X=a_i)\cap(Y=b_j)\right]\right\}\\&=\sum_{j=1}^{\infty}P\{(X=a_i)\cap(Y=b_j)\}\\&=\sum_{j=1}^{\infty}p_{ij}\end{aligned}$$

同理，$P(Y=b_j)=\sum_{i=1}^{\infty}p_{ij}$。

二维分布列也可以用表 1.2.2 表示。

表 1.2.2　二维分布列

X	Y			$p_{i\cdot}$
	b_1	b_2	$\cdots$	
a_1	p_{11}	p_{12}	$\cdots$	$p_{1\cdot}$
a_2	p_{21}	p_{22}	$\cdots$	$p_{2\cdot}$
$\vdots$	$\vdots$	$\vdots$	$\vdots$	$\vdots$
$p_{\cdot j}$	$p_{\cdot 1}$	$p_{\cdot 2}$	$\cdots$	$\cdots$

表 1.2.2 中，最后一列就是 X 的分布律，最后一行就是 Y 的分布律。在这样的表示方式中，X 和 Y 的分布列的位置在(X, Y)的联合分布列的边上，因而，形象地称分布列是联合分布列的边际分布。

1.3　随机变量函数的概率分布

在无线通信信道建模、信号检测与分析等实际应用中，经常遇到随机变量的平方、多个随机变量的线性组合、乘积等随机变量的函数。本小节主要介绍如何求随机变量函数的概率分布或分布函数。下面首先讨论一维随机变量函数的分布。

1.3.1　一维随机变量函数的分布

设随机变量 Y 是随机变量 X 的函数，并满足如下关系：

$$Y=g(X) \tag{1.3.1}$$

如果函数 $g(x)$ 是单调的，并且存在反函数

$$X=g^{-1}(Y)\overset{\text{def}}{=}h(Y) \tag{1.3.2}$$

$h(Y)$ 可导，则可以利用 X 的概率密度函数求出 Y 的概率密度函数：

$$f_Y(y)=f_X(h(y))\,|h'(y)| \tag{1.3.3}$$

如果 $y=g(x)$ 的反函数 $x=h(y)$ 存在且非单调，也就是一个值对应着多个值；但在不相重叠的区间 Δx_1，Δx_2，…，Δx_n 均严格单调可微，且各区间上的反函数存在且依次为 $x=h_1(y)$，$x=h_2(y)$，…，$x=h_n(y)$，则连续随机变量 $Y=g(X)$ 的概率密度为

$$f_Y(y)=f_X(h_1(y))\left|\frac{\mathrm{d}h_1(y)}{\mathrm{d}y}\right|+f_X(h_2(y))\left|\frac{\mathrm{d}h_2(y)}{\mathrm{d}y}\right|+\cdots+f_X(h_n(y))\left|\frac{\mathrm{d}h_n(y)}{\mathrm{d}y}\right| \tag{1.3.4}$$

【例 1.3.1】　在移动通信系统中，某信号经过多径传播后，其包络 X 是一个服从瑞利分布的随机变量，概率密度由下式确定：

$$f(x)=\begin{cases}\dfrac{x}{\sigma^2}\exp\left\{-\dfrac{x^2}{2\sigma^2}\right\}, & x\geqslant 0\\ 0, & x<0\end{cases} \tag{1.3.5}$$

其中，σ 为常数。信号经历某种衰落后，其包络 X 又成为随机变量 Y。X 和 Y 满足线性关系 $Y=aX$，a 为大于 0 的常数，求 Y 的概率密度。

解　因为 X 和 Y 是严格单调函数关系，其反函数为

$$X=h(Y)=\frac{Y}{a}$$

且

$$h'(Y)=\frac{1}{a}$$

于是，可以得 Y 的概率密度为

$$f_Y(y)=f_X(h(y))\cdot\left|\frac{1}{a}\right|=\frac{y}{a^2\sigma^2}\exp\left\{-\frac{y^2}{2a^2\sigma^2}\right\},\ y\geqslant 0$$

如图 1.3.1 所示。

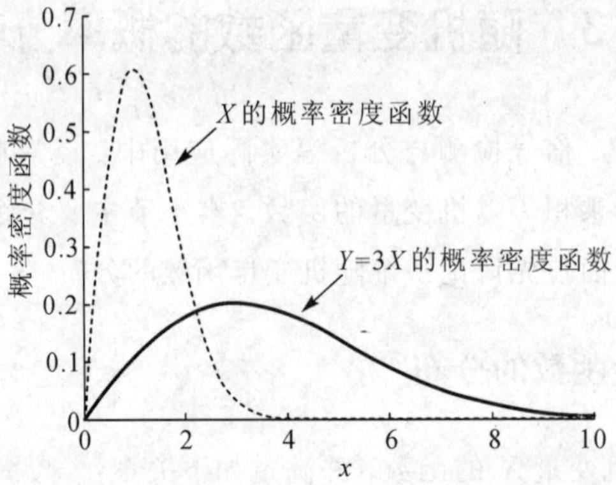

图 1.3.1 例 1.3.1 中 X 和 Y 的概率密度函数

离散型一维随机变量可以直接根据函数关系，得到各个状态取值对应的概率。

【例 1.3.2】 已知离散型随机变量 X 的分布律如表 1.3.1 所示。

表 1.3.1 离散型随机变量 X 的分布律

X	1	3	5
P	0.2	0.5	0.3

求 $Y=2X$ 的分布律。

解 可以得到 Y 的分布律如表 1.3.2 所示。

表 1.3.2 Y 的分布律

Y	2	6	10
P	0.2	0.5	0.3

1.3.2 多维随机变量函数的分布

设 $\boldsymbol{X}=(X_1, X_2, \cdots, X_n)$为连续随机向量，其概率密度为 $f_X(X_1, X_2, \cdots, X_n)$，则连续随机变量的分布函数为

$$\begin{aligned} F_Y(y) &= P(Y \leqslant y) = P\{g(X_1, X_2, \cdots, X_n) \leqslant y\} \\ &= \int\cdots\int_{g(X_1, X_2, \cdots, X_n)\leqslant y} f_X(x_1, x_2, \cdots, x_n)\mathrm{d}x_1\mathrm{d}x_2\cdots\mathrm{d}x_n \end{aligned} \tag{1.3.6}$$

以二维随机变量为例，当随机变量 X 和 Y 是连续型随机变量时，随机变量 $Z=X+Y$ 的概率密度可以由如下公式求得

$$\begin{aligned} f_Z(z) &= \int_{-\infty}^{\infty} f_{XY}(x, z-x)\mathrm{d}x \\ &= \int_{-\infty}^{\infty} f_{XY}(z-y, y)\mathrm{d}y \end{aligned} \tag{1.3.7}$$

随机变量 $Z=X/Y$ 的概率密度可以由如下公式求得

$$f_Z(z) = \int_{-\infty}^{\infty} f_{XY}(yz,\ y)\ |\ y\ |\ \mathrm{d}y \tag{1.3.8}$$

【例 1.3.3】 已知$(X_1,\ X_2)\sim N(0,\ 0;\ \sigma_1^2,\ \sigma_2^2;\ r)$，求 $Y=X_1/X_2$ 的概率密度。

解　根据公式(1.3.8)可以得到

$$\begin{aligned}
f_Y(y) &= \int_{-\infty}^{\infty} f_{X_1X_2}(x_2y,\ x_2)\ |x_2|\ \mathrm{d}x_2 \\
&= \int_{-\infty}^{\infty} \frac{1}{2\pi\sigma_1\sigma_2\sqrt{1-r^2}} \exp\left\{-\left[\frac{1}{2(1-r^2)}\left[\frac{(x_2y)^2}{\sigma_1^2} - 2r\frac{x_2yx_2}{\sigma_1\sigma_2} + \frac{x_2^2}{\sigma_2^2}\right]\right\}|x_2|\ \mathrm{d}x_2 \\
&= \frac{\sigma_1\sigma_2\sqrt{1-r^2}}{\pi[\sigma_2^2y^2 - 2r\sigma_1\sigma_2y + \sigma_1^2]}
\end{aligned}$$

若 X_1 与 X_2 相互独立，则 $r=0$，这时，Y 的概率密度为

$$f_Y(y) = \frac{\sigma_1\sigma_2}{\pi(\sigma_2^2y^2 + \sigma_1^2)} \tag{1.3.9}$$

称式(1.3.9)为柯西分布。

当随机向量 $\boldsymbol{X}=(X_1,\ X_2,\ \cdots,\ X_n)$的概率密度 $f_X(X_1,\ X_2,\ \cdots,\ X_n)$已知时，若随机向量 $\boldsymbol{X}$ 的函数向量 $\boldsymbol{Y}=(Y_1,\ Y_2,\ \cdots,\ Y_n)$，即

$$\begin{cases}
Y_1 = g_1(X_1,\ X_2,\ \cdots,\ X_n) \\
Y_2 = g_2(X_1,\ X_2,\ \cdots,\ X_n) \\
\quad\vdots \\
Y_n = g_n(X_1,\ X_2,\ \cdots,\ X_n)
\end{cases}$$

的反函数存在，且为

$$\begin{cases}
X_1 = h_1(Y_1,\ Y_2,\ \cdots,\ Y_n) \\
X_2 = h_2(Y_1,\ Y_2,\ \cdots,\ Y_n) \\
\quad\vdots \\
X_n = h_n(Y_1,\ Y_2,\ \cdots,\ Y_n)
\end{cases}$$

则 $\boldsymbol{Y}=(Y_1,\ Y_2,\ \cdots,\ Y_n)$的概率密度为

$$\begin{aligned}
f_Y(y) &= f_Y(y_1,\ y_2,\ \cdots,\ y_n) \\
&= |J|\, f_X(h_1(y_1,\ y_2,\ \cdots,\ y_n),\ h_2(y_1,\ y_2,\ \cdots,\ y_n),\ \cdots,\ h_n(y_1,\ y_2,\ \cdots,\ y_n))
\end{aligned}$$

其中，雅可比行列式：

$$|J| = \left|\frac{\partial(x_1,\ x_2,\ \cdots,\ x_n)}{\partial(y_1,\ y_2,\ \cdots,\ y_n)}\right| = \begin{vmatrix}
\dfrac{\partial x_1}{\partial y_1} & \dfrac{\partial x_1}{\partial y_2} & \cdots & \dfrac{\partial x_1}{\partial y_n} \\
\dfrac{\partial x_2}{\partial y_1} & \dfrac{\partial x_2}{\partial y_2} & \cdots & \dfrac{\partial x_2}{\partial y_n} \\
\vdots & \vdots & & \vdots \\
\dfrac{\partial x_n}{\partial y_1} & \dfrac{\partial x_n}{\partial y_2} & \cdots & \dfrac{\partial x_n}{\partial y_n}
\end{vmatrix}$$

【例 1.3.4】 设 X、Y 为相互独立的随机变量，服从正态分布 $N(0, 1)$，有

$$Z_1=X+Y$$
$$Z_2=X-Y$$

求 Z_1和 Z_2的联合概率密度。

解 由题知 X、Y 的联合概率密度为

$$f_{XY}(x, y)=\frac{1}{2\pi}e^{-\frac{x^2+y^2}{2}}$$

令 $x=\frac{z_1+z_2}{2}$，$y=\frac{z_1-z_2}{2}$，可以得到

$$J=-\frac{1}{2}$$

因此，雅可比行列式为 1/2，于是

$$f_{Z_1Z_2}(z_1, z_2)=f_{XY}\left(\frac{z_1+z_2}{2}, \frac{z_1-z_2}{2}\right)|J|$$
$$=\frac{1}{4\pi}e^{-\frac{(z_1+z_2)^2+(z_1-z_2)^2}{8}}=\frac{1}{4\pi}e^{-\frac{z_1^2+z_2^2}{4}}$$

1.4 随机变量的数字特征

随机变量的分布列反映了随机变量取值与概率的对应关系。但是在很多实际问题中，很难得到随机变量的分布函数或概率密度函数，特别是多维随机变量的分布函数和概率密度函数。另一方面，很多时候我们并不需要掌握随机变量的完整描述，而是只需要知道一些关键特征就可以了。在这一小节，我们来介绍随机变量的数字特征。随机变量的数字特征是指反映其某一方面的特征，主要指数学期望、方差和矩，此外，对于多维随机变量，数字特征还包括协方差、相关系数等。

1.4.1 随机变量的均值及性质

数学期望又称为统计平均，简称均值。它描述随机变量的集中特性。如果 X 是离散型随机变量，则可以定义它的均值：

定义 1.4.1 **(离散型随机变量的数学期望)** 设离散型随机变量 X 的概率分布为 $p_i=P\{X=x_i\}$，$i=1, 2, \cdots, n$，如果

$$E[X]=\sum_{i=1}^{n}x_iP\{X=x_i\}=\sum_{i=1}^{n}x_ip_i \tag{1.4.1}$$

存在，则称之为 X 的数学期望，有时简称为均值。

离散型随机变量的函数 $g(X)$的均值定义为

$$E[g(X)] = \sum_{i=1}^{n} g(x_i)P\{X = x_i\} = \sum_{i=1}^{n} g(x_i)p_i \tag{1.4.2}$$

这说明随机变量 X 的函数的均值只需要知道随机变量的分布列，而不需要求 $g(X)$分布列。

对于连续型随机变量 X，它的概率密度为 $f_X(x)$，则其数学期望定义为

$$m_X = E[X] = \int_{-\infty}^{+\infty} x f_X(x)\mathrm{d}x \tag{1.4.3}$$

连续型随机变量的函数 $g(X)$的均值定义为

$$m_X = E[g(X)] = \int_{-\infty}^{+\infty} g(x) f_X(x)\mathrm{d}x \tag{1.4.4}$$

与离散型的类似，求连续型随机变量的函数 $g(X)$的均值时，不需要求出 $g(X)$的概率密度函数，只需要随机变量 X 的概率密度即可。

下面我们来讨论均值的性质，这些性质为后面章节分析随机信号奠定了重要的基础。这里假设 $g(t)$是一个关于时间 t 的确定函数。对于任意 $t\in T$，均值具有如下性质：

性质 1　随机变量与确定函数乘积的数学期望等于随机变量的数学期望与该确定函数的乘积，即 $E[g(t)X]=g(t)E[X]$。

特别地，如果 $g(t)=c$，则

$$E[cX]=cE[X]$$

其中，c 为常数，可以是实数，也可以是复数。

如果 X 是连续型随机变量，则根据公式(1.4.4)，我们有

$$E[g(t)X] = \int_{-\infty}^{+\infty} g(t)x f_X(x)\mathrm{d}x = g(t)\int_{-\infty}^{+\infty} x f_X(x)\mathrm{d}x = g(t)E[X]$$

同理，对于离散型随机变量，性质 1 也成立。

性质 2　确定函数的数学期望等于本身，即

$$E[g(t)]=g(t)$$

特别地，若 $g(t)=c$，c 为常数，则有

$$E[c]=c$$

性质 3　若 X、Y 是任意两个随机变量，则有

$$E[X\pm Y]=E[X]\pm E[Y]$$

推广　对于 n 个随机变量来说，有

$$E[a_1X_1+a_2X_2+\cdots+a_nX_n]=a_1E[X_1]+a_2E[X_2]+\cdots+a_nE[X_n]$$

这里的 a_1，a_2，…，a_n 都是常数。

性质 4　若 X、Y 是两个相互独立(或者不相关)的随机变量，则有

$$E[XY]=E[X]E[Y]$$

【例 1.4.1】　随机变量 X 由 -1 和 1 两种状态组成，类似于二元通信系统的两个电平。其中取值为 -1 的概率是 0.75，取值为 1 的概率为 0.25，其分布律如表 1.4.1 所示，求 $E[X]$和 $E[2X^3+5]$。

表 1.4.1　随机变量 X 的分布律

X	-1	1
P	0.75	0.25

解　由公式(1.4.1)可以得到

$$E[X]=\sum_{i=1}^{n}x_i\cdot P\{X=x_i\}=(-1)\times\frac{3}{4}+1\times\frac{1}{4}=-\frac{1}{2}$$

由公式(1.4.2)可以得到随机变量函数的数学期望：

$$\begin{aligned}E[2X^3+5]&=\sum_{i=1}^{n}(2x_i^3+5)P\{X=x_i\}=\sum_{i=1}^{n}(2x_i^3+5)p_i\\&=(-2+5)\times\frac{3}{4}+(2\times1+5)\times\frac{1}{4}\\&=4\end{aligned}$$

或者根据数学期望的性质，有

$$E[2X^3+5]=2E[X^3]+5=2\left[(-1)\times\frac{3}{4}+1\times\frac{1}{4}\right]+5=4$$

【例 1.4.2】　某随机变量 X 服从 (a, b) 上的均匀分布，求其数学期望。

$$m_X=E[X]=\int_{-\infty}^{+\infty}xf_X(x)\mathrm{d}x=\int_{-\infty}^{+\infty}\frac{x}{b-a}\mathrm{d}x=\frac{a+b}{2}$$

1.4.2　方差及性质

方差表示随机变量偏离均值的程度，或随机变量在均值附近的离散程度。

定义 1.4.2　离散随机变量 X 的方差定义为

$$\sigma_X^2=D[X]=E[(X-E[X])^2]$$

令 $g(X)=(X-E[X])^2$，由式(1.4.2)，可得方差为

$$\sigma_X^2=D[X]=E[(X-E[X])^2]=\sum_{i=1}^{\infty}(x_i-E[X])^2\cdot p_i \tag{1.4.5}$$

定义 1.4.3　连续随机变量 X 的方差定义为

$$\sigma_X^2=D[X]=E[(X-E[X])^2]=\int_{-\infty}^{+\infty}(x-E[X])^2f_X(x)\mathrm{d}x \tag{1.4.6}$$

方差具有如下性质：

性质 1　方差等于均方值减去均值平方。

$$D[X]=E[X^2]-(E[X])^2$$

其中，$E[X^2]$ 称为均方值。

性质 2　$D[g(t)]=0$，特别地，如果 $g(t)$ 是一个常数 c，则

$$D[c]=0$$

性质 3　若 X 是随机变量，对于确定性函数 $g(t)$，有

$$D[g(t)X(t)]=g^2(t)D[X(t)]$$

特别地，如果 $g(t)$ 是一个常数 c，则有

$$D[cX(t)]=c^2D[X(t)]$$

性质 4　随机变量与确定函数(或常数)之和的方差等于该随机变量的方差，即

$$D[g(t)+X]=D[X]$$

或者 $D[c+X]=D[X]$。

性质 5　若 X、Y 是两个相互独立的随机变量，则有

$$D[X\pm Y]=D[X]+D[Y]$$

这个性质可以推广到多个两两独立的随机变量的情况，假设 X_1，X_2，…，X_n 是两两独立的随机变量，则这些随机变量和的方差等于各自方差的和，即

$$D[X_1+X_2+\cdots+X_n]=D[X_1]+D[X_2]+\cdots+D[X_n]$$

【例 1.4.3】　随机变量 X 的分布律如表 1.4.2 所示。

表 1.4.2　随机变量 X 的分布律

X	1	2
P	0.75	0.25

求方差 $D[X]$、$D[\cos t\cdot X]$，其中 t 表示任意时刻。

解　(1) 首先求出均值和均方值：

$$E[X]=1\times\frac{3}{4}+2\times\frac{1}{4}=\frac{5}{4}$$

$$E[X^2]=1\times\frac{3}{4}+4\times\frac{1}{4}=\frac{7}{4}$$

代入方差公式，可以得到

$$D[X]=E[X^2]-(E[X])^2=\frac{7}{4}-\frac{25}{16}=\frac{3}{16}$$

(2) 计算 $\cos t\cdot X$ 的分布律如表 1.4.3 所示。

表 1.4.3　$\cos t\cdot X$ 的分布律

$\cos t\cdot X$	$\cos t$	$2\cos t$
P	0.75	0.25

$$E[\cos t\cdot X]=\cos t\times\frac{3}{4}+2\cos t\times\frac{1}{4}=\frac{5}{4}\cdot\cos t$$

$$E[(\cos t\cdot X)^2]=\cos^2 t\times\frac{3}{4}+4\cos^2 t\times\frac{1}{4}=\frac{7}{4}\cos^2 t$$

$$D[\cos t\cdot X]=E[(\cos t\cdot X)^2]-[E(\cos t\cdot X)]^2=\frac{3}{16}\cos^2 t$$

本题也可以直接由方差的性质 3 得出。

【例 1.4.4】 已知正态分布随机变量 X 的概率密度为 $f(x)=\frac{1}{\sqrt{2\pi}\sigma}\mathrm{e}^{-\frac{(x-m)^2}{2\sigma^2}}$（$m$ 为 X 的均值，σ^2 为 X 的方差），求其数学期望和方差。

解　根据数学期望和方差的定义

$$E[X]=\int_{-\infty}^{\infty}xf(x)\mathrm{d}x=\int_{-\infty}^{\infty}\frac{1}{\sqrt{2\pi}\sigma}x\mathrm{e}^{-\frac{(x-m)^2}{2\sigma^2}}\mathrm{d}x$$

令 $t=\frac{x-m}{\sigma}$，$\mathrm{d}x=\sigma\mathrm{d}t$，代入上式可以得到

$$\begin{aligned}E[X]&=\frac{1}{\sqrt{2\pi}}\int_{-\infty}^{\infty}(\sigma t+m)\mathrm{e}^{-\frac{t^2}{2}}\mathrm{d}t=\frac{\sigma}{\sqrt{2\pi}}\int_{-\infty}^{\infty}t\mathrm{e}^{-\frac{t^2}{2}}\mathrm{d}t+\frac{m}{\sqrt{2\pi}}\int_{-\infty}^{\infty}\mathrm{e}^{-\frac{t^2}{2}}\mathrm{d}t\\&=0+\frac{m}{\sqrt{2\pi}}\cdot\sqrt{2\pi}=m\end{aligned}$$

$$D[X]=\int_{-\infty}^{\infty}(x-m)^2f(x)\mathrm{d}x=\int_{-\infty}^{\infty}\frac{(x-m)^2}{\sqrt{2\pi}\sigma}\mathrm{e}^{-\frac{(x-m)^2}{2\sigma^2}}\mathrm{d}x$$

令 $t=\frac{x-m}{\sigma}$，整理后，得

$$D[X]=\frac{\sigma^2}{\sqrt{2\pi}}\int_{-\infty}^{\infty}t^2\mathrm{e}^{-\frac{t^2}{2}}\mathrm{d}t=\sigma^2$$

1.4.3　矩

定义 1.4.4　随机变量 X 的 n 阶原点矩定义为

$$m_n=E[X^n],\ n=1,\ 2,\ \cdots \tag{1.4.7}$$

可见，一阶原点矩就是数学期望，二阶原点矩就是均方值。

定义 1.4.5　n 阶中心矩定义为

$$\mu_n=E[(X-E[X])^n],\ n=1,\ 2,\ \cdots \tag{1.4.8}$$

因此，一阶中心矩为 0，二阶中心矩即方差。

另外，对于离散型和连续型随机变量，则分别有：

$$\mu_n=\sum_{i=1}^{\infty}(x_i-E[X])^n p_i \tag{1.4.9}$$

$$\mu_n=\int_{-\infty}^{+\infty}(x-E[X])^n f(x)\mathrm{d}x \tag{1.4.10}$$

定义 1.4.6　假设 $f_{XY}(x,\ y)$ 是二维随机变量 X 和 Y 的联合概率密度函数，那么二维随机变量 X 和 Y 的 $n+k$ 阶联合原点矩定义为

$$m_{nk}=E[X^nY^k]=\int_{-\infty}^{\infty}\int_{-\infty}^{\infty}x^ny^kf_{XY}(x,\ y)\mathrm{d}x\mathrm{d}y \tag{1.4.11}$$

当 $n=1$，$k=1$ 时，有

$$m_{11}=E[XY]=R_{XY} \tag{1.4.12}$$

二阶联合原点矩又称为随机变量 X 与 Y 的相关矩。

定义 1.4.7　二维随机变量 X 和 Y 的 $n+k$ 阶联合中心矩为

$$E[(X-E[X])^n(Y-E[Y])^k]=\int_{-\infty}^{\infty}\int_{-\infty}^{\infty}(x-E[X])^n(y-E[Y])^k f_{XY}(x,y)\mathrm{d}x\mathrm{d}y \tag{1.4.13}$$

当 $n=1$，$k=1$ 时，二阶联合中心矩为

$$C_{XY}=E[(X-E[X])(Y-E[Y])]=E[XY]-E[X]E[Y] \tag{1.4.14}$$

它又称为 X 和 Y 的协方差。

由协方差定义得相关系数(表示两个随机变量线性相关程度的量)的定义为

$$\rho_{XY}=\frac{\sigma_{XY}}{\sqrt{D[X]D[Y]}}=\frac{\sigma_{XY}}{\sigma_X\sigma_Y} \tag{1.4.15}$$

相关系数具有如下性质：$-1\leqslant\rho_{XY}\leqslant 1$；若 $\rho_{XY}=0$，则称 X 与 Y 不相关；若 $\rho_{XY}\neq 0$，则称 X 与 Y 相关。

【例 1.4.5】　X 与 Y 为相互独立的随机变量，求二者的相关系数。

解

$$\rho_{XY}=\frac{\sigma_{XY}}{\sqrt{D[X]D[Y]}}=\frac{E[(X-E[X])(Y-E[Y])]}{\sqrt{D[X]D[Y]}}$$

$$=\frac{E[X-E[X]]E[Y-E[Y]]}{\sqrt{D[X]D[Y]}}=0$$

因此，两个随机变量独立，则一定不相关。反之，两个随机变量不相关，则不能得到它们相互独立的结论。

【例 1.4.6】　随机变量 $Y=aX+b$，其中 X 为随机变量，a、b 为常数，且 $a>0$，求 X 与 Y 的相关系数。

解

$$\begin{aligned}\operatorname{cov}(X,Y)&=E[[X-E(X)][Y-E(Y)]]\\&=E[[X-E(X)][aX+b-E(aX+b)]]\\&=aE[X-E(X)]^2\\&=aD(X)\end{aligned}$$

$$\rho_{XY}=\frac{\operatorname{cov}(X,Y)}{\sqrt{D[X]D[Y]}}=\frac{aD[X]}{\sqrt{D[X]}\sqrt{a^2D[X]}}=\frac{a}{|a|}$$

可见，当 $a>0$ 时，X 与 Y 正相关；当 $a<0$ 时，X 与 Y 负相关。

对于多维随机变量，随机变量之间的相关性可以用协方差矩阵来描述。

对于 n 维随机变量$(X_1, X_2, \cdots X_n)$，协方差矩阵为

$$\boldsymbol{C}=\begin{bmatrix}C_{11} & C_{12} & \cdots & C_{1n}\\ C_{21} & C_{22} & \cdots & C_{2n}\\ \vdots & \vdots & & \vdots\\ C_{n1} & C_{n2} & \cdots & C_{nn}\end{bmatrix} \tag{1.4.16}$$

其中，$C_{ij}=\operatorname{cov}(X_i, X_j)=E[[X_i-E(X_i)][X_j-E(X_j)]]$。由于 $C_{ij}=C_{ji}$，协方差矩阵为对

称矩阵。

对于 n 个相互独立的随机变量，对任意的 $i \neq j$，有 $C_{ij}=\mathrm{cov}(X_i, X_j)=0$，此时协方差矩阵为对角阵。

1.4.4 统计独立与不相关

1. 随机变量的独立性

定义 1.4.8 设 X、Y 为两个随机变量，如果对任意实数 x 和 y，事件$\{X\leqslant x\}$和$\{Y\leqslant y\}$相互独立，即

$$P\{X\leqslant x, Y\leqslant y\}=P\{X\leqslant x\}P\{Y\leqslant y\} \tag{1.4.17}$$

则称 X 和 Y 相互独立。

n 维随机变量相互统计独立的充要条件为：对于所有的$(X_1, X_2, \cdots, X_n)$，满足联合概率密度等于各自概率密度的乘积，即

$$f_{X_1, X_2, \cdots, X_n}(x_1, x_2, \cdots, x_n)=f_{X_1}(x_1)f_{X_2}(x_2)\cdots f_{X_n}(x_n) \tag{1.4.18}$$

2. 统计独立与不相关

统计独立：对于随机变量而言，X 和 Y 相互统计独立的充要条件为

$$f_{X,Y}(x, y)=f_X(x)f_Y(y) \tag{1.4.19}$$

而前面提到的相关是指两个随机变量之间的线性相关程度。下面对这两个概念进行讨论：

(1) 随机变量 X 和 Y 相互统计独立的充要条件为

$$f_{X,Y}(x, y)=f_X(x)f_Y(y) \tag{1.4.20}$$

(2) 随机变量 X 和 Y 不相关的充要条件是协方差 $\sigma_{XY}=0$，或者相关系数 $\rho_{XY}=0$。

(3) 若随机变量 X 和 Y 的相关矩为零，即

$$E[XY]=0 \tag{1.4.21}$$

则称 X 和 Y 互相正交。此时，有

$$\sigma_{XY}=E[XY]-E[X]E[Y]=-E[X]E[Y] \tag{1.4.22}$$

(4) 若两个随机变量统计独立，它们必然不相关。

(5) 两个随机变量不相关，则它们不一定互相独立。

仅当这两个随机变量均为正态(高斯)分布时，不相关等价于相互独立。

1.5 复随机变量

如果 X 和 Y 都是实随机变量，那么 $Z=X+\mathrm{j}Y$ 为复随机变量。

它的均值可以通过如下式子计算：

$$m_Z=m_X+\mathrm{j}m_Y \tag{1.5.1}$$

称 $DZ=E[(Z-m_Z)(Z^*-m_Z^*)]=E[|Z-m_Z|^2]$为复随机变量 Z 的方差。

如果 X 和 Y 独立或不相关，则复随机变量 Z 的方差等于 X 的方差与 Y 的方差之和，即

$$DZ=DX+DY \tag{1.5.2}$$

对于两个复随机变量 Z_1 与 Z_2，定义 Z_1 与 Z_2 的协方差为

$$\mathrm{cov}(Z_1, Z_2)=E[(Z_1-m_{Z_1})(Z_2-m_{Z_2})^*] \tag{1.5.3}$$

(1) 若 $\mathrm{cov}(Z_1, Z_2)=0$，则称复随机变量 Z_1 与 Z_2 不相关；

(2) 若 $E[Z_1Z_2^*]=0$，则称复随机变量 Z_1 与 Z_2 相互正交；

(3) 若 $f_{Z_1Z_2}(z_1, z_2)=f_{Z_1}(z_1)f_{Z_2}(z_2)$，则称复随机变量 Z_1 与 Z_2 相互独立。

1.6　矩母函数、特征函数

矩母函数和特征函数是分析随机变量的有力工具，特别对于独立的两个随机变量来说，具有非常方便的优点。

1. 矩母函数

定义 1.6.1　设随机变量 X 的分布函数为 $F_X(x)$，称

$$\psi(t)=E[\mathrm{e}^{tX}]=\int_{-\infty}^{\infty}\mathrm{e}^{tx}\,\mathrm{d}F_X(x) \tag{1.6.1}$$

为 X 的矩母函数。

当随机变量 X 的矩母函数存在时，它唯一地确定了 X 的分布。这是因为由 $\psi(t)$ 的各阶导数在 $t=0$ 时的值，能得到各阶矩，即

$$\begin{gathered}\psi'(t)=E[X\mathrm{e}^{tX}]\\ \psi''(t)=E[X^2\mathrm{e}^{tX}]\\ \vdots\\ \psi^{(n)}(t)=E[X^n\mathrm{e}^{tX}]\end{gathered}$$

将 $t=0$ 代入上面式子，可以得到

$$\psi^{(n)}(0)=E[X^n] \tag{1.6.2}$$

若 X 和 Y 是相互独立的随机变量，则 $X+Y$ 的矩母函数为

$$\psi_{X+Y}(t)=E[\mathrm{e}^{tX+tY}]=E[\mathrm{e}^{tX}]E[\mathrm{e}^{tY}]=\psi_X(t)\cdot\psi_Y(t) \tag{1.6.3}$$

2. 特征函数

对随机变量的概率密度函数的傅里叶变换求共轭就是特征函数，特征函数的傅里叶反变换的共轭就是随机变量的概率密度函数。因此，随机变量的概率密度函数与特征函数可以看成傅里叶变换对。

定义 1.6.2　随机变量 X 的概率密度为 $f_X(x)$，则定义

$$\varphi_X(\mathrm{j}\omega)=E[\mathrm{e}^{\mathrm{j}\omega X}]=\left(\int_{-\infty}^{+\infty}f_X(x)\cdot\mathrm{e}^{-\mathrm{j}\omega x}\,\mathrm{d}x\right)^*=\int_{-\infty}^{+\infty}f_X(x)\cdot\mathrm{e}^{\mathrm{j}\omega x}\,\mathrm{d}x \tag{1.6.4}$$

为随机变量 X 的一维特征函数。

$$f_X(x)=\left(\frac{1}{2\pi}\int_{-\infty}^{+\infty}\varphi_X(\mathrm{j}\omega)\mathrm{e}^{\mathrm{j}\omega x}\mathrm{d}\omega\right)^*=\frac{1}{2\pi}\int_{-\infty}^{+\infty}\varphi_X(\mathrm{j}\omega)\mathrm{e}^{-\mathrm{j}\omega x}\mathrm{d}\omega \tag{1.6.5}$$

n 阶原点矩可由其特征函数唯一确定，即

$$E[X^n]=\int_{-\infty}^{+\infty}x^n f_X(x)=(-\mathrm{j})^n\left.\frac{\partial^n\varphi_X(\mathrm{j}\omega)}{\partial\omega^n}\right|_{\omega=0} \tag{1.6.6}$$

定义 1.6.3 二维随机变量 X_1 和 X_2 的二维概率密度为 $f_{X_1X_2}(x_1, x_2)$，则定义

$$\begin{aligned}\varphi_{X_1X_2}(\mathrm{j}\omega_1, \mathrm{j}\omega_2)&=E[\mathrm{e}^{\mathrm{j}\omega_1X_1+\mathrm{j}\omega_2X_2}]\\&=\int_{-\infty}^{+\infty}\mathrm{e}^{\mathrm{j}(\omega_1x_1+\omega_2x_2)}f_{X_1X_2}(x_1, x_2)\mathrm{d}x_1\mathrm{d}x_2\end{aligned} \tag{1.6.7}$$

为随机变量 X_1 和 X_2 的二维特征函数。

定义 1.6.4 n 维随机变量 $\boldsymbol{X}=(X_1, X_2, \cdots, X_n)$ 的联合概率密度为 $f_X(x_1, x_2, \cdots, x_n)$，则定义

$$\begin{aligned}\varphi_X(\mathrm{j}\omega_1, \mathrm{j}\omega_2, \cdots, \mathrm{j}\omega_n)&=E[\mathrm{e}^{\mathrm{j}(\omega_1X_1+\omega_2X_2+\cdots+\omega_nX_n)}]\\&=\int_{-\infty}^{+\infty}\cdots\int_{-\infty}^{+\infty}\mathrm{e}^{\mathrm{j}(\omega_1x_1+\omega_2x_2+\cdots+\omega_nx_n)}f_X(x_1, x_2, \cdots, x_n)\mathrm{d}x_1\mathrm{d}x_2\cdots\mathrm{d}x_n\end{aligned} \tag{1.6.8}$$

为 n 维随机变量 $\boldsymbol{X}=(X_1, X_2, \cdots, X_n)$ 的 n 维特征函数。

根据傅里叶反变换公式，由 n 维随机变量的特征函数可以求得 n 维联合概率密度，即

$$f_X(x_1, x_2, \cdots, x_n)=\frac{1}{(2\pi)^n}\int_{-\infty}^{+\infty}\cdots\int_{-\infty}^{+\infty}\varphi_X(\mathrm{j}\omega_1, \cdots, \mathrm{j}\omega_n)\mathrm{e}^{-\mathrm{j}(\omega_1x_1+\cdots+\omega_nx_n)}\mathrm{d}\omega_1\cdots\mathrm{d}\omega_n \tag{1.6.9}$$

随机变量的特征函数具有如下性质：

性质 1 相互独立随机变量之和的特征函数，等于各随机变量特征函数之积，即 $Y=\sum_{k=1}^{n}X_k$ 的特征函数可以用如下式子表示：

$$\varphi_Y(\mathrm{j}\omega)=E[\mathrm{e}^{\mathrm{j}\omega\sum_{k=1}^{n}X_k}]=E[\prod_{k=1}^{n}\mathrm{e}^{\mathrm{j}\omega X_k}]=\prod_{k=1}^{n}E[\mathrm{e}^{\mathrm{j}\omega X_k}]=\prod_{k=1}^{N}\varphi_{X_k}(\mathrm{j}\omega) \tag{1.6.10}$$

性质 2 设 n 维随机向量 $\boldsymbol{X}=(X_1, X_2, \cdots, X_n)$ 的 $k_1+k_2+\cdots+k_n$ 阶矩 $E[X_1^{k_1}X_2^{k_2}\cdots X_n^{k_n}]$ 存在，则

$$E[X_1^{k_1}X_2^{k_2}\cdots X_n^{k_n}]=(-\mathrm{j})^{\sum_{i=1}^{n}k_i}\left.\left[\frac{\partial^{k_1+k_2+\cdots+k_n}\psi_X(\mathrm{j}\omega_1, \mathrm{j}\omega_2, \cdots, \mathrm{j}\omega_n)}{\partial\omega_1^{k_1}\partial\omega_2^{k_2}\cdots\partial\omega_n^{k_n}}\right]\right|_{\omega_1=\omega_2=\cdots=\omega_n=0} \tag{1.6.11}$$

这个性质给出了特征函数与矩的关系。特别地，对于一维随机变量 X 的特征函数为

$$\psi_X(\mathrm{j}\omega)=E[\mathrm{e}^{\mathrm{j}\omega X}] \tag{1.6.12}$$

如果 X 为离散型随机变量，则

$$\psi_X(\mathrm{j}\omega)=E[\mathrm{e}^{\mathrm{j}\omega X}]=\sum_{i=1}^{\infty}P(X=x_i)\mathrm{e}^{\mathrm{j}\omega x_i} \tag{1.6.13}$$

如果 X 为连续型随机变量，则

$$\psi_X(\mathrm{j}\omega) = E[\mathrm{e}^{\mathrm{j}\omega X}] = \int_{-\infty}^{\infty} f_X(x)\mathrm{e}^{\mathrm{j}\omega x}\,\mathrm{d}x \tag{1.6.14}$$

【例 1.6.1】 标准正态分布 X_1 和 X_2 互相独立，求这两个独立随机变量之和的概率密度。

解　数学期望为零、方差为 1 的正态分布 $\boldsymbol{X}$ 的概率密度为

$$f_X(x)=\frac{1}{\sqrt{2\pi}}\mathrm{e}^{-\frac{x^2}{2}}$$

先根据特征函数的定义求出 X_1 的特征函数：

$$\begin{aligned}\psi_{X_1}(\mathrm{j}\omega) &= \int_{-\infty}^{\infty} f_{X_1}(x)\mathrm{e}^{\mathrm{j}\omega x}\,\mathrm{d}x = \int_{-\infty}^{\infty} \frac{1}{\sqrt{2\pi}}\mathrm{e}^{-\frac{x^2}{2}}\mathrm{e}^{\mathrm{j}\omega x}\,\mathrm{d}x \\ &= \mathrm{e}^{-\frac{\omega^2}{2}}\int_{-\infty}^{\infty} \frac{1}{\sqrt{2\pi}}\mathrm{e}^{-\frac{(x-\mathrm{j}\omega)^2}{2}}\,\mathrm{d}x = \mathrm{e}^{-\frac{\omega^2}{2}}\end{aligned}$$

其中，上式的积分部分为 1，因为这是一个均值为 $\mathrm{j}\omega$、方差为 1 的正态分布的概率密度函数的积分。同理，可以得到 X_2 的特征函数

$$\psi_{X_2}(\omega)=\mathrm{e}^{-\frac{\omega^2}{2}}$$

由特征函数的性质 1，可得

$$\psi_Y(\omega)=\psi_{X_1}(\omega)\psi_{X_2}(\omega)=\mathrm{e}^{-\omega^2}$$

因此，对上式求傅里叶反变换，可以得到 Y 的概率密度为

$$f_Y(y) = \frac{1}{2\pi}\int_{-\infty}^{\infty}\psi_Y(\omega)\mathrm{e}^{-\mathrm{j}\omega y}\,\mathrm{d}\omega = \frac{1}{2\pi}\int_{-\infty}^{\infty}\mathrm{e}^{-\omega^2}\mathrm{e}^{-\mathrm{j}\omega y}\,\mathrm{d}\omega = \frac{1}{\sqrt{2\pi}}\mathrm{e}^{-\frac{y^2}{4}}$$

从这里可以看到，在求多个独立随机变量之和的概率密度时，可以先求出各自的特征函数，然后根据性质求出这些特征函数的乘积，最后，求傅里叶反变换的共轭得到随机变量之和的概率密度函数。很多时候，应用特征函数的性质求多个独立随机变量和的概率密度函数比直接求随机变量和的概率密度函数要简单得多。

另外，由于多个独立正态分布的线性组合仍然是正态分布，因此，只需要求出均值和方差就可以得到这个线性组合的概率密度函数。

习　题

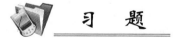

1.1　在通信系统中，一个信息的传输时间 X 是一个服从指数分布的随机变量，即

$$f_X(x)=\frac{1}{\sigma}\exp\left[-\left(\frac{x-a}{\sigma}\right)\right],\quad x\geqslant a,\ \sigma\geqslant 0$$

其中，a 和 σ 是正常数。

(1) 试求 X 的概率分布函数、均值以及方差；

(2) 求出 $P(1/\lambda<X\leqslant 2/\lambda)$；

(3) 证明特征函数为

$$C(\mathrm{j}u)=\frac{\mathrm{e}^{\mathrm{j}ua}}{1-\mathrm{j}u\sigma}$$

1.2　随机变量 $Y=c^2X+d^2$，其中 X 为随机变量，c、d 为常数，且 $c\neq0$，求 X 与 Y 的相关系数。

1.3　随机变量 $Y=aX+b$，其中 X 为随机变量，a、b 为常数，且 $a>0$，求 X 与 Y 的相关系数。

1.4　假设 $g(t)$是一个关于时间 t 的确定函数，X 为随机变量，证明：$E[g(t)X]=g(t)E[X]$。

1.5　若 X_1，X_2，…，X_n 是任意 n 个随机变量，证明：随机变量线性组合的数学期望等于随机变量数学期望的线性组合，即

$$E[a_1X_1+a_2X_2+\cdots+a_nX_n]=a_1E[X_1]+a_2E[X_2]+\cdots+a_n[X_n]$$

这里 a_1，a_2，…，a_n 都是常数。

1.6　假设 θ 为$(0, 2\pi)$上均匀分布的随机变量，求 $X=2\sin(3+\theta)$的数学期望与方差。

1.7　假设 θ 为$(0, \pi)$上均匀分布的随机变量，求 $X=2\sin(3+\theta)$的数学期望与方差。

1.8　假设 θ 为$\left(0, \frac{\pi}{2}\right)$上均匀分布的随机变量，求 $X=2\sin(3+\theta)$的数学期望与方差。

1.9　考虑一个掷钱币实验，正面概率为 p，反面概率为 $q=1-p$。

(1) 证明在 N 次独立实验中出现 i 次正面的概率由二项式分布给出为

$$\binom{N}{i}p^iq^{N-i}，0\leqslant i\leqslant N$$

(2) 证明 i 的均值和方差分别为 Np 和 Npg；

(3) 证明特征函数 $E[\mathrm{e}^{\mathrm{j}ui}]$等于$(p\mathrm{e}^{\mathrm{j}u}+q)^N$；

(4) 利用特征函数求 i 的一、二阶矩。

1.10　泊松(Poisson)分布为

$$P(k)=\frac{\mathrm{e}^{-\lambda}\lambda^k}{k!}$$

其中，k 为非负整数。

(1) 证明均值和方差等于 λ；

(2) 证明特征函数为 $\exp[\lambda(\mathrm{e}^{\mathrm{j}u}-1)]$。

1.11　已知随机变量 X 和 Y 的联合概率密度函数为

$$f(x, y)=\begin{cases}A\mathrm{e}^{-(x+2y)}, & x\geqslant0，y\geqslant0\\ 0, & 其他\end{cases}$$

试求：

(1) A；

(2) 边缘分布函数 $F_X(x)$和 $F_Y(y)$；

(3) 概率 $P\{X+Y<3\}$。

1.12　随机变量 $X=V\cos(4a)$，其中 V 为随机变量，a 为常数，求 X 的均值、方差、相关函数、协方差函数。

1.13　已知随机变量 X 和 Y 的联合概率密度函数为

$$f(x, y)=\begin{cases} Axy^2, & 0<x<1,\ 0<y<1 \\ 0, & \text{其他} \end{cases}$$

(1) 求 A；

(2) 证明 X 和 Y 相互独立。

1.14　随机变量 X 服从 $\left(-\frac{1}{2}, \frac{1}{2}\right)$ 上的均匀分布，求 $Y=\sin(\pi X)$ 的数学期望和方差。

第2章　随机过程及其统计特性

在自然界中存在着大量的信号，比如一段语音信号、一幅图像、一个正弦波、一条抛物线、电路系统的热噪声、机械振动信号等。其中，有一类是能够用明确的数学关系式描述或者可以用实验的方法以足够的精度重复产生的信号，称为确定信号，比如正弦信号 $x(t)=\sin(\omega t+\phi)$，其中 ω 和 ϕ 是常数；另一类则无法由数学公式来对它进行精确描述、计算、预测，即实际测量的结果每次都不确定是否相同，这种性质称为随机性，有时也称这种非确定性信号为随机信号。

通信系统中存在着大量随机信号。下面先来看一个通信系统信号收发的例子。一台发射机发送一个信号，记为 $x(t)$，另一台接收机收到的信号可以表示为 $y(t)$。通常我们认为 $y(t)=h(t)x(t)+n(t)$，其中，$h(t)$表示一个随机变化的信道状态信息，$n(t)$表示信道噪声，也是随机变化的。可见，发射机发送的信号、信道状态信息、噪声以及接收机收到的信号都可能是一个随机变化的信号。这意味着，接收机在不知道发射机的发射信号 $x(t)$的情况下，要根据接收到的随机信号 $y(t)$的特征准确或近似准确地还原出 $x(t)$，以实现无线通信的目的。这也正是我们要研究随机信号的统计特性及其与系统的相互作用的目的之一。

2.1　随机过程的概念及分类

2.1.1　随机过程的概念

第1章我们了解了样本空间、事件、概率、随机变量等概念。其中，随机变量的特点是：在每次试验的结果中，以一定的概率取某个事先未知的数值，该数值介于0和1之间，并且与时间无关。

从本章开始，我们引入随机过程的概念。随机过程是依赖于参数的一组随机变量的全体，参数通常是时间。在通信和电子信息技术中，常常涉及在试验过程中随着时间变化而变化的随机变量。例如，接收机的噪声电压就是随时间变化的随机变量，无线通信系统的接收机接收到的信号也是随时间变化的随机变量。一般来说，除了时间以外，试验过程中随机变量也有可能随其他某个参量而变化。例如，研究大气层中的空气温度时，可以把它看作随高度变化而变化的随机变量，这时的参量是高度。通常把这种随某个参量而变化的随机变量称为随机函数，而把以时间 t 作为参变量的随机函数称作随机过程或随机信号。在实际研究的随机过程中，随机变量有可能是一维的，也有可能是多维的，本书主要讨论一维随机变量或者独立的多维随机变量随时间变化所构成的随机过程。

类似于随机变量的定义，可给出随机过程的定义：

定义 2.1.1　设某一随机试验的样本空间是 S，若对样本空间中的任意一个元素 ξ，总有一个确定的时间函数 $X(t, \xi)(t\in T)$与它相对应，这样对于所有的 $\xi\in S$，就可以得到一个时间 t 的函数的集合，称为随机过程。集合中的每一个函数称为这个随机过程的样本函数。

【例 2.1.1】　抛一枚硬币，样本空间 $S=\{$正面，反面$\}$，定义：

$$X(t)=\begin{cases}t+1, & \text{当出现正面时}\\ t+3, & \text{当出现反面时}\end{cases}, \quad t\in(-\infty, +\infty)$$

其中，硬币出现正面的概率等于出现反面的概率，都等于 1/2，则$\{X(t), t\in(-\infty, +\infty)\}$是一个随机过程。

这里，样本空间 S 只有两个元素，即正面和反面，对于样本空间中的“正面”，得到一个时间函数 $X(t,$ 正面$)=t+1$，如图 2.1.1 中的实线所示。对于样本空间中的“反面”，有时间函数 $X(t,$ 反面$)=t+3$，如图 2.1.1 中的虚线所示。按照以上定义，$\{X(t,$ 正面$), X(t,$ 反面$)\}$就称为时间 t 的函数的集合，也就是随机过程。集合中的 $X(t,$ 正面$)=t+1$ 是这个随机过程的一个样本函数，$X(t,$ 反面$)=t+3$ 也是这个随机过程的一个样本函数，并且它们分别以一定的概率出现。

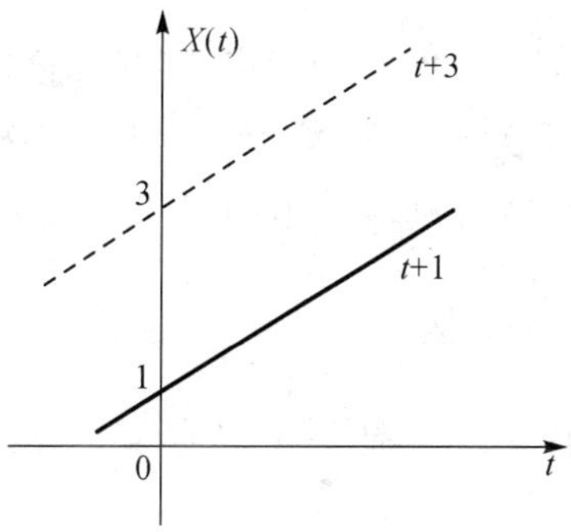

图 2.1.1　随机过程 $X(t)$

通常为了简便，在书写时省去符号 ξ，而将随机过程简记为 $X(t)$，并将它的每一个样本或实现记为 $x_i(t)$。比如，例 2.1.1 中两个样本函数可以分别记为 $x_1(t)=t+1$ 和 $x_2(t)=t+3$。

【例 2.1.2】　假如对接收机的输出噪声电压进行单次观察，可以得到如图 2.1.2 中所示的一条波形 $x_1(t)$，也可能出现的是 $x_2(t)$或 $x_3(t)$，…，具体波形的形状事先不能预测，所有这些可能的波形 $x_1(t)$，$x_2(t)$，…，$x_n(t)$，…的集合构成了一个随机过程。它既是关于时间 t 的函数，又是随机实验可能结果 ξ 的函数，可以记为 $X(t, \xi)$，或者简记为 $X(t)$。任意一条波形 $x_i(t)$称为该随机过程的一个样本函数(或称为实现)，它的出现是随机的，但经过大量的实验和观察会发现它具有某种统计规律性。

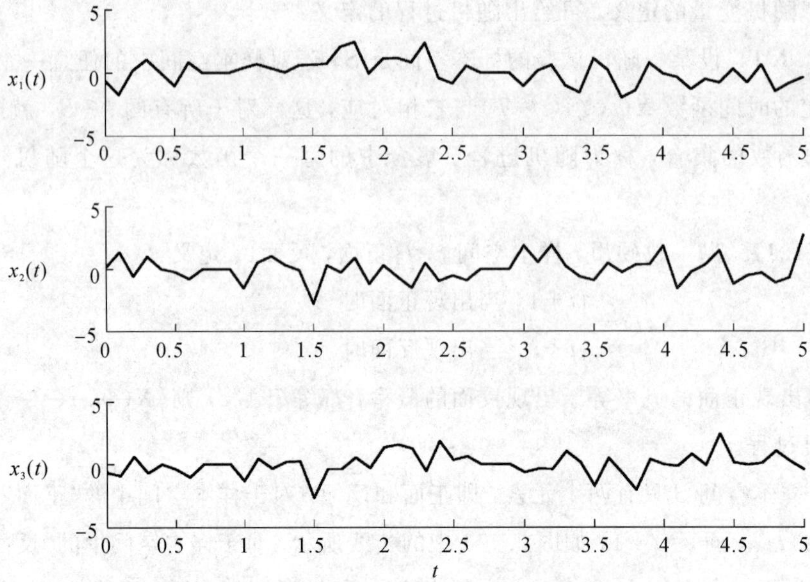

图 2.1.2　噪声电压在(0, 5)时刻内的 3 个样本函数

根据以上讨论，可列出 $X(t)$在四种不同情况下的意义：

(1) 当 t 不固定、ξ 也不固定时，$X(t)$是一个时间函数族，或称为随机过程，如例 2.1.1 和例 2.1.2。

(2) 当 t 不固定、ξ 固定时，$X(t)$是一个确定的时间函数。例如，例 2.1.1 中，ξ 固定为正面，则 $x_1(t)=t+1$，这是一个关于 t 的时间函数，是一个确定信号。

(3) 当 t 固定、ξ 不固定时，$X(t)$是一个随机变量。例如，例 2.1.1 中，假设 $t=1$，则 $X=\begin{cases}2, & \text{当出现正面时} \\ 4, & \text{当出现反面时}\end{cases}$，这是一个离散型随机变量。

(4) 当 t 固定、ξ 也固定时，$X(t)$是一个确定值。假设 $t=1$，ξ 固定为“正面”，则 $X(t)=2$。

综上，我们发现，随机信号不能预测其未来任何时刻的值，任何一次观测只代表随机过程可能产生的结果之一，任何一次观测值的变动均服从统计规律，并且不是时间的确定函数，它在定义域内的任意时刻的取值都具有不确定性。

2.1.2　随机过程的分类

随机过程的类型很多，分类方法也有多种，这里给出以下三种分类方法。

(1) 按照时间参数和状态空间参数是连续的还是离散的，随机过程可分成以下四类：

① 连续型随机过程：$X(t)$的时间参数和状态参数(取值)都是连续型的。也就是说，对于任意时刻 $t\in T$，$X(t)$都是连续型随机变量。例如，我们前面曾提到过的接收机的输出噪声电压就属于这类随机过程。自然界许多真实存在的随机过程大多属于连续随机过程。

② 离散型随机过程：$X(t)$的时间参数是连续的，但任意时刻的取值是离散的。也就是说，

对于任意时刻 $t \in T$，$X(t)$都是离散型随机变量。例如，由硬限幅电路输出的随机过程，由于它在任一时刻只可能取正或负的两个固定离散值，所以是离散型随机过程。图 2.1.3 给出了一个离散型随机过程的两个样本。可以看到，图 2.1.3 中的样本函数只有 0 和 1 两种取值。

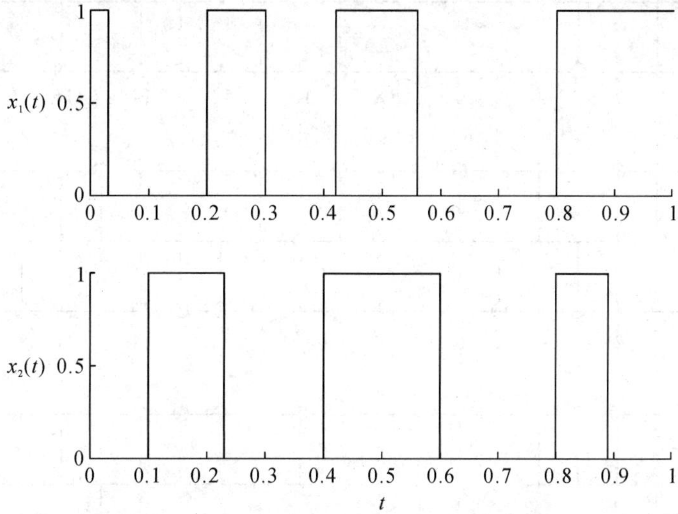

图 2.1.3 离散型随机过程的两个样本函数

③ 连续型随机序列：随机过程 $X(t)$的时间参数是离散的，比如 $t=1, 2, 3, \cdots$，并且在任一时刻的状态是连续型随机变量，即时间离散、状态连续的情况，如图 2.1.4 所示。连续型随机序列实际上可以通过对连续型随机过程等间隔采样得到。

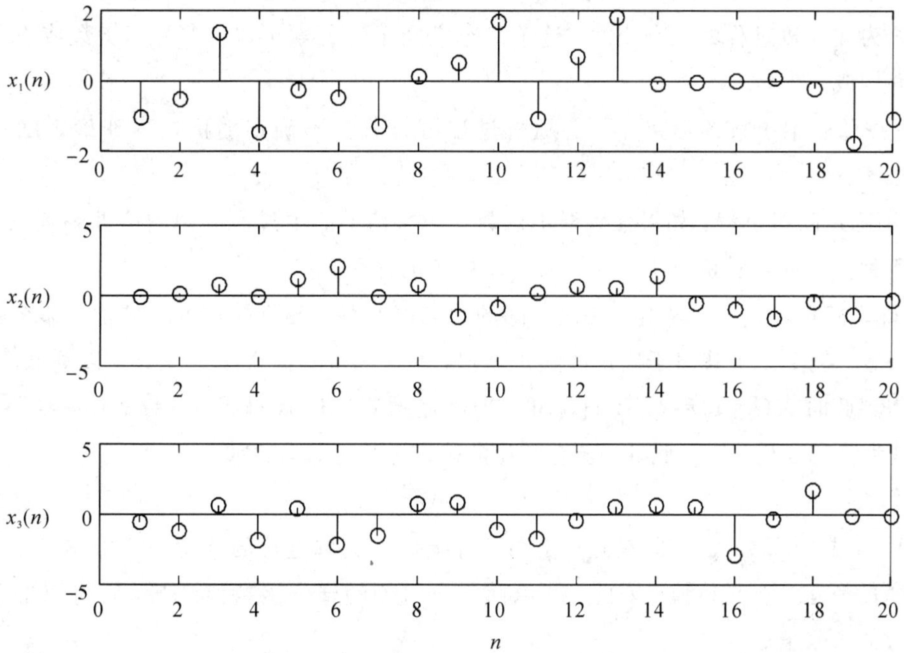

图 2.1.4 连续型随机序列的 3 个样本函数

④ 离散型随机序列：对应于时间和取值都是离散的情况。为了适应数字信号处理的需要，对连续型随机序列再进行量化（A/D 变换），即得到这种离散型随机序列，如图 2.1.5

所示。

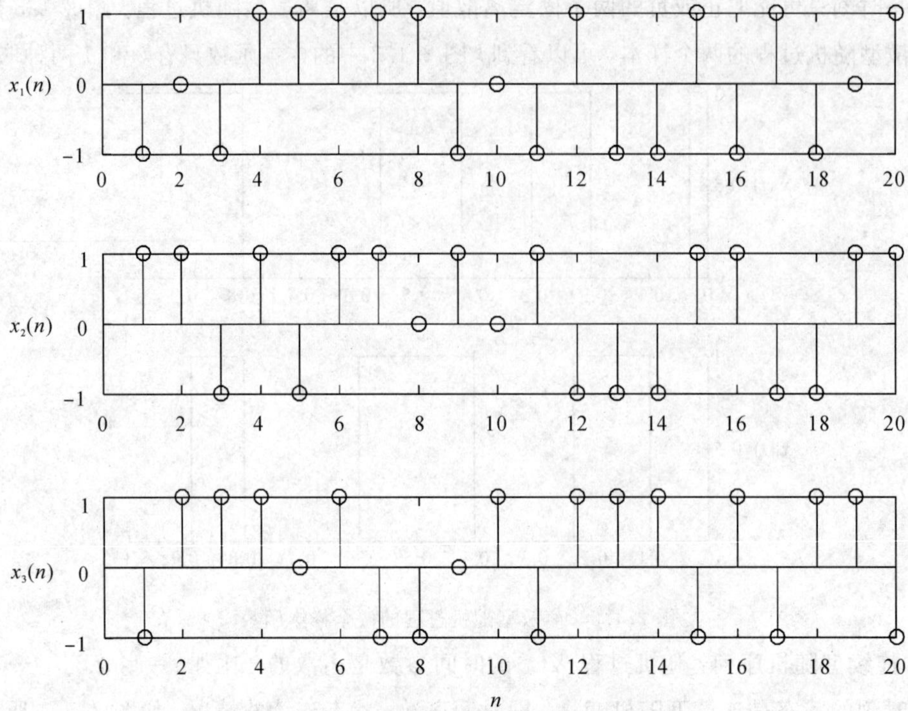

图 2.1.5　离散型随机序列的三个样本函数

综合来看，当时间参数取可列集时，一般称随机过程为随机序列。随机过程可能取值的全体称为此随机过程的状态空间，这个状态空间中的元素可以由复数、实数或更一般的抽象空间构成。

(2) 按照样本函数的形式不同，随机过程可以分为不确定随机过程和确定随机过程两类：

① 不确定随机过程：如果任意样本函数的未来值不能由过去的观测值准确地预测，则这个过程称为不确定随机过程，如例 2.1.2 的随机过程。

② 确定随机过程：如果由上一次时间的观测值能够预测下一次发生的值，那么就是确定随机过程。例 2.1.1 就属于确定的随机过程，在 $t=1$ 时刻，$X(t)=2$ 或 4 以等概率出现；若观察得到此时 $X(t=1)=2$，我们就可以准确地预测其他时刻 $X(t)=t+1$ 必然发生，因而，称其为确定随机过程。此处，还有常见的确定随机过程，比如：

$$X(t)=A\sin(\omega t+\phi) \tag{2.1.1}$$

其中，A、ω 或 ϕ（部分或全部）是随机变量。对于这个随机过程的任意一个样本函数，对应的随机变量都是一个具体值，因此，若以前任意时刻的样本函数值已知，就可以准确预测样本函数的未来值。

(3) 按照随机过程的统计特性分类，随机过程可分为平稳随机过程、高斯过程、白噪声、独立增量过程、Poisson 过程、独立随机过程和马尔可夫(Markov)过程等。其中，平稳随机过程是本书重点研究的对象。

图 2.1.6 中给出了随机过程的分类。

- 随机过程分类
  - 按时间参数和状态空间参数分类
    - 连续型随机过程
    - 离散型随机过程
    - 连续型随机序列
    - 离散型随机序列
  - 按样本函数的形式
    - 不确定随机过程
    - 确定随机过程
  - 按随机过程的统计特性
    - 平稳随机过程
    - 高斯过程
    - 白噪声
    - 独立增量过程
    - Markov 过程
    - …

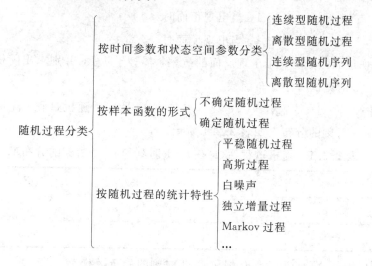

图 2.1.6　随机过程的常见分类

2.2　随机过程的有限维分布

我们知道，一维随机变量可以用一维分布函数或一维概率密度函数来表征，那么一个随机过程需要用几维分布函数来完全表征呢？下面我们来讨论随机过程的有限维分布。

2.2.1　一维分布函数与一维概率密度函数

定义 2.2.1　随机过程 $X(t)$在任意时刻 $t_1(t_1\in T)$取值记为 $X(t)|_{t=t_1}$，或记为 $X(t_1)$，则 $X(t_1)$是一个一维随机变量，与概率论中随机变量的分布函数的定义类似。我们定义它的分布函数为

$$F_X(x;\ t_1)=P\{X(t_1)\leqslant x\} \tag{2.2.1}$$

称为随机过程 $X(t)$的一维分布函数。可以看到，随机过程 $X(t)$的一维分布函数与所取的时刻 t_1 有关，不同时刻得到的分布函数可能是不一样的，如图 2.2.1 所示。

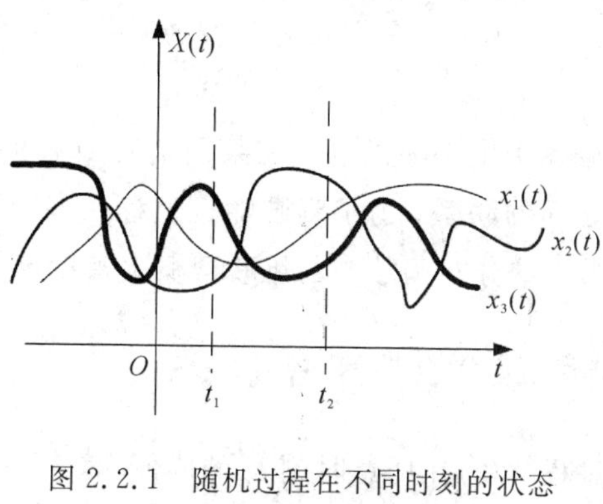

图 2.2.1　随机过程在不同时刻的状态

【例 2.2.1】 抛一枚硬币，样本空间 $S=\{$正面，反面$\}$，定义：

$$X(t)=\begin{cases}t+1, & \text{当出现正面时}\\ t+3, & \text{当出现反面时}\end{cases},\quad t\in(-\infty,\ +\infty)$$

其中，硬币出现正面的概率等于出现反面的概率，都等于 1/2，分别求出随机过程 $X(t)$在 $t=1$ 时刻和 $t=3$ 时刻的一维分布函数。

解 由例 2.1.1 可知，$\{X(t),\ t\in(-\infty,\ +\infty)\}$是一个随机过程。随机过程 $X(t)$在 $t=1$ 时刻和 $t=3$ 时刻的分布率如表 2.2.1 所示。

表 2.2.1 随机过程 $X(t)$在 $t=1$ 时刻和 $t=3$ 时刻的分布率

$X(t)$	ξ_1	ξ_2	P
$X(1)$	2	4	0.5
$X(3)$	4	6	0.5

因此，可以得到 $X(t)$在 $t=1$ 时刻和 $t=3$ 时刻的分布函数为

$$F_X(x;1)=P(X\leqslant x,\ 1)=\begin{cases}0, & x<2\\ \dfrac{1}{2}, & 2\leqslant x<4\\ 1, & x\geqslant 4\end{cases}$$

和

$$F_X(x;3)=P(X\leqslant x,\ 3)=\begin{cases}0, & x<4\\ \dfrac{1}{2}, & 4\leqslant x<6\\ 1, & x\geqslant 6\end{cases}$$

定义 2.2.2 假设 $F_X(x;\ t_1)$对变量 x 的偏导数存在，则有

$$f_X(x;\ t_1)=\frac{\partial F_X(x;\ t_1)}{\partial x} \tag{2.2.2}$$

式中，$f_X(x;\ t_1)$称作随机过程 $X(t)$的一维概率密度($t_1\in T$)。可以看到，随机过程 $X(t)$的一维概率密度也与所取的时刻 t_1 有关，不同时刻得到的概率密度函数也可能是不一样的。

综合以上可知，随机过程的一维分布函数和一维概率密度与时间 t 有关，在不同的时间 t 可能得到不同的随机变量，另外，它们具有与普通随机变量的分布函数和概率密度相同的各种性质。

一维分布函数和一维概率密度是随机过程在某固定时刻的状态的分布特性，不能反映随机过程不同时刻的状态之间的联系。为了刻画随机过程在多个不同时刻的状态以及各个状态之间的联系，下面引入二维分布函数与二维联合概率密度函数。

2.2.2 二维分布函数与二维联合概率密度函数

前面我们提到，随机过程 $X(t)$在任意时刻 t_1 的取值 $X(t_1)$是一个一维的随机变量，同

样也可以得到随机过程 $X(t)$在另一个时刻 t_2 的取值 $X(t_2)$，则 $X(t_2)$是另一个一维的随机变量，那么随机变量 $X(t_1)$与随机变量 $X(t_2)$之间有什么关系呢？为此，我们引入两个随机变量的联合分布函数，这里也称为随机过程的二维分布函数。

定义 2.2.3　对于任意两个时刻 t_1 和 t_2，定义二维随机变量$(X(t_1), X(t_2))$的分布函数为

$$F_X(x_1, x_2; t_1, t_2)=P\{X(t_1)\leqslant x_1, X(t_2)\leqslant x_2\} \tag{2.2.3}$$

它为随机过程 $X(t)$的二维分布函数。如果 $F_X(x_1, x_2; t_1, t_2)$对 x_1 和 x_2 的二阶偏导数存在，则有

$$f_X(x_1, x_2; t_1, t_2)=\frac{\partial^2 F_X(x_1, x_2; t_1, t_2)}{\partial x_1 \partial x_2} \tag{2.2.4}$$

式(2.2.4)称为随机过程 $X(t)$的二维联合概率密度。

【例 2.2.2】　考虑在时间$(0, t]$内电话机接收到的呼叫次数，若呼叫次数为偶数(这里 0 也属于偶数)，则令 $X(t)=1$；若呼叫次数为奇数，则令 $X(t)=-1$。设在互不相交的时间区间接到的呼叫次数相互独立，又设在时间$(t_0, t_0+t]$内呼叫次数为 k 的概率与 t_0 无关，并且为

$$P_k(t)=\frac{t^k}{k!}\mathrm{e}^{-t}, t\in T=(0, +\infty), k=0, 1, 2, \cdots$$

求随机过程 $X(t)$的一维概率密度和二维概率密度。

解　(1) 对于固定的 $t_1\in T$，$X(t_1)$为一维随机变量。其在$(0, t_1]$内呼叫次数为偶数的概率为

$$\begin{aligned} P\{X(t_1)=1\}&=P_0(t_1)+P_2(t_1)+\cdots+P_{2k}(t_1)+\cdots \\ &=\mathrm{e}^{-t_1}\left(1+\frac{t_1^2}{2!}+\frac{t_1^4}{4!}+\cdots+\frac{t_1^{2k}}{(2k)!}+\cdots\right) \\ &=\mathrm{e}^{-t_1}\cos t_1 \end{aligned}$$

其在$(0, t_1]$内呼叫次数为奇数的概率为

$$P\{X(t_1)=-1\}=P_1(t_1)+P_3(t_1)+\cdots=\mathrm{e}^{-\lambda t_1}\left(t_1+\frac{t_1^3}{3!}+\frac{t_1^5}{5!}+\cdots\right)=\mathrm{e}^{-t_1}\sin t_1$$

当 t_1 在 T 内变化时，随机过程 $X(t)$的一维概率函数族如表 2.2.2 所示。

表 2.2.2　$X(t)$的一维概率函数族

$X(t_1)$	1	-1
概率	$\mathrm{e}^{-t_1}\cos t_1$	$\mathrm{e}^{-t_1}\sin t_1$

(2) 对于固定的 $t_1, t_2\in T$，$\{X(t_1), X(t_2)\}$为二维随机变量。

设 $t_2>t_1$，$\tau=t_2-t_1$，则

$$P\{X(t_1)=1, X(t_2)=1\}=P\{X(t_1)=1\}P\{X(t_2)=1|X(t_1)=1\}$$

式中，$P\{X(t_2)=1|X(t_1)=1\}$表示在$(0, t_1]$内呼叫次数为偶数的条件下其在$(0, t_2]$内呼叫次数为偶数的概率，等于其在$(0, t_1]$内呼叫次数为偶数的条件下在$(t_1, t_2]$内呼叫次数为偶数的概率，也等于其在$(t_1, t_2]$内呼叫次数为偶数的概率或其在$(0, \tau]$内呼叫次数为偶数的概率。因而，有

$$P\{X(t_1)=1, X(t_2)=1\}=\mathrm{e}^{-t_1}\cos t_1 \cdot \mathrm{e}^{-\tau}\cos\tau$$

同理，有

$$P\{X(t_1)=1, X(t_2)=-1\}=\mathrm{e}^{-t_1}\cos t_1 \cdot \mathrm{e}^{-\tau}\sin\tau$$

$$P\{X(t_1)=-1, X(t_2)=1\}=\mathrm{e}^{-t_1}\sin t_1 \cdot \mathrm{e}^{-\tau}\sin\tau$$

$$P\{X(t_1)=-1, X(t_2)=-1\}=\mathrm{e}^{-t_1}\sin t_1 \cdot \mathrm{e}^{-\tau}\cos\tau$$

当t_1、t_2在T内变化时，得随机过程$X(t)$的二维概率函数族如表2.2.3所示。

表2.2.3　$X(t)$的二维概率函数族

$X(t_1)$	$X(t_2)$	
	1	−1
1	$\mathrm{e}^{-t_1}\cos t_1 \cdot \mathrm{e}^{-\tau}\cos\tau$	$\mathrm{e}^{-t_1}\cos t_1 \cdot \mathrm{e}^{-\tau}\sin\tau$
−1	$\mathrm{e}^{-t_1}\sin t_1 \cdot \mathrm{e}^{-\tau}\sin\tau$	$\mathrm{e}^{-t_1}\sin t_1 \cdot \mathrm{e}^{-\tau}\cos\tau$

2.2.3　n维分布函数与n维概率密度函数

用随机过程的二维分布可以描述随机过程两个时刻状态的关系，如果要描述更多时刻的状态的关系，我们需要引入n维分布函数的概念。对于任意n个时刻$t_1, t_2, \cdots, t_n$，有如下定义：

定义2.2.4　定义n维随机变量$(X(t_1), X(t_2), \cdots, X(t_n))$的联合分布函数为

$$F_X(x_1, x_2, \cdots, x_n; t_1, t_2, \cdots, t_n)=P\{X(t_1)\leqslant x_1, X(t_2)\leqslant x_2, \cdots, X(t_n)\leqslant x_n\} \tag{2.2.5}$$

为随机过程$X(t)$的n维分布函数。如果$F_X(x_1, x_2, \cdots, x_n; t_1, t_2, \cdots, t_n)$对$x_1, x_2, \cdots, x_n$的$n$阶偏导数存在，则有

$$f_X(x_1, x_2, \cdots, x_n; t_1, t_2, \cdots, t_n)=\frac{\partial^n F_X(x_1, x_2, \cdots, x_n; t_1, t_2, \cdots, t_n)}{\partial x_1\partial x_2\cdots\partial x_n} \tag{2.2.6}$$

称上式为随机过程$X(t)$的n维概率密度。

如果n的取值越大，对随机过程$X(t)$的不同状态之间的关系描述就越完善，对随机过程$X(t)$的特性的描述也越完善。

随机过程$X(t)$的n维分布函数具有如下性质：

(1) $F_X(x_1, x_2, \cdots, -\infty, \cdots, x_n; t_1, t_2, \cdots, t_i, \cdots t_n)=0$。

(2) $F_X(\infty, \infty, \cdots, \infty; t_1, t_2, \cdots, t_n)=1$。

(3) $f_X(x_1, x_2, \cdots, x_n; t_1, t_2, \cdots, t_n)\geqslant 0$。

(4) $\underbrace{\int_{-\infty}^{\infty}\cdots\int_{-\infty}^{\infty}}_{n重} f_X(x_1, x_2, \cdots, x_n; t_1, t_2, \cdots, t_n)\mathrm{d}x_1\mathrm{d}x_2\cdots\mathrm{d}x_n = 1$。

(5) 如果 $X(t_1)$, $X(t_2)$, $\cdots$, $X(t_n)$统计独立，则有

$$f_X(x_1, x_2, \cdots, x_n; t_1, t_2, \cdots, t_n)=f_X(x_1; t_1)f_X(x_2; t_2)\cdots f_X(x_n; t_n)$$

2.2.4　有限维分布与 Kolmogorov 定理

前面提到的一维分布、二维分布、…、n 维分布的全体称为有限维分布族。一个随机过程的有限维分布族，是否描述了该过程的全部概率特性呢？

Kolmogorov 定理：设分布函数族$\{F_X(x_1, x_2, \cdots, x_n; t_1, t_2, \cdots, t_n), t_1, t_2, \cdots, t_n\in T, n>0\}$满足对称性和相容性，则必有一随机过程 $X(t)$使得$\{F_X(x_1, x_2, \cdots, x_n; t_1, t_2, \cdots, t_n), t_1, t_2, \cdots, t_n\in T, n>0\}$恰好是 $X(t)$的有限维分布族。

其中，对称性是指：

$$\begin{aligned}F_X(x_1, x_2, \cdots, x_n; t_1, t_2, \cdots, t_n)&=P\{X(t_1)\leqslant x_1, X(t_2)\leqslant x_2, \cdots, X(t_n)\leqslant x_n\}\\&=P\{X(t_{j_1})\leqslant x_{j_1}, X(t_{j_2})\leqslant x_{j_2}, \cdots, X(t_{j_n})\leqslant x_{j_n}\}\\&=F_X(x_1, x_2, \cdots, x_n; t_{j_1}, t_{j_2}, \cdots, t_{j_n})\end{aligned}$$

其中，$j_1, j_2, \cdots, j_n$ 是 1, 2, …, n 的任意排列。

相容性指：对任意的 $m<n$，有

$$F_X(x_1, x_2, \cdots, x_m, \infty, \cdots, \infty; t_1, t_2, \cdots, t_n)=F_X(x_1, x_2, \cdots, x_m; t_1, t_2, \cdots, t_m)$$

Kolmogorov 定理说明，随机过程的有限维分布族是随机过程概率特征的完整描述。但在实际问题中，要知道随机过程的全部有限维分布族通常是不可能的。因此，通常用随机过程的某些数字特征来刻画随机过程的概率特征。

2.3　随机过程的数字特征

虽然随机过程的多维分布函数能够比较全面地描述整个过程的统计特性，但是，一般分析处理非常复杂。此外，在许多实际应用中，往往通过研究几个常用的数字特征就能满足要求。与随机变量的数字特征类似，随机过程常用到的数字特征是数学期望值、方差、相关函数等。

1. 随机过程的数学期望

数学期望也称统计平均、集合平均或均值。类似于随机变量的数学期望定义方法，我们来定义随机过程的数学期望。

定义 2.3.1 设随机过程$\{X(t), t\in T\}$，则它的数学期望定义为$m_X(t)=E[X(t)]$。这个数学期望值是依赖于t的确定函数，表示$X(t)$的所有样本函数在时刻t的函数值的统计平均。

随机过程$X(t)$的均值也表示该随机过程在时刻t的摆动中心，如图2.3.1所示。图中细线表示随机过程的各个样本函数，粗线表示它的数学期望。如果讨论的随机过程是接收机输出端的噪声电压，这时数学期望值$m_X(t)=E[X(t)]$就是此噪声电压的瞬时统计平均值。

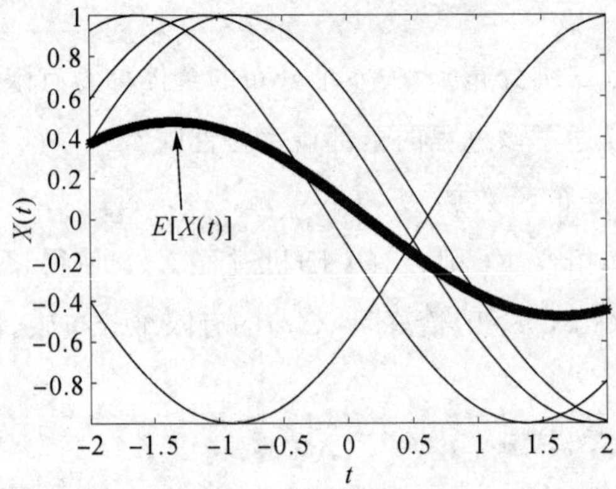

图 2.3.1　随机过程的样本函数和数学期望

如果$X(t)$是连续型的，则它的数学期望可以用

$$m_X(t) = E[X(t)] = \int_{-\infty}^{\infty} x f_X(x, t)\mathrm{d}x \tag{2.3.1}$$

来计算，其中$f_X(x, t)$是连续型随机过程$X(t)$的一维概率密度函数。

如果$X(t)$是离散型的，则它的数学期望可以用

$$m_X(t) = E[X(t)] = \sum_{i=1} x_i P\{X(t) = x_i\} \tag{2.3.2}$$

来计算，其中$P\{X(t)=x_i\}$是离散型随机过程$X(t)$的一维分布律。

2. 均方值与方差

方差是用来度量随机变量偏离其数学期望的程度的量。

定义 2.3.2 定义随机过程$X(t)$的方差为

$$\begin{aligned}\sigma_X^2(t) &= D[X(t)] = \mathrm{var}[X(t)] = E[(X(t) - E[X(t)])^2] \\ &= E[X^2(t)] - m_X^2(t)\end{aligned} \tag{2.3.3}$$

方差$\sigma_X^2(t)$是t的确定函数，它描述了随机过程诸样本函数围绕数学期望$E[X(t)]$的分散程度，如图2.3.2所示，细线表示随机过程$X(t)$的三条样本函数，粗的黑实线表示随机过程的均值，带“*”号和带“+”号的两条线分别是$m_X(t)+\sigma_X(t)$和$m_X(t)-\sigma_X(t)$。如果$X(t)$表示噪声电压，那么均方值就表示消耗在单位电阻上的瞬时功率的统计平均值，而方

差 $\sigma_X^2(t)$ 则表示瞬时交流功率的统计平均值。

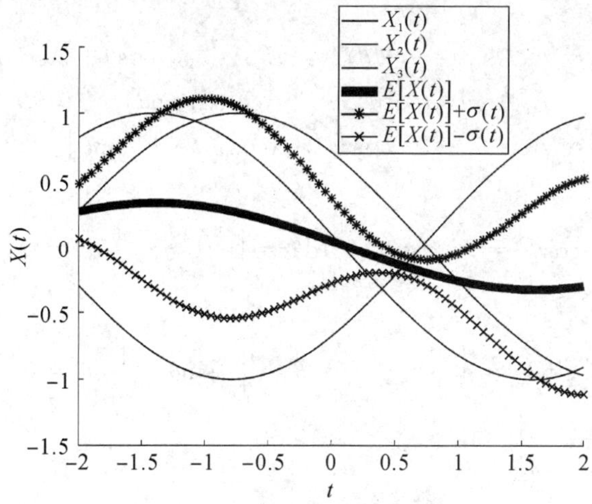

图 2.3.2　随机过程的均值和标准差

图 2.3.2 中，方差的函数曲线都可以看成由如下方法得到：首先，固定随机过程 $X(t)$ 的时间变量 $t=t_0$，那么 $X(t_0)$ 就是一个随机变量，然后，对 $X(t_0)$ 求方差，可以得到

$$D[X(t_0)]=E[(X(t_0)-E[X(t_0)])^2] \tag{2.3.4}$$

式(2.3.4)对任意的 $t_0\in T$ 都成立，我们对所有 $t_0\in T$ 都求一次方差，然后把这些点连接起来就是随机过程的方差。

【例 2.3.1】　随机相位正弦信号(简称正弦随相信号)

$$X(t)=A\sin(\omega_0 t+\theta)$$

式中，A 和 ω_0 为常数，$t\in T$，θ 为$(0, 2\pi)$上均匀分布的随机变量。求 $X(t)$ 的数学期望与方差。

解　(方法一)　θ 为$(0, 2\pi)$上均匀分布的随机变量，其概率密度为

$$f_\theta(\theta)=\begin{cases}\dfrac{1}{2\pi} & 0\leqslant\theta\leqslant 2\pi\\ 0 & \text{其他}\end{cases}$$

则可以求出 $X(t)$ 的数学期望为

$$\begin{aligned}m_X(t)&=E[X(t)]=E[A\sin(\omega_0 t+\theta)]\\&=\int_0^{2\pi}[A\sin(\omega_0 t+\theta)]f_\theta(\theta)\mathrm{d}\theta=\int_0^{2\pi}[A\sin(\omega_0 t+\theta)]\frac{1}{2\pi}\mathrm{d}\theta=0\end{aligned}$$

可以求出 $X(t)$ 的方差为

$$\begin{aligned}D[X(t)]&=E[(X(t)-m_X(t))^2]=E[X^2(t)]\\&=\int_0^{2\pi}[A^2\sin^2(\omega_0 t+\theta)]\frac{1}{2\pi}\mathrm{d}\theta\\&=\frac{A^2}{2\pi}\int_0^{2\pi}\frac{1-\cos(2\omega_0 t+2\theta)}{2}\mathrm{d}\theta=\frac{A^2}{2}\end{aligned}$$

（方法二） 由题可知：

$$
\begin{aligned}
m_x(t) &= E[X(t)] \\
&= E[A\sin(\omega_0 t+\theta)] = E[A\sin\omega_0 t\cos\theta + A\cos\omega_0 t\sin\theta] \\
&= E[A\sin\omega_0 t\cos\theta] + E[A\cos\omega_0 t\sin\theta] \\
&= A\sin\omega_0 t \cdot E[\cos\theta] + A\cos\omega_0 t \cdot E[\sin\theta]
\end{aligned}
$$

又因为

$$E[\cos\theta] = \int_0^{2\pi} \cos\theta f_\theta(\theta)\mathrm{d}\theta = \int_0^{2\pi} \cos\theta \cdot \frac{1}{2\pi}\mathrm{d}\theta = 0$$

同理

$$E[\sin\theta] = \int_0^{2\pi} \sin\theta f_\theta(\theta)\mathrm{d}\theta = \int_0^{2\pi} \sin\theta \cdot \frac{1}{2\pi}\mathrm{d}\theta = 0$$

所以 $m_X(t)=0$。

下面求方差：

$$\sigma_X^2(t) = E[X(t)-m_X(t)]^2 = E[X^2(t)]$$

$$
\begin{aligned}
E[A^2\sin^2(\omega_0 t+\theta)] &= E\left[\frac{A^2}{2}(1-\cos(2\omega_0 t+2\theta))\right] \\
&= \frac{A^2}{2}\{E[1-\cos(2\omega_0 t+2\theta)]\} \\
&= \frac{A^2}{2}\{1-E[\cos(2\omega_0 t)\cos 2\theta]+E[\sin 2\omega_0 t\sin 2\theta]\} \\
&= \frac{A^2}{2}\{1-\cos 2\omega_0 t\cdot E[\cos 2\theta]+\sin 2\omega_0 t\cdot E[\sin 2\theta]\}
\end{aligned}
$$

又因为 $E[\sin 2\theta]=E[\cos 2\theta]=0$，所以，$\sigma_X^2(t)=\dfrac{A^2}{2}$。

随机过程 $X(t)$ 的均值与方差的性质如表 2.3.1 所示。

表 2.3.1 随机过程 $X(t)$ 的均值与方差

	$X(t)$、$Y(t)$ 为随机过程，$g(t)$ 为确定性函数	C 为常数，可以是复数，也可以是实数
均值函数性质	$E[g(t)]=g(t)$	$E[C]=C$
	$E[g(t)X(t)]=g(t)E[X(t)]$	$E[CX(t)]=CE[X(t)]$
	$E[X(t)+Y(t)]=E[X(t)]+E[Y(t)]$	$E[X(t)+Y(t)]=E[X(t)]+E[Y(t)]$
	$E[g(t)+X(t)]=g(t)+E[X(t)]$	$E[C+X(t)]=C+E[X(t)]$
	$X(t)$ 与 $Y(t)$ 相互独立或不相关，则 $E[X(t)\cdot Y(t)]=E[X(t)]\cdot E[Y(t)]$	
方差性质	$D[g(t)]=0$	$D[C]=0$
	$D[g(t)X(t)]=g^2(t)D[X(t)]$	$D[CX(t)]=C^2D[X(t)]$
	$D[g(t)+X(t)]=D[X(t)]$	$D[C+X(t)]=D[X(t)]$
	$X(t)$ 与 $Y(t)$ 相互独立或不相关，则 $D[X(t)\pm Y(t)]=D[X(t)]+D[Y(t)]$	

3. 自相关函数和自协方差函数

数学期望值和方差是描述随机过程在各个单独时刻的重要数字特征，与一维分布函数相对应。它们不能反映出整个随机过程中不同时刻之间的内在联系。有很多随机过程的数学期望和方差相同，但本质上却有很大的差别。如图 2.3.3 (a)和(b)所示，有两个均值都为 0、方差都为 2 的随机过程，其中，$X(t)$为例 2.3.1 中的随机相位正弦波，振幅 $A=2$，图 2.3.3(a)中细线表示 $X(t)$的样本函数；另有一个随机过程 $Y(t)$，满足 $P(Y(t)=\sqrt{2}\cdot i)=\frac{1}{2}$，其中 $i\in\{-1, 1\}$，可以求出 $Y(t)$的均值为 0，方差为 2。它们具有大致相同的数学期望值和方差，但两者的细微结构却有着非常明显的差别。其中 $X(t)$随时间变化相对较大，而 $Y(t)$的样本函数为一个固定的值，其不同时刻的状态之间的相关性显然非常强。

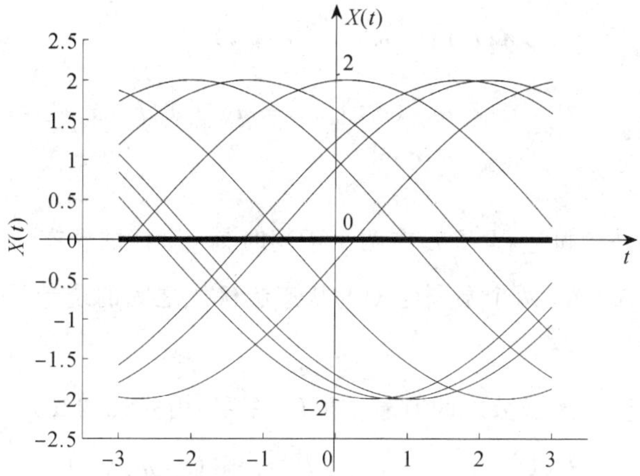

(a) 均值为 0、方差为 2 的随机过程 $X(t)$

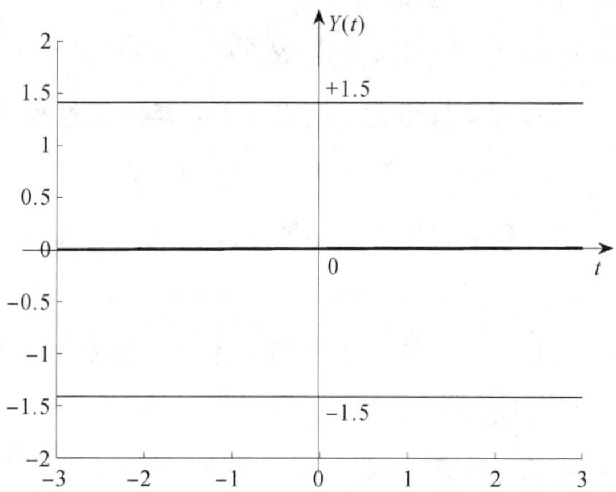

(b) 均值为 0、方差为 2 的随机过程 $Y(t)$

图 2.3.3　例 2.3.1 的均值和方差都相同的两个随机过程的比较

可见，均值和方差不能用于描述随机过程不同时刻的状态之间的联系。因此，需要引入其他函数来反映随机过程不同时刻的状态之间的联系。自相关函数可以用来描述随机过程任意两个时刻的状态之间的内在联系。

定义 2.3.3 通常定义随机过程$\{X(t), t\in T\}$的自相关函数为

$$R_X(t_1, t_2) = E[X(t_1)X(t_2)] = \int_{-\infty}^{+\infty}\int_{-\infty}^{+\infty} x_1 x_2 f_X(x_1, x_2; t_1, t_2)\mathrm{d}x_1\mathrm{d}x_2 \tag{2.3.5}$$

其中，$f_X(x_1, x_2; t_1, t_2)$为该随机过程的二维概率密度函数。

实际上，$R_X(t_1, t_2)$就是随机过程$X(t)$在两个不同时刻t_1和t_2的状态$X(t_1)$和$X(t_2)$之间的混合原点矩，它反映了$X(t)$在两个不同时刻的状态之间的统计关联程度。

除了自相关函数之外，自协方差函数也可以用来描述随机过程任意两个时刻的状态之间的相关程度。

定义 2.3.4 通常定义随机过程$\{X(t), t\in T\}$的自协方差函数为

$$\begin{aligned}C_X(t_1, t_2) &= E[(X(t_1)-m_X(t_1))(X(t_2)-m_X(t_2))]\\ &= E[X(t_1)X(t_2)]-m_X(t_1)m_X(t_2)\\ &= \int_{-\infty}^{+\infty}\int_{-\infty}^{+\infty}[x_1-m_X(t_1)][x_2-m_X(t_2)]f_X(x_1, x_2; t_1, t_2)\mathrm{d}x_1\mathrm{d}x_2\end{aligned} \tag{2.3.6}$$

自协方差函数就是随机过程$X(t)$在两个不同时刻t_1、t_2的状态$X(t_1)$、$X(t_2)$之间的混合中心矩，它反映了$X(t)$在两个不同时刻的状态起伏值之间的统计关联程度，又称为中心化自相关函数。

自相关函数与自协方差函数之间有着重要的联系。由式(2.3.6)可以得到

$$C_X(t_1, t_2)=R_X(t_1, t_2)-m_X(t_1)m_X(t_2) \tag{2.3.7}$$

特别地，当$X(t)$零均值时，也就是$m_X(t)=0$时，有

$$C_X(t_1, t_2)=R_X(t_1, t_2) \tag{2.3.8}$$

当式(2.3.5)中$t_1=t_2=t$时，自相关函数实际上就是随机过程$X(t)$的均方值

$$R_X(t, t)=E[X(t)X(t)]=E[X^2(t)] \tag{2.3.9}$$

当式(2.3.6)中$t_1=t_2=t$时，自协方差函数实际上就是随机过程$X(t)$的方差。

$$C_X(t_1, t_2)=C_X(t, t)=E[(X(t)-m_X(t))^2]=D_X(t) \tag{2.3.10}$$

事实上，在随机过程分析中，数学期望和相关函数是最基本的特征。研究这两个数字特征的理论通常被称为相关理论。

【例 2.3.2】 随机过程$X(t)=V\cos(\omega_0 t)$，$-\infty<t<\infty$，其中V是随机变量，ω_0为常数，$E[V]=2$，$D[V]=6$，求$X(t)$的均值、方差、自相关函数和自协方差函数。

解 $X(t)$的均值为

$$E[X(t)]=E[V\cos(\omega_0 t)]=\cos(\omega_0 t)E[V]=2\cos(\omega_0 t)$$

方差为

$$D[X(t)]=D[V\cos(\omega_0 t)]=\cos^2(\omega_0 t)D[V]=6\cos^2(\omega_0 t)$$

自相关函数为

$$R_X(t_1, t_2)=E[V\cos(\omega_0 t_1)\cdot V\cos(\omega_0 t_2)]$$
$$=E[V^2\cos(\omega_0 t_1)\cos(\omega_0 t_2)]=\cos(\omega_0 t_1)\cos(\omega_0 t_2)E[V^2]$$
$$=10\cos(\omega_0 t_1)\cos(\omega_0 t_2)$$

自协方差函数为

$$C_X(t_1, t_2)=E[(X(t_1)-E[X(t_1)])\cdot(X(t_2)-E[X(t_2)])]$$
$$=R_X(t_1, t_2)-m_X(t_1)m_X(t_2)$$
$$=10\cos(\omega_0 t_1)\cos(\omega_0 t_2)-4\cos(\omega_0 t_1)\cos(\omega_0 t_2)$$
$$=6\cos(\omega_0 t_1)\cos(\omega_0 t_2)$$

【例 2.3.3】 若一个随机过程由图 2.3.4 所示的四条样本函数组成，而且每条样本函数出现的概率相等，求 $E[X(t_1)]$、$E[X(t_2)]$、$R_X(t_1, t_2)$和 $C_X(t_1, t_2)$。

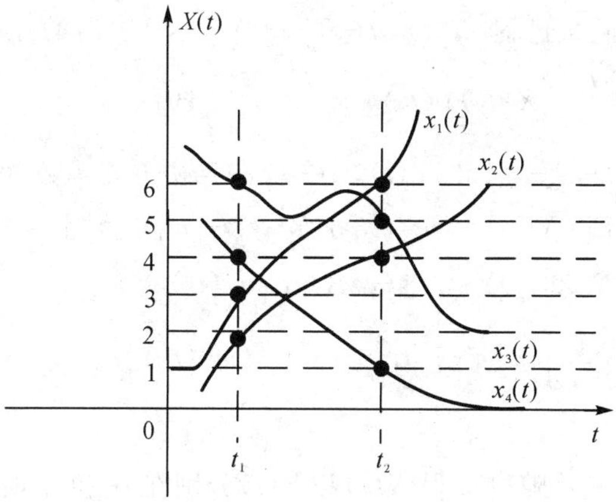

图 2.3.4　例 2.3.3 中随机过程的 4 条样本函数

解　根据题意，随机过程 $X(t)$在两个时刻的状态 $X(t_1)$和 $X(t_2)$为两个离散型的随机变量。列出 4 条样本函数在 t_1 和 t_2 两个时刻的各个值以及对应的概率，如表 2.3.2 所示。

表 2.3.2　样本函数在 t_1 和 t_2 时刻的各个值以及对应的概率

$x(t)$	t_1	t_2	P
$x_1(t)$	3	6	0.25
$x_2(t)$	2	4	0.25
$x_3(t)$	6	5	0.25
$x_4(t)$	4	1	0.25

可以求出：

$$E[X(t_1)]=\frac{3+2+6+4}{4}=\frac{15}{4}$$

$$E[X(t_2)]=\frac{6+4+5+1}{4}=4$$

下面来求自相关函数

$$\begin{aligned} R_X(t_1,t_2) &= E[X(t_1)X(t_2)] \\ &= \sum_{j=1}^{4}\sum_{i=1}^{4} x_i(t_1)x_j(t_2)p(x_i(t_1),x_j(t_2)) \\ &= \frac{3\times 6+2\times 4+6\times 5+4\times 1}{4} = 15 \end{aligned}$$

根据自协方差函数与自相关函数的关系，可以得到

$$C_X(t_1,t_2)=R_X(t_1,t_2)-E[X(t_1)]E[X(t_2)]=0$$

说明随机过程 $X(t)$在 t_1 和 t_2 两个时刻不相关。

4. 互相关函数和互协方差函数

自相关函数和自协方差函数都是描述一个随机过程的自身内在数字特征。如果要描述两个随机过程之间的联系，我们需要引入互相关函数或互协方差函数。

定义 2.3.5 定义随机过程$\{X(t), t\in T\}$和$\{Y(t), t\in T\}$的互相关函数为

$$R_{XY}(t_1,t_2) = E[X(t_1)Y(t_2)] = \int_{-\infty}^{+\infty}\int_{-\infty}^{+\infty} xyf_X(x,y;t_1,t_2)\mathrm{d}x\mathrm{d}y \tag{2.3.11}$$

定义随机过程$\{X(t), t\in T\}$和$\{Y(t), t\in T\}$的互协方差函数为

$$\begin{aligned} C_{XY}(t_1,t_2) &= E[(X(t_1)-m_X(t_1))(Y(t_2)-m_Y(t_2))] \\ &= E[X(t_1)Y(t_2)]-m_X(t_1)m_Y(t_2) \\ &= \int_{-\infty}^{+\infty}\int_{-\infty}^{+\infty}[x-m_X(t_1)][y-m_Y(t_2)]f_{XY}(x,y;t_1,t_2)\mathrm{d}x\mathrm{d}y \end{aligned} \tag{2.3.12}$$

这里 $f_{XY}(x,y;t_1,t_2)$表示随机过程 $X(t)$和 $Y(t)$分别在 t_1 和 t_2 时刻的联合概率密度。

由式(2.3.12)可以看到，互相关函数与互协方差函数是关于随机过程二维概率密度或二维分布函数的数字特征。另外，互相关函数与互协方差函数也有着如下密切的联系：

$$C_{XY}(t_1,t_2)=R_{XY}(t_1,t_2)-m_X(t_1)m_Y(t_2) \tag{2.3.13}$$

当两个随机过程中有一个是零均值随机过程的时候，互协方差函数就等于互相关函数。

$$C_{XY}(t_1,t_2)=R_{XY}(t_1,t_2) \tag{2.3.14}$$

5. 一个随机过程不同状态之间的统计独立、不相关和正交

(1) 若对于任意两个不同时刻 t_1 和 t_2，均有自协方差为零，即

$$C_X(t_1,t_2)=0 \text{ 或者 } E[X(t_1)X(t_2)]=E[X(t_1)]E[X(t_2)] \tag{2.3.15}$$

则称随机过程 $X(t)$的任意两个时刻不相关。

(2) 若对于任意两个不同时刻 t_1 和 t_2，均有自相关函数

$$R_X(t_1,t_2)=E[X(t_1)X(t_2)]=0 \tag{2.3.16}$$

则称随机过程 $X(t)$的任意两个时刻正交。

(3) 若随机过程 $X(t)$在任意两个时刻 t_1 和 t_2 的联合概率密度函数等于各自概率密度

函数的乘积，也就是

$$f_X(x_1, x_2; t_1, t_2)=f_X(x_1; t_1)f_X(x_2; t_2) \tag{2.3.17}$$

则称随机过程 $X(t)$ 在任意两个时刻的状态之间相互独立。这时，我们可以得到

$$\begin{aligned} R_X(t_1, t_2) &= E[X(t_1)X(t_2)] \\ &= \int_{-\infty}^{\infty}\int_{-\infty}^{\infty} x_1 x_2 f_X(x_1, x_2; t_1, t_2)\mathrm{d}x_1\mathrm{d}x_2 \\ &= \int_{-\infty}^{\infty} x_1 f_X(x_1; t_1)\mathrm{d}x_1 \int_{-\infty}^{\infty} x_2 f_X(x_2; t_1)\mathrm{d}x_2 \\ &= E[X(t_1)]E[X(t_2)] = m_X(t_1)m_X(t_2) \end{aligned} \tag{2.3.18}$$

(4) 随机过程 $X(t)$ 在任意两个时刻的状态之间相互独立，则一定不相关；反之，如果不相关则不一定独立。

6. 两个随机过程之间的统计独立、不相关和正交

(1) 如果两个随机过程 $X(t)$ 和 $Y(t)$ 在任意两个时刻的互协方差函数为零，即

$$C_{XY}(t_1, t_2)=R_{XY}(t_1, t_2)-m_X(t_1)m_X(t_2)=0 \tag{2.3.19}$$

或者

$$E[X(t_1)Y(t_2)]=E[X(t_1)]E[Y(t_2)] \tag{2.3.20}$$

则称 $X(t)$ 和 $Y(t)$ 之间互不相关。

(2) 若对于两个随机过程 $X(t)$ 和 $Y(t)$ 的任意两个时刻 t_1 和 t_2，均有自相关函数

$$R_{XY}(t_1, t_2)=E[X(t_1)Y(t_2)]=0 \tag{2.3.21}$$

则称两个随机过程 $X(t)$ 和 $Y(t)$ 正交。

(3) 若随机过程 $X(t)$ 在任意 t_1, t_2, …, t_n 时刻和 $Y(t)$ 在任意 t_1', t_2', …, t_m' 时刻的联合概率密度函数等于各自概率密度函数的乘积，也就是

$$\begin{aligned} & f_{XY}(x_1, x_2, \cdots, x_n, y_1, y_2, \cdots, y_m; t_1, t_2, \cdots, t_n, t_1', t_2', \cdots, t_m') \\ &= f_X(x_1, x_2, \cdots, x_n; t_1, t_2, \cdots, t_n)\cdot f_Y(y_1, y_2, \cdots, y_m; t_1', t_2', \cdots, t_m') \end{aligned} \tag{2.3.22}$$

则称随机过程 $X(t)$ 和 $Y(t)$ 相互独立。

特别地，如果随机过程 $X(t)$ 和 $Y(t)$ 相互独立，则

$$f_{XY}(x_1, y_1; t_1, t_1')=f_X(x_1; t_1)\cdot f_Y(y_1; t_1') \tag{2.3.23}$$

那么，我们可以得到互相关函数：

$$\begin{aligned} R_{XY}(t_1, t_2) &= E[X(t_1)Y(t_2)] \\ &= \int_{-\infty}^{\infty}\int_{-\infty}^{\infty} xyf_{XY}(x, y; t_1, t_2)\mathrm{d}x\mathrm{d}y \\ &= \int_{-\infty}^{\infty} xf_X(x, t_1)\mathrm{d}x \int_{-\infty}^{\infty} yf_Y(y, t_2)\mathrm{d}x \\ &= E[X(t_1)]E[Y(t_2)] = m_X(t_1)m_Y(t_2) \end{aligned} \tag{2.3.24}$$

可见，如果两个随机过程 $X(t)$ 和 $Y(t)$ 相互独立，那么它们一定不相关。

(4) 相互独立的两个随机过程必是互不相关的；而互不相关的两个随机过程不一定是相互独立的。

2.4 随机过程的特征函数

与第一章随机变量的特征函数类似，如果把时间 t 固定，就可以得到随机过程在固定时刻 t 的特征函数。这对任意定义域内的 t 都是成立的，因此，当 t 可变时也成立。对随机过程的概率密度函数的傅里叶变换求共轭是该随机过程的特征函数，而它的特征函数的傅里叶反变换的共轭就是随机过程的概率密度函数。

1. 随机过程的一维特征函数

定义 2.4.1 随机过程 $\{X(t), t\in T\}$ 在一特定时刻 t 的取值 $X(t)$ 是一维随机变量，若其一维概率密度为 $f_X(x, t)$，则定义

$$\varphi_X(\omega, t) = E[e^{j\omega X(t)}] = \int_{-\infty}^{+\infty} e^{j\omega x} f_X(x, t)dx \tag{2.4.1}$$

为随机过程 $\{X(t), t\in T\}$ 的一维特征函数。由特征函数可以得到该随机过程的概率密度函数

$$f_X(x, t) = \frac{1}{2\pi}\int_{-\infty}^{+\infty} \varphi_X(\omega, t)e^{-j\omega x}d\omega \tag{2.4.2}$$

n 阶原点矩可由其特征函数唯一确定，即

$$E[X^n(t)] = \int_{-\infty}^{+\infty} x^n f_X(x, t)dx = (-j)^n \left.\frac{\partial^n \varphi_X(\omega, t)}{\partial\omega^n}\right|_{\omega=0} \tag{2.4.3}$$

2. 随机过程的二维特征函数

定义 2.4.2 随机过程 $\{X(t), t\in T\}$ 在任意两个时刻 t_1、t_2 的取值构成二维随机变量 $[X(t_1), X(t_2)]$，若其二维概率密度为 $f_X(x_1, x_2; t_1, t_2)$，则定义

$$\begin{aligned}\varphi_X(\omega_1, \omega_2; t_1, t_2) &= E[e^{j\omega_1 X(t_1)+j\omega_2 X(t_2)}] \\ &= \int_{-\infty}^{+\infty} e^{j(\omega_1 x_1+\omega_2 x_2)} f_X(x_1, x_2; t_1, t_2)dx_1 dx_2\end{aligned} \tag{2.4.4}$$

为随机过程 $\{X(t), t\in T\}$ 的二维特征函数。

3. 随机过程的 n 维特征函数

定义 2.4.3 随机过程 $\{X(t), t\in T\}$ 在任意 n 个时刻 $t_1, t_2, \cdots, t_n$ 的状态构成 n 维随机变量 $[X(t_1), X(t_2), \cdots, X(t_n)]$，则定义

$$\begin{aligned}&\varphi_X(\omega_1, \omega_2, \cdots, \omega_n; t_1, t_2, \cdots, t_n) \\ &= E[e^{j[\omega_1 X(t_1)+\omega_2 X(t_2)+\cdots+\omega_n X(t_n)]}] \\ &= \int_{-\infty}^{+\infty}\cdots\int_{-\infty}^{+\infty} e^{j(\omega_1 x_1+\omega_2 x_2+\cdots+\omega_n x_n)} f_X(x_1, x_2, \cdots, x_n; t_1, t_2, \cdots, t_n)dx_1 dx_2\cdots dx_n\end{aligned} \tag{2.4.5}$$

为随机过程 $\{X(t), t\in T\}$ 的 n 维特征函数。

根据逆转公式，由随机过程 $X(t)$ 的 n 维特征函数可以求得 n 维概率密度，即

$$\begin{aligned}&f_X(x_1, x_2, \cdots, x_n; t_1, t_2, \cdots, t_n) \\ &= \frac{1}{(2\pi)^n}\int_{-\infty}^{+\infty}\cdots\int_{-\infty}^{+\infty} \varphi_X(\omega_1, \cdots, \omega_n; t_1, \cdots, t_n)e^{-j(\omega_1 x_1+\cdots+\omega_n x_n)}d\omega_1\cdots d\omega_n\end{aligned} \tag{2.4.6}$$

随机过程的特征函数与概率密度函数是一一对应的，因而随机过程的有限维特征函数与有限维概率分布一样，也能全面地刻画随机过程的统计特性。

2.5 复随机过程

定义 2.5.1　设$\{X(t),\ t\in T\}$和$\{Y(t),\ t\in T\}$是两个实随机过程，定义复随机过程$\{Z(t),\ t\in T\}$为

$$Z(t)=X(t)+\mathrm{j}Y(t) \tag{2.5.1}$$

复随机过程 $Z(t)$的概率密度由实随机过程 $X(t)$和 $Y(t)$的 $n+m$ 维联合概率密度给出，即

$$f_{XY}(x_1,\ x_2,\ \cdots,\ x_n,\ y_1,\ y_2,\ \cdots,\ y_m;\ t_1,\ t_2,\ \cdots,\ t_n,\ t_1',\ t_2',\ \cdots,\ t_m') \tag{2.5.2}$$

下面介绍复随机过程数字特征。

(1) 均值函数：

$$m_Z(t)=E[Z(t)]=E[X(t)]+\mathrm{j}E[Y(t)]=m_X(t)+\mathrm{j}m_Y(t) \tag{2.5.3}$$

(2) 方差函数：

$$D_Z(t)=E[|Z(t)-m_Z(t)|^2]=D_X(t)+D_Y(t) \tag{2.5.4}$$

(3) 自相关函数：

$$R_Z(t_1,\ t_2)=E[Z^*(t_1)Z(t_2)] \tag{2.5.5}$$

(4) 自协方差函数：

$$C_Z(t_1,\ t_2)=E[(Z(t_1)-m_Z(t_1))^*(Z(t_2)-m_Z(t_2))] \tag{2.5.6}$$

(5) 互相关函数：

$$R_{Z_1Z_2}(t,\ t+\tau)=E[Z_1^*(t)Z_2(t+\tau)] \tag{2.5.7}$$

(6) 互协方差函数：

$$C_{Z_1Z_2}(t,\ t+\tau)=E[(Z_1(t)-m_{Z_1}(t))^*(Z_2(t+\tau)-m_{Z_2}(t+\tau))] \tag{2.5.8}$$

注意：① 若 $C_{Z_1Z_2}(t,\ t+\tau)=0$，则 Z_1与 Z_2不相关；② 若 $R_{Z_1Z_2}(t,\ t+\tau)=0$，则 Z_1与 Z_2正交。

【例 2.5.1】　设复随机过程为

$$Z(t)=\sum_{n=1}^{N}A_n\mathrm{e}^{\mathrm{j}\omega_n t}$$

式中，$A_n(n=1,\ 2,\ \cdots,\ N)$是相互独立的实正态随机变量，其均值为零，方差为 σ_n^2；ω_n 为非随机变量。求复随机过程 $Z(t)$的均值函数、自相关函数和自协方差函数。

解　因为 $A_n(n=1,\ 2,\ \cdots,\ N)$是相互独立的实正态随机变量，其均值为零，方差为 σ_n^2，即

$$E[A_n]=0,\ D[A_n]=\sigma_n^2,\ E[A_nA_m]=0\quad(m\neq n)$$

则 $Z(t)$的均值为

$$m_Z(t)=E[Z(t)]=E\Big[\sum_{n=1}^{N}A_n\mathrm{e}^{\mathrm{j}\omega_n t}\Big]=\sum_{n=1}^{N}E[A_n]\mathrm{e}^{\mathrm{j}\omega_n t}=0$$

根据自相关函数定义可以求出

$$
\begin{aligned}
R_Z(t_1, t_2) &= E[Z^*(t_1)Z(t_2)] = E\left[\sum_{n=1}^{N} A_n e^{-j\omega_n t_1} \sum_{m=1}^{N} A_m e^{j\omega_m t_2}\right] \\
&= \sum_{n=1}^{N}\sum_{m=1}^{N} E[A_n A_m] e^{-j(\omega_n t_1 - \omega_m t_2)} \\
&= \sum_{n=1}^{N} \sigma_n^2 e^{j\omega_n \tau} = R_Z(\tau)
\end{aligned}
$$

根据自相关函数与协方差函数的关系，可以得到

$$
C_Z(t_1, t_2) = R_Z(t_1, t_2) - m_Z(t_1)m_Z(t_2) = R_Z(t_1, t_2) = \sum_{n=1}^{N} \sigma_n^2 e^{j\omega_n \tau} = R_Z(\tau)
$$

2.6 随机序列及其数字特征

由若干个随机变量组成的向量可以称为一个随机序列。比如，X_1，X_2，…，X_n 是 n 个实随机变量，那么 $\boldsymbol{X}=(X_1, X_2, \cdots, X_n)$是一个实随机序列。连续随机过程 $X(t)$以一定的时间间隔 t_0 进行等间隔抽样(记录)，可以得到随机序列，表示为

$$
X_k = X(t)\delta(t-kt_0)，k \text{ 为整数} \tag{2.6.1}
$$

一个 N 点随机序列可看成一个 N 维的随机向量：

$$
\boldsymbol{X} = [X_1 X_2 \cdots X_N]^{\mathrm{T}} = \begin{bmatrix} X_1 \\ X_2 \\ \vdots \\ X_N \end{bmatrix} \tag{2.6.2}
$$

下面介绍随机序列的几个主要的数字特征。

(1) 随机序列的均值向量：

$$
\boldsymbol{M}_{\boldsymbol{X}} = E[\boldsymbol{X}] = \begin{bmatrix} m_{X_1} \\ m_{X_2} \\ \vdots \\ m_{X_N} \end{bmatrix} = [m_{X_1} m_{X_2} \cdots m_{X_N}]^{\mathrm{T}} \tag{2.6.3}
$$

(2) 随机序列的自相关矩阵：

$$
\boldsymbol{R}_{\boldsymbol{X}} = E[\boldsymbol{X}\boldsymbol{X}^{\mathrm{T}}] = \begin{bmatrix} r_{11} & r_{12} & \cdots & r_{1,N} \\ r_{21} & r_{22} & \cdots & r_{2,N} \\ \vdots & \vdots & & \vdots \\ r_{N,1} & r_{N,2} & \cdots & r_{N,N} \end{bmatrix} \tag{2.6.4}
$$

其中，矩阵元素为

$$
r_{i\,j} = E[X_i X_j] \tag{2.6.5}
$$

若将矩阵元素换成协方差：

$$c_{ij}=E[(X_i-m_{X_i})(X_j-m_{X_j})] \tag{2.6.6}$$

则得协方差矩阵

$$\boldsymbol{C_X}=E[(\boldsymbol{X}-\boldsymbol{M_X})(\boldsymbol{X}-\boldsymbol{M_X})^{\mathrm{T}}]=\begin{bmatrix} c_{11} & c_{12} & \cdots & c_{1,N} \\ c_{21} & c_{22} & \cdots & c_{2,N} \\ \vdots & \vdots & & \vdots \\ c_{N,1} & c_{N,2} & \cdots & C_{N,N} \end{bmatrix} \tag{2.6.7}$$

协方差阵与自相关阵关系：

$$\boldsymbol{C_X}=\boldsymbol{R_X}-\boldsymbol{M_X}\boldsymbol{M_X}^{\mathrm{T}} \tag{2.6.8}$$

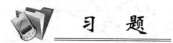

习　题

2.1　两电平二进制过程由下式定义：

$$X(t)=\begin{cases} A, & P(A)=\dfrac{1}{2} \\ -A, & P(-A)=\dfrac{1}{2} \end{cases}$$

其中，$(n-1)T<t<nT$，T 为正常数，$n=0$，±1，±2，±3，…。

(1) 画出一个样本函数的草图。

(2) $X(t)$属于哪一类随机过程？

(3) 求 $X(t)$的一维概率密度函数和二维概率密度函数。

2.2　设有离散型随机过程：

$$X(t)=\begin{cases} 0, & P(0)=\dfrac{1}{2} \\ 1, & P(1)=\dfrac{1}{4} \\ -1, & P(-1)=\dfrac{1}{4} \end{cases}$$

(1) 它是确定性随机过程吗？

(2) 求任意时刻 $X(t)$的一维概率密度函数。

2.3　已知随机过程 $X(t)=X\cos(\omega_0 t)$，ω_0 是常数，X 是标准正态分布随机变量，求 $X(t)$的一维概率密度函数。

2.4　利用投掷一枚硬币的实验定义随机过程为

$$X(t)=\begin{cases} \cos\pi t, & \text{出现正面} \\ 2t, & \text{出现反面} \end{cases}$$

假设出现“正面”和“反面”的概率各为 1/2，试确定 $X(t)$的一维分布函数 $F_X(x;1)$，$F_X(x;2)$以及二维分布函数 $F_X(x_1,x_2;1,2)$。

2.5 随机过程 $X(t)$由三条连续的样本函数曲线组成，其中 $X(t,\xi_1)=2t+1$，$X(t,\xi_2)=-t+2$，$X(t,\xi_3)=3t+3$，三条样本函数曲线以等概率出现。试求 $E[X(1)]$、$E[X(5)]$和 $R_X(1,5)$。

2.6 随机过程 $X(t)$由如图 T2.1 所示的四条样本函数曲线组成，并以等概率出现，试求 $E[X(2)]$、$E[X(5)]$、$E[X(2)X(5)]$、$F_X(x;2)$、$F_X(x;5)$。

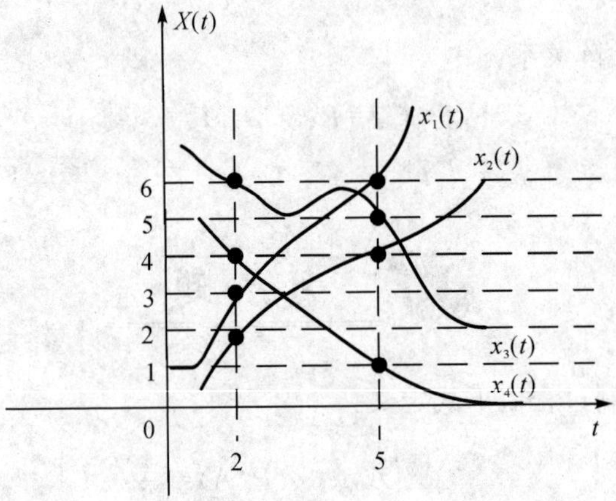

图 T2.1 随机过程 $X(t)$的四条样本函数

2.7 随机过程由下面三个样本函数组成 $x(t,\xi_1)=1$，$x(t,\xi_2)=\cos(3t)$，$x(t,\xi_3)=e^{2t}$，分别以$\frac{1}{4}$、$\frac{1}{4}$、$\frac{1}{2}$的概率出现，求 $E[X(t)]$和 $R_X(t_1,t_2)$。

2.8 已知随机过程 $X(t)$的均值为 $m_X(t)$，协方差函数为 $C_X(t_1,t_2)$，又知 $g(t)$是确定的时间函数。试求随机过程 $Y(t)=X(t)+g(t)$的均值和协方差。

2.9 随机过程为

$$X(t)=X\cos(\omega_0 t)+Y\sin(\omega_0 t)$$

式中，ω_0 为常数，随机变量 X 和 Y 相互独立，且服从标准正态分布。试求 $X(t)$的均值和自相关函数。

2.10 随机过程为

$$X(t)=A\cos(\omega_0 t+\phi)$$

式中，A、ω_0 为常数，ϕ 为$(0,\pi)$上均匀分布的随机变量。求 $X(t)$的均值、方差和自相关函数。

2.11 随机过程为

$$X(t)=A\cos(\omega_0 t+\phi)$$

式中，ω_0 为常数，A 和 ϕ 是两个统计独立的均匀分布的随机变量。概率密度函数分别为

$$p_A(A)=\frac{1}{2},\ 0\leqslant a<2;\ p_\phi(\phi)=\frac{1}{2\pi},\ 0\leqslant\phi\leqslant 2\pi$$

求 $X(t)$的均值、自相关函数与自协方差函数。

2.12　若随机过程 $X(t)$ 的导数存在，求证：

$$E\left[X(t)\frac{\mathrm{d}X(t)}{\mathrm{d}t}\right]=\frac{\mathrm{d}R_X(t,\ t)}{\mathrm{d}t}$$

2.13　正弦型随机相位信号(简称正弦随相信号)：

$$X(t)=A\sin(\omega_0 t+\theta)$$

式中，A 和 ω_0 为常数，θ 为 $\left(0,\ \frac{\pi}{2}\right)$ 上均匀分布的随机变量，求其均值与自相关函数。

2.14　设随机相位信号

$$X(t)=U\cos 2t$$

式中，U 是随机变量，且 $E[U]=2$，$D[U]=2$，求 $X(t)$ 的均值、自相关函数与自协方差函数。

2.15　设有两个随机过程 $X(t)=Ut^2$，$Y(t)=Ut^3$，其中 U 是随机变量，且 $D[U]=2$，求它们的互相关函数。

2.16　假设 $g(t)$ 是普通函数，$X(t)$ 和 $Y(t)$ 是随机过程，证明：

(1) 若 $Y(t)=X(t)+g(t)$，则 $R_Y(t_1,\ t_2)=R_X(t_1,\ t_2)$；

(2) 若 $Y(t)=X(t)g(t)$，则 $R_Y(t_1,\ t_2)=g(t_1)g(t_2)R_X(t_1,\ t_2)$。

2.17　设质点运动的位置如直线方程 $X(t)=At+B$，其中 $A\sim N(0,\ 2)$ 与 $B\sim N(0,\ 1)$，并彼此独立。求 t 时刻随机变量的一维概率密度函数、均值与方差。

第3章　平稳随机过程

平稳随机过程(stationary random process)是一种在实际应用中比较多见并且非常重要的随机过程。在20世纪30—40年代，前人就已经建立了平稳随机过程的基本理论，发展至今已经相当完善，它的有关理论在信息论、无线通信技术、自动控制等方面都有很好的应用。自然界中大量的随机过程都可以看成或近似地看成平稳随机过程，有的虽然不是平稳的，但从局部看仍然可以认为是平稳随机过程。可见，平稳随机过程的分析和处理方法具有很大的适用性。

平稳随机过程是一种统计特性不随时间的推移而变化的随机过程。例如，无线电设备中热噪声电压是由于电路中电子的热运动引起的，这种热扰动不随时间而变化。一台稳定工作的纺纱机纺出的纱的横截面积大小，受棉条不均、温湿度等各种随机因素影响而在某一标准值附近波动。在任意两个时刻处，横截面积之间的统计依赖关系仅与这两个时刻的差值有关，而与其时间起点无关，因而纱的横截面积的变化过程可以看作一个平稳随机过程。具有近似于这种性质的随机过程，在实际中是大量存在的。比如通信中的随机相位正弦波、随机电报信号、随机二元波、飞机受空气湍流产生的波动、船舶受海浪冲击产生的波动等。

这一章将重点介绍平稳随机过程及其自相关函数的性质、平稳相依(联合平稳)随机过程以及互相关函数的性质、平稳随机过程的各态历经性(遍历性)等内容。

3.1　平稳随机过程

3.1.1　严平稳随机过程

定义 3.1.1　设随机过程为 $X(t)$，对于任意的正整数 n 和任意实数 ε，随机过程 $X(t)$ 的 n 维概率密度满足：

$$f_X(x_1, x_2, \cdots, x_n; t_1, t_2, \cdots, t_n) = f_X(x_1, x_2, \cdots, x_n; t_1+\varepsilon, t_2+\varepsilon, \cdots, t_n+\varepsilon) \tag{3.1.1}$$

则称 $X(t)$是严平稳(或狭义)平稳(Strictly-sense stationary，SSS) 随机过程。由式(3.1.1)可以看到，严平稳随机过程 $X(t)$的任意 n 维概率密度函数不随时间起点的改变而改变；也说明严平稳随机过程的统计特性与所选择的时间起点无关，或者说不随时间的推移而变化。从这个定义可以看出，如果随机过程具有平稳性，那么对这个随机过程的分析将变得非常简单。比如，测量某个接收机的噪声电压的统计特性时，可以在任何时间进行实验，都能得到相同的结果。

在实际问题中，利用以上定义来判断随机过程的平稳性通常是非常困难的。一般情况下，如果产生随机过程的主要物理条件不随时间的推移而改变，那么可以认为此过程为严平稳的。

严平稳随机过程具有如下性质：

性质 1　严平稳随机过程 $X(t)$的一维概率密度与时间无关，它的数学期望、方差和均方值都是与时间无关的常数。因为对于任意的 ε，根据严平稳的定义，可以得到

$$f_X(x_1;t_1)=f_X(x_1;t_1+\varepsilon)\xrightarrow{\varepsilon=-t_1}f_X(x_1;0)=f_X(x_1) \tag{3.1.2}$$

可见，严平稳随机过程在任意时刻 t_1 的一维概率密度都等于在时刻 0 的概率密度，这表明，严平稳随机过程的一维概率密度与时间无关。因此，与一维概率密度相关的均值、均方值、方差分别为

$$E[X(t)]=\int_{-\infty}^{\infty}x_1 f_X(x_1)\mathrm{d}x_1=m_X \tag{3.1.3}$$

$$E[X^2(t)]=\int_{-\infty}^{\infty}x_1^2 f_X(x_1)\mathrm{d}x_1=\Psi_X^2 \tag{3.1.4}$$

$$D[X(t)]=\int_{-\infty}^{\infty}(x_1-m_X)^2 f_X(x_1)\mathrm{d}x_1=\sigma_X^2 \tag{3.1.5}$$

这些数字特征显然也是与时间无关的。

性质 2　严平稳随机过程 $X(t)$的二维概率密度只与时间间隔 τ 有关，而与时间起点无关，其相关函数也仅与时间间隔 τ 有关，同理，自协方差函数也仅与时间间隔 τ 有关。

对于任意的 ε，严平稳随机过程的二维概率密度可以表示为

$$f_X(x_1, x_2; t_1, t_2)=f_X(x_1, x_2; t_1+\varepsilon, t_2+\varepsilon)$$

令 $\varepsilon=-t_1$，则二维概率密度又可以写成

$$f_X(x_1, x_2; 0, t_2-t_1)=f_X(x_1, x_2; \tau) \tag{3.1.6}$$

这里 $\tau=t_2-t_1$，式(3.1.6)表明，严平稳随机过程的二维概率密度只与时间间隔有关。相应地，需要通过二维概率密度计算的数字特征(如自相关函数和自协方差函数)也只与时间间隔有关，即

$$R_X(t_1, t_2)=\int_{-\infty}^{\infty}\int_{-\infty}^{\infty}x_1x_2 f_X(x_1, x_2; \tau)\mathrm{d}x_1\mathrm{d}x_2=R_X(\tau) \tag{3.1.7}$$

$$C_X(t_1, t_2)=R_X(\tau)-m_X^2=C_X(\tau) \tag{3.1.8}$$

按照严平稳的定义，判断一个随机过程是否为严平稳，需要知道其 n 维概率密度，可是求 n 维概率密度是非常困难的。不过，如果有一个反例，就可以判断某随机过程不是严平稳的，比如可以依据如下方法来判断：

(1) 若 $X(t)$为严平稳，k 为任意正整数，则 $E[X^k(t)]$与时间 t 无关。

(2) 若 $X(t)$为严平稳，则对于任意一个时刻 t_0，$X(t_0)$具有相同的统计特性。

(3) 若 $X(t)$为严平稳，则自相关函数或自协方差函数与时间起点 t 无关，只与时间间隔 τ 有关。

如果以上三条中有任意一条不满足，我们就可以判断该随机过程不是严平稳随机过程。严平稳的判断条件是苛刻的，需要判断随机过程的任意 n 维概率密度是否具有时间推移不变性。然而，有时候我们只关心随机过程的某些数字特征是否具有时间推移不变性，下面来介绍宽平稳随机过程。

3.1.2 宽平稳随机过程

定义 3.1.2 如果随机过程 $X(t)$满足：

$$\begin{cases} E[X(t)]=m_X \\ R_X(t,\ t+\tau)=R_X(\tau) \\ E[X^2(t)]<\infty \end{cases} \tag{3.1.9}$$

则称该随机过程 $X(t)$为广义平稳随机过程(或宽平稳随机过程)，这里 τ 也称为时滞。

图 3.1.1 给出了典型的平稳随机过程的例子。

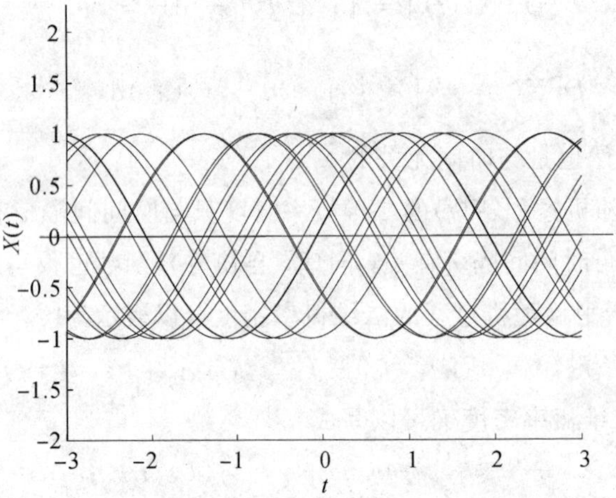

图 3.1.1 宽平稳随机过程的典型例子

宽平稳随机过程的判断只需要看随机过程的均值、自相关函数和均方值是否满足要求。对比定义 3.1.1 与定义 3.1.2 可以看到，宽平稳的判断比严平稳的判断更容易一些。然而，满足严平稳条件的随机过程不一定就满足宽平稳的条件，因为严平稳没有说明均方值一定小于无穷，而宽平稳随机过程的均方值是小于无穷的。严平稳与宽平稳具有如下关系：

(1) 严平稳过程的均方值有界，则此过程为宽平稳的，反之不成立。

(2) 对于式(3.1.9)中数学期望和自相关函数的性质，严平稳是推导出来的，宽平稳是定义的。

(3) 高斯随机过程的宽平稳与严平稳等价。

以后除特别说明以外，提到“平稳过程”通常都是指宽平稳随机过程。图 3.1.2 给出了平稳随机过程和不平稳随机过程的典型例子。从图 3.1.2 中可以看出，平稳随机过程的均值平行于时间轴(见图 3.1.2(a))；反之，如果均值不平行于时间轴(见图 3.1.2(b))，则不是平稳的。

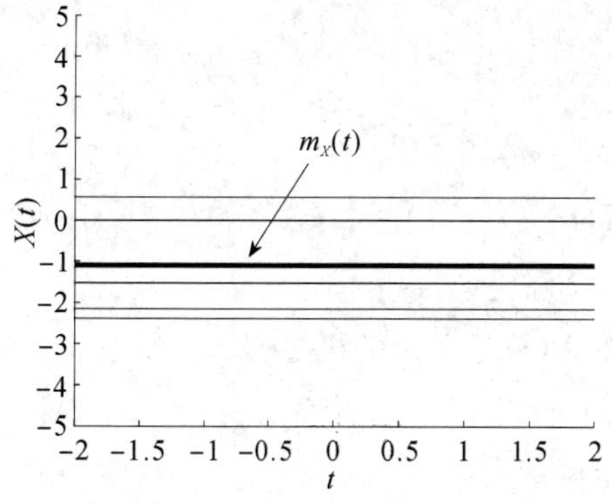

(a)平稳随机过程

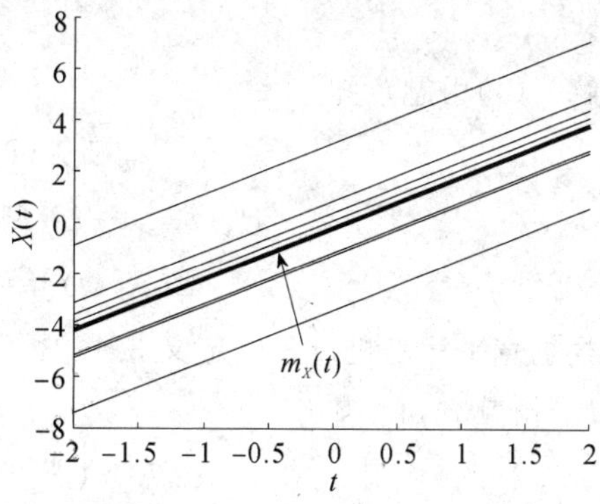

(b)不平稳随机过程

图 3.1.2　平稳随机过程和不平稳随机过程的比较

【例 3.1.1】　设随机信号

$$X(t)=A\cos(\omega_0 t+\phi)$$

式中，A、ω_0 皆为常数，ϕ 是在$(0, 2\pi)$上均匀分布的随机变量。$X(t)$是否为平稳随机过程？为什么？

解　由题意可知，随机变量 ϕ 的概率密度为

$$f_\phi(\phi)=\begin{cases}\dfrac{1}{2\pi}, & 0<\phi<2\pi \\ 0, & 其他\end{cases}$$

因而，我们根据定义式，求得随机过程 $X(t)$的均值、自相关函数和均方值分别为

$$m_X(t)=E[X(t)]=\int_{-\infty}^{\infty}X(t)f_\phi(\phi)\mathrm{d}\phi=\int_0^{2\pi}A\cos(\omega_0 t+\phi)\cdot\frac{1}{2\pi}\mathrm{d}\phi=0$$

随机过程 $X(t)$的均值为 0(常数)。

$$\begin{aligned}R_X(t_1, t_2)&=R_X(t, t+\tau)=E[X(t)X(t+\tau)]\\&=E[A\cos(\omega_0 t+\phi)\cdot A\cos(\omega_0(t+\tau)+\phi)]\\&=\frac{A^2}{2}E[\cos\omega_0\tau+\cos(2\omega_0 t+\omega_0\tau+2\phi)]\\&=\frac{A^2}{2}\cos\omega_0\tau+\frac{A^2}{2}\int_0^{2\pi}\cos(2\omega_0 t+\omega_0\tau+2\phi)\cdot\frac{1}{2\pi}\mathrm{d}\phi\\&=\frac{A^2}{2}\cos\omega_0\tau=R_X(\tau)\end{aligned}$$

$$E[X^2(t)]=R_X(t, t)=R_X(0)=\frac{A^2}{2}<\infty$$

可见，自相关函数仅与时间间隔 τ 有关，均方值$(A^2/2)$有限，故随机过程 $X(t)$是宽平稳过程。

值得注意的是，如果 ϕ 是在$(0, \pi)$或在$\left(0, \frac{\pi}{2}\right)$上均匀分布的随机变量，那么随机过程

$X(t)$不是宽平稳随机过程。

【例 3.1.2】 设两个随机信号 $X(t)=\xi$, $Y(t)=t\xi$，其中 ξ 是随机变量，讨论它们的平稳性。

解 (1)由题意知，

$$E[X(t)]=E[\xi]=m_\xi$$
$$R_X(t,\ t+\tau)=E[X(t)X(t+\tau)]=E[\xi^2]$$
$$E[X^2(t)]=R_X(0)=E[\xi^2]<\infty$$

根据宽平稳随机过程的定义 3.1.2，可以判断 $X(t)$是平稳随机过程。

(2)由题意知，因为

$$E[Y(t)]=E[t\cdot\xi]=t\cdot m_\xi$$

当 m_ξ 不为 0 时，随机过程 $Y(t)$的均值与时间有关，可见，此时 $Y(t)$是非平稳随机过程。事实上，$Y(t)$的自相关函数

$$R_Y(t_1,\ t_2)=E[Y(t_1)Y(t_2)]=E[t_1\xi\cdot t_2\xi]=t_1\cdot t_2\cdot E\xi^2$$

也与时间起点有关，也是不符合宽平稳随机过程的要求的。

【例 3.1.3】 证明随机过程

$$X(t)=A\cos(\omega_0 t)+B\sin(\omega_0 t)$$

是宽平稳而不一定是严平稳的。其中，A、B 是两个互不相关的随机变量，$E[A]=E[B]=0$，$D[A]=D[B]=\sigma^2$，ω_0 是常数。

证明 由题意知：

$$E[X(t)]=E[A\cos(\omega_0 t)+B\sin(\omega_0 t)]=\cos(\omega_0 t)E[A]+\sin(\omega_0 t)E[B]=0$$

$$\begin{aligned}R_X(t_1,\ t_2)&=E[X(t_1)X(t_2)]=E[(A\cos\omega_0 t_1+B\sin\omega_0 t_1)(A\cos\omega_0 t_2+B\sin\omega_0 t_2)]\\&=E[A^2]\cos\omega_0 t_1\cos\omega_0 t_2+E[AB]\cos\omega_0 t_1\sin\omega_0 t_2+\\&\quad E[BA]\sin\omega_0 t_1\cos\omega_0 t_2+E[B^2]\sin\omega_0 t_1\sin\omega_0 t_2\\&=\sigma^2(\cos\omega_0 t_1\cos\omega_0 t_2+\sin\omega_0 t_1\sin\omega_0 t_2)\\&=\sigma^2\cos\omega_0(t_2-t_1)\end{aligned}$$

令 $\tau=t_2-t_1$，则有

$$R_X(t_1,\ t_2)=\sigma^2\cos\omega_0\tau=R_X(\tau)$$
$$E[X^2(t)]=R_X(0)=\sigma^2<\infty$$

所以，$X(t)$是宽平稳随机过程。

下面验证 $X(t)$是非严平稳的随机过程。

$$\begin{aligned}E[X^3(t)]&=E\,(A\cos\omega_0 t+B\sin\omega_0 t)^3\\&=E[A^3]\cdot\cos^3(\omega_0 t)+3E[A^2B]\cos^2(\omega_0 t)\sin\omega_0 t+\\&\quad 3E[AB^2]\cos\omega_0 t\sin^2(\omega_0 t)+E[B^3]\cdot\sin^3(\omega_0 t)\\&=E[A^3]\cos^3(\omega_0 t)+E[B^3]\sin^3(\omega_0 t)\end{aligned}$$

可见，$X(t)$的三阶矩与 t 有关，所以 $X(t)$非严平稳。

需要注意的是，如果 A 和 B 是两个互不相关的正态分布随机变量，则 $X(t)$既是严平稳的随机过程，也是宽平稳的随机过程。

【例 3.1.4】 令 $N(t)$为标准 Poisson 过程，定义随机电报信号$X(t)$如下：

$$X(t)=X_0(-1)^{N(t)}$$

其中，X_0 为以等概率取$\{-1, 1\}$的随机变量，且与 $N(t)$相互独立。试判断随机电报信号 $X(t)$的平稳性。

根据题意，求出均值：

$$E[X(t)]=E[X_0]E[(-1)^{N(t)}]=0$$

然后，计算自相关函数，不失一般性，假设 $t_1<t_2$，有

$$R_X(t_1, t_2)=E[X(t_1)X(t_2)]=P[X(t_1)X(t_2)=1]-P[X(t_1)X(t_2)=-1]$$

由于

$$\begin{aligned}P[X(t_1)X(t_2)=1] &= \sum_{k=0}^{\infty}P[N(t_2)-N(t_1)=2k] \\ &= \sum_{k=0}^{\infty}\frac{[\lambda(t_2-t_1)]^{2k}}{(2k)!}e^{-\lambda(t_2-t_1)} \\ &= \frac{1}{2}e^{-\lambda(t_2-t_1)}\left\{\sum_{k=0}^{\infty}\frac{[\lambda(t_2-t_1)]^k}{k!}+\sum_{k=0}^{\infty}\frac{[-\lambda(t_2-t_1)]^k}{k!}\right\} \\ &= \frac{1}{2}e^{-\lambda(t_2-t_1)}[e^{\lambda(t_2-t_1)}+e^{-\lambda(t_2-t_1)}]=\frac{1}{2}[1+e^{-2\lambda(t_2-t_1)}]\end{aligned}$$

同理可得

$$P[X(t_1)X(t_2)=-1]=\frac{1}{2}[1-e^{-2\lambda(t_2-t_1)}]$$

因此，有

$$R_X(t_1, t_2)=e^{-2\lambda|t_2-t_1|}$$

显然，均方值也小于无穷。可见，随机电报是宽平稳随机过程。

3.2　平稳随机过程的自相关函数及性质

随机过程的自相关函数不仅可以提供随机过程各个状态间关联特性的信息，也是求取随机过程的功率谱密度以及从噪声中提取有用信息的主要工具。在无线通信中，自相关函数可以表达信号和它的多径信号的相似程度，或者说，自相关函数可以表达一个信号经过类似于反射、折射等其他情况的延时后的副本信号与原信号的相似程度。为此，本节介绍一下平稳随机过程的自相关函数。对于平稳随机过程来说，自相关函数与自协方差函数只相差一个常数 m_X^2，因此，自协方差函数也会有类似的性质。本节重点考虑实平稳随机过程的有关性质。

性质 1　实平稳过程 $X(t)$ 的自相关函数是偶函数，即

$$R_X(\tau)=R_X(-\tau) \tag{3.2.1}$$

而一般情况下，平稳过程 $X(t)$ 的自相关函数是共轭偶函数，即

$$R_X^*(\tau)=R_X(-\tau) \tag{3.2.2}$$

同样可得

$$C_X^*(\tau)=C_X(-\tau) \tag{3.2.3}$$

如果 $X(t)$ 是实平稳过程，则有 $C_X(\tau)=C_X(-\tau)$。

由定义可以得到该性质的证明。

性质 2　平稳过程 $X(t)$ 的自相关函数的最大值在 $\tau=0$ 处，则

$$R_X(0)\geqslant|R_X(\tau)| \tag{3.2.4}$$

同理，有

$$C_X(0)\geqslant|C_X(\tau)| \tag{3.2.5}$$

需要注意的是，在 $\tau\neq0$ 时，也有可能出现与 $R_X(0)$ 一样的最大值，如周期随机过程的情况。例 3.1.1 中随机相位正弦信号的自相关函数 $R_X(\tau)=\frac{A^2}{2}\cos\omega_0\tau$，在 $\tau=\frac{2n\pi}{\omega_0}(n=0, \pm1, \pm2, \cdots)$ 时均出现最大值 $\frac{A^2}{2}$，如图 3.2.1 所示。

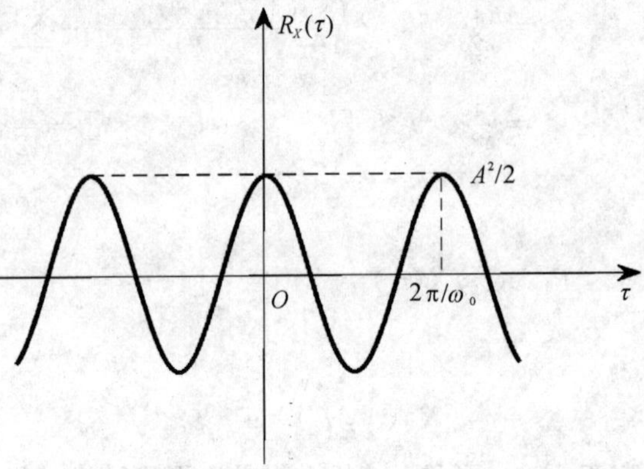

图 3.2.1　随机相位正弦信号的自相关函数

证明　任何非负函数的数学期望恒为非负值，即

$$E[(X(t)\pm X(t+\tau))^2]\geqslant0 \tag{3.2.6}$$

经整理，可得

$$E[X^2(t)\pm2X(t)X(t+\tau)+X^2(t+\tau)]\geqslant0 \tag{3.2.7}$$

对于平稳过程 $X(t)$，有

$$E[X^2(t)]=E[X^2(t+\tau)]=R_X(0) \tag{3.2.8}$$

将式(3.2.8)代入式(3.2.7)，可得

$$2R_X(0)\pm2R_X(\tau)\geqslant0$$

于是

$$R_X(0)\geqslant|R_X(\tau)|$$

同理，根据 $E[(\tilde{X}(t)\pm\tilde{X}(t+\tau))^2]\geqslant 0$，这里令 $\tilde{X}(t+\tau)=X(t+\tau)-m_X$，可得

$$C_X(0)=\sigma_X^2\geqslant|C_X(\tau)|$$

自相关函数是一个随机过程在时刻 t 和 $t+\tau$ 的两个状态相乘的统计平均，它是信号与延迟后信号之间相似性的度量。性质 2 表明，延迟时间为零时，自相关函数即成为信号的均方值，此时它的值最大。

性质 3　周期平稳随机过程 $X(t)$ 的自相关函数是周期函数，且与周期平稳随机过程的周期相同，即若平稳过程 $X(t)$ 满足 $X(t)=X(t+T)$，T 为周期，则

$$R_X(\tau+T)=R_X(\tau) \tag{3.2.9}$$

注：若平稳过程 $X(t)$ 满足 $X(t)=X(t+T)$，则称它为周期平稳过程，其中 T 为过程的周期。

证明　由自相关函数的定义和周期性条件，容易得到

$$R_X(\tau+T)=E[X(t)X(t+\tau+T)]=E[X(t)X(t+\tau)]=R_X(\tau)$$

比如，例 3.1.1 中的随机相位正弦波 $X(t)=A\cos(\omega_0 t+\phi)$ 的基波周期是 $\frac{2\pi}{\omega_0}$，其自相关函数 $R_X(\tau)=\frac{A^2}{2}\cos\omega_0\tau$ 的基波周期也是 $\frac{2\pi}{\omega_0}$。

【例 3.2.1】　设随机过程

$$Z(t)=AX(t)+BY(t)$$

式中，A、B 为常数，$X(t)$ 是一个周期为 T 的平稳随机过程，$Y(t)$ 是一个非周期平稳随机过程，$X(t)$ 与 $Y(t)$ 独立。

(1) 求 $Z(t)$ 的自相关函数；

(2) 如果 $X(t)$ 零均值，求 $Z(t)$ 的自相关函数。

解　(1) $Z(t)$ 的自相关函数为

$$R_Z(t,\ t+\tau)=A^2R_X(\tau)+2ABm_Xm_Y+B^2R_Y(\tau)=R_Z(\tau)$$

容易验证，$Z(t)$ 是一个含有周期为 T 的周期分量的平稳随机过程，它的自相关函数中也含有一个周期分量 $R_X(\tau)$，并且 $R_X(\tau)$ 的周期为也是 T。

(2) 如果 $X(t)$ 零均值，则 $Z(t)$ 的自相关函数简化为

$$R_Z(\tau)=A^2R_X(\tau)+B^2R_Y(\tau)$$

事实上，我们可以把结论推广到更一般的情况。

如果 $Z(t)=\sum_{i=1}^{n}A_iX_i(t)$，其中 $X_i(t)(i=1,2,\cdots,n)$ 是零均值的平稳随机过程，$A_i(i=1,2,\cdots,n)$ 是常数，则 $R_Z(\tau)=\sum_{i=1}^{n}A_i^2R_{X_i}(\tau)$。

性质 4　平稳过程的均方值就是自相关函数在 $\tau=0$ 时的值，也就是均方值

$$R_X(0)=E[X^2(t)]\geqslant 0 \tag{3.2.10}$$

第 5 章将说明平稳随机过程的 $R_X(0)(E[X^2(t)])$ 就是该随机过程的平均功率。

性质 5　若平稳随机过程 $X(t)$ 不含有任何周期分量，则

$$\lim_{|\tau|\to\infty}R_X(\tau)=R_X(\infty)=m_X^2 \tag{3.2.11}$$

且

$$\lim_{|\tau|\to\infty} C_X(\tau)=C_X(\infty)=0 \tag{3.2.12}$$

证明 对于此类非周期的平稳过程，当增大时间差$|\tau|$时，随机变量 $X(t)$与 $X(t+\tau)$之间的相关性会减弱；在$|\tau|\to\infty$的极限情况下，两者相互独立，故有

$$\lim_{|\tau|\to\infty} R_X(\tau)=\lim_{|\tau|\to\infty} E[X(t)X(t+\tau)]=\lim_{|\tau|\to\infty} E[X(t)]E[X(t+\tau)]=m_X^2$$

于是，可以得到

$$\lim_{|\tau|\to\infty} R_X(\tau)=R_X(\infty)=m_X^2$$

同理，可得

$$\lim_{|\tau|\to\infty} C_X(\tau)=C_X(\infty)=0$$

从上面的讨论看出，对于一个(不含周期分量的)平稳随机过程，自相关函数是它的最重要的数字特征，由它可得到其他数字特征，如表 3.2.1 所示。

表 3.2.1 (不含周期分量的)平稳随机过程的数字特征

数字特征	关系式
数学期望	$m_X=\pm\sqrt{R_X(\infty)}$
方差	$\sigma_X^2=R_X(0)-R_X(\infty)$
均方值	$E[X^2(t)]=R_X(0)$
协方差	$C_X(\tau)=R_X(\tau)-R_X(\infty)$

【例 3.2.2】 已知平稳随机过程 $X(t)$的自相关函数为

$$R_X(\tau)=9+\frac{25}{5+2\tau^2}$$

求 $X(t)$的均值、均方值和方差。

解 首先，根据性质 3，判断随机过程 $X(t)$是不含有周期分量的随机过程。然后，根据式(3.2.11)，有

$$m_X^2=R_X(\infty)$$

于是，可求出随机过程 $X(t)$的数学期望

$$m_X=\pm\sqrt{R_X(\infty)}=\pm\sqrt{9}=\pm 3$$

均方值为

$$R_X(0)=9+5=14$$

方差为

$$\sigma_X^2=R_X(0)-R_X(\infty)=5$$

因此，随机过程 $X(t)$的数学期望为±3，均方值为 14，方差为 5。

【例 3.2.3】 已知平稳随机过程 $X(t)$的自相关函数为

$$R_X(\tau)=7\mathrm{e}^{-|\tau|}+50\cos\omega_0\tau+9$$

ω_0 为大于 0 的常数，求 $X(t)$的均值、均方值和方差。

解　将平稳随机过程 $X(t)$看成由两个独立的随机信号组成：$X(t)=X_1(t)+X_2(t)$。相对应地可以将自相关函数 $R_X(\tau)$看成周期分量 $R_{X_1}(\tau)$和非周期分量 $R_{X_2}(\tau)$两部分：

$$R_X(\tau)=(50\cos\omega_0\tau)+(7\mathrm{e}^{-|\tau|}+9)=R_{X_1}(\tau)+R_{X_2}(\tau)$$

式中，$R_{X_1}(\tau)=50\cos\omega_0\tau$ 是 $X(t)$中周期分量的自相关函数，对应于随机相位正弦波的自相关函数，即由

$$R_{X_1}(\tau)=50\cos\omega_0\tau=\frac{A^2}{2}\cos\omega_0\tau$$

可以推测出随机过程 $X_1(t)$具有如下形式：

$$X_1(t)=A\cos(\omega_0 t+\theta)$$

因此，此分量 $X_1(t)$的均值 $m_{X_1}=0$；

另一方面，由性质 5 可得

$$m_{X_2}=\pm\sqrt{R_{X_2}(\infty)}=\pm 3$$

再根据 $X(t)$的非周期分量 $X_2(t)$的自相关 $R_{X_2}(\tau)=7\mathrm{e}^{-|\tau|}+9$，可以得到

$$E[X(t)]=E[X_2(t)]+E[X_1(t)]=E[X_2(t)]=\pm\sqrt{R_{X_2}(\infty)}=\pm 3$$

$$E[X^2(t)]=R_X(0)=66$$

$$\sigma_X^2=C_X(0)=R_X(0)-m_X^2=57$$

这个例题给出了一种在已知条件不够充分的情况下的工程分析方法，虽然从理论上讲，本题的逻辑性不够严密，但它对于大多数的情况是正确的。因而，具有一定的参考价值。

性质 6　平稳随机过程的自相关函数的傅里叶变换非负，即

$$\int_{-\infty}^{\infty} R_X(\tau)\mathrm{e}^{-\mathrm{j}\omega\tau}\mathrm{d}\tau \geqslant 0 \tag{3.2.13}$$

对所有 ω 均成立。

性质 6 要求平稳随机过程的自相关函数在时域上连续(具有平顶、垂直边特点的自相关函数都是在时域上非连续的)。

综合以上性质，图 3.2.2 给出了一种典型的自相关函数的例子。

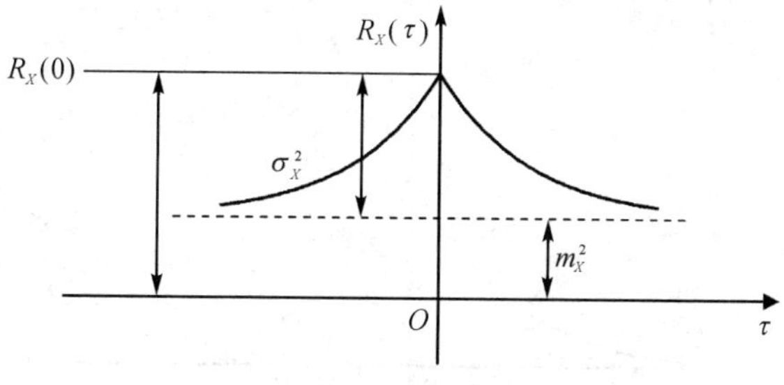

图 3.2.2　平稳随机过程的自相关函数的典型例子

3.3 平稳随机过程的相关系数和相关时间

前面提到了平稳随机过程的数学期望、方差、自相关函数等数字特征，除了这些数字特征之外，通常还引入相关系数和相关时间来描述随机过程两个时刻的状态之间的关系。

1. 相关系数

相关系数实际上是对平稳随机过程的协方差函数作归一化处理，即

$$\rho_X(\tau)=\frac{C_X(\tau)}{\sigma_X^2} \tag{3.3.1}$$

对于不含周期分量的平稳随机过程，相关系数也等于

$$\rho_X(\tau)=\frac{C_X(\tau)}{\sigma_X^{\ 2}}=\frac{R_X(\tau)-R_X(\infty)}{R_X(0)-R_X(\infty)}$$

相关系数也称为归一化自相关函数，用于比较平稳随机过程时间间隔为 τ 的两个状态之间的线性相关程度，这里 $\rho_X(\tau)\in[-1, 1]$，且 $\rho_X(\tau)=\rho_X(-\tau)$。$\rho_X(\tau)=0$ 表示间隔时间 τ 的两个状态之间不相关。$\rho_X(\tau)=1$ 或 $\rho_X(\tau)=-1$ 表示随机过程任意两个时刻强相关。另外，任意一个时刻的状态本身与本身的相关系数等于 1，也就是 $\rho_X(0)=1$。

2. 相关时间

相关时间是另一个表示相关程度的量，它是利用相关系数来定义的。这里给出两种相关时间的定义方式。

定义 3.3.1 当相关系数中的时间间隔大于某个值，可以认为两个不同时刻起伏值不相关了，这个时间就称为相关时间。在工程上，通常把相关系数的绝对值小于 0.05 的时间间隔，记作相关时间，即把满足关系式

$$|\rho_X(\tau_0)|\leqslant 0.05 \tag{3.3.2}$$

的时间间隔 τ_0 就称为相关时间。

定义 3.3.2 将 $\rho_X(\tau)$在曲线$[0, \infty)$之间的面积等效成一个矩形的面积，这个矩形的高为 $\rho_X(0)$，宽为 τ_0，即

$$\tau_0=\int_0^{\infty}\rho_X(\tau)\mathrm{d}\tau \tag{3.3.3}$$

按照上述定义，τ_0 就等于 τ 非负时，自相关函数的积分，如图 3.3.1 所示。

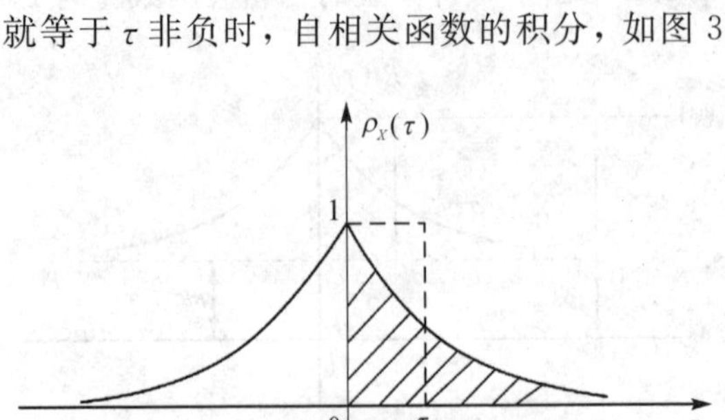

图 3.3.1 相关系数的典型曲线

相关时间 τ_0 越大，就意味着相关系数 $\rho_X(\tau)$ 随 τ 增加而降落得越慢，这表明随机过程随时间变化越缓慢。反之，τ_0 越小，则表明随机过程随时间变化越剧烈。

3.4　平稳相依随机过程的互相关函数及其性质

1. 平稳相依随机过程及互相关函数

定义 3.4.1　如果两个平稳随机过程 $X(t)$ 和 $Y(t)$ 的互相关函数仅是单变量 τ 的函数，也就是说，对任意的 t，$\tau\in T$，它们的互相关函数总有

$$R_{XY}(t,\ t+\tau)=R_{XY}(\tau) \tag{3.4.1}$$

则称平稳随机过程 $X(t)$ 和 $Y(t)$ 为联合宽平稳随机过程(或宽平稳相依的随机过程)。

2. 互协方差函数与互相关系数

根据定义 3.4.1，两个平稳相依随机过程的互相关函数只与时间间隔 τ 有关，记作 $R_{XY}(\tau)$。

再由两个平稳随机过程 $X(t)$ 和 $Y(t)$ 的互协方差函数(或中心互相关函数)定义，有

$$\begin{aligned}C_{XY}(t,\ t+\tau)&=E[X(t)-m_X(t)][Y(t+\tau)-m_Y(t+\tau)]\\&=R_{XY}(t,\ t+\tau)-m_Xm_Y\end{aligned} \tag{3.4.2}$$

当 $X(t)$ 和 $Y(t)$ 平稳相依时，$R_{XY}(t,\ t+\tau)=R_{XY}(\tau)$，所以

$$\begin{aligned}C_{XY}(t,\ t+\tau)&=R_{XY}(t,\ t+\tau)-E[X(t)]E[Y(t+\tau)]\\&=R_{XY}(\tau)-m_Xm_Y=C_{XY}(\tau)\end{aligned} \tag{3.4.3}$$

可见，两个平稳相依随机过程的互协方差函数也只与时间间隔 τ 有关，记作 $C_{XY}(\tau)$。与单个平稳随机过程的相关系数相似，定义两个平稳相依随机过程 $X(t)$ 和 $Y(t)$ 的互相关系数为

$$\rho_{XY}(\tau)=\frac{C_{XY}(\tau)}{\sqrt{C_X(0)C_Y(0)}} \tag{3.4.4}$$

互相关系数满足 $|\rho_{XY}(\tau)|\leqslant 1$。用于比较两个平稳随机过程不同时刻的两个状态之间的线性相关程度。互相关系数 $\rho_{XY}(\tau)$ 与相关系数不同，$\rho_{XY}(\tau)=\rho_{YX}(-\tau)$，且 $\rho_{XY}(0)$ 不一定为 1。

3. 平稳相依随机过程的互相关函数的性质

性质 1　一般情况下，互相关函数与互协方差函数非奇非偶(见图 3.4.1)，即

$$R_{XY}(\tau)=R_{YX}(-\tau),\ C_{XY}(\tau)=C_{YX}(-\tau) \tag{3.4.5}$$

因为 $R_{XY}(t,\ t+\tau)=E[X(t)Y(t+\tau)]=E[Y(t+\tau)X(t)]=R_{YX}(t+\tau,\ t)=R_{YX}(-\tau)$。同理，可得 $C_{XY}(\tau)=C_{YX}(-\tau)$。

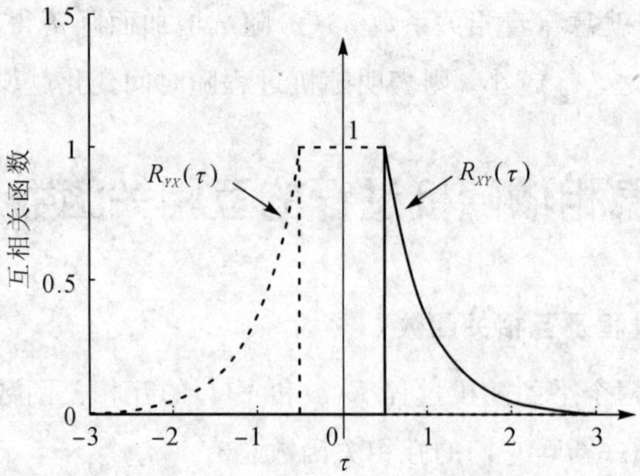

图 3.4.1　互相关函数的影像关系

性质 2　互相关函数和互协方差函数的幅度平方满足

$$|R_{XY}(\tau)|^2 \leqslant R_X(0)R_Y(0) \tag{3.4.6}$$

和

$$|C_{XY}(\tau)|^2 \leqslant C_X(0)C_Y(0)=\sigma_X^2\sigma_Y^2 \tag{3.4.7}$$

证明　化简 $E[Y(t+\tau)+\lambda X(t)]^2 \geqslant 0$，可得

$$R_Y(0)+2\lambda R_{XY}(\tau)+\lambda^2 R_X(0)\geqslant 0$$

这是一个关于 λ 的二次方程，要保证大于等于 0，应该满足

$$|R_{XY}(\tau)|^2 \leqslant R_X(0)R_Y(0)$$

同理，可以证明

$$|C_{XY}(\tau)|^2 \leqslant C_X(0)C_Y(0)=\sigma_X^2\sigma_Y^2$$

性质 3　互相关函数和互协方差函数的幅度满足

$$|R_{XY}(\tau)| \leqslant \frac{1}{2}[R_X(0)+R_Y(0)] \tag{3.4.8}$$

和

$$|C_{XY}(\tau)| \leqslant \frac{1}{2}[C_X(0)+C_Y(0)]=\frac{1}{2}[\sigma_X^2+\sigma_Y^2] \tag{3.4.9}$$

性质 3 的证明可以根据性质 2 得到：

$$|R_{XY}(\tau)| \leqslant \sqrt{R_X(0)R_Y(0)} \leqslant \frac{1}{2}[R_X(0)+R_Y(0)]$$

同理

$$|C_{XY}(\tau)| \leqslant \sqrt{C_X(0)C_Y(0)} \leqslant \frac{1}{2}[C_X(0)+C_Y(0)]$$

性质 4　$R_{XY}(0)=R_{YX}(0)$。

因为从物理意义上看，$R_{XY}(0)$和 $R_{YX}(0)$都表示两个随机过程在同一时刻的相关程度。

性质 5　两个平稳相依随机过程 $X(t)$和 $Y(t)$的线性组合也是平稳随机过程，即对任意的常数 A 和 B，$Z(t)=AX(t)+BY(t)$也是平稳随机过程，且

$$R_Z(\tau)=A^2R_X(\tau)+ABR_{XY}(\tau)+ABR_{YX}(\tau)+B^2R_Y(\tau) \tag{3.4.10}$$

【例 3.4.1】 设两个平稳随机过程 $X(t)=A\cos(t+\phi)$ 和 $Y(t)=B\sin(t+\phi)$，其中，A 和 B 是常数，ϕ 是在 $(0, 2\pi)$ 上均匀分布的随机变量。这两个随机过程是否平稳相依的？它们是否正交、不相关、统计独立？

解 为了判断是否是平稳相依的，首先计算两个随机过程的互相关函数

$$\begin{aligned}R_{XY}(t, t+\tau)&=E[X(t)Y(t+\tau)]=E[A\cos(t+\phi)B\sin(t+\tau+\phi)]\\&=\frac{AB}{2}E[\sin(2t+\tau+2\phi)+\sin\tau]\\&=\frac{AB}{2}\sin\tau=R_{XY}(\tau)\end{aligned}$$

这说明，互相关函数只与时间间隔 τ 有关，因此，这两个随机过程是平稳相依的。

由于互相关函数 $R_{XY}(\tau)=\frac{AB}{2}\sin\tau$ 并不一定会等于 0，所以这两个随机过程不正交。根据例 3.1.1 可知 $X(t)$ 和 $Y(t)$ 是零均值的随机过程，于是 $C_{XY}(\tau)=\frac{AB}{2}\sin\tau$。可见，互协方差也不一定等于 0，所以这两个随机过程从整体上看是相关的。因此，它们也不是统计独立的。但是，值得注意的是，$R_{XY}(\tau)=\frac{AB}{2}\sin\tau$ 和 $C_{XY}(\tau)=\frac{AB}{2}\sin\tau$ 在 $\tau=n\pi(n=0, \pm1, \pm2, \cdots)$ 的时候等于 0，表明两个随机过程在间隔为 $\tau=n\pi(n=0, \pm1, \pm2, \cdots)$ 的两个状态之间是互相正交的，也是互不相关的。

3.5 复平稳随机过程的平稳性

定义 3.5.1 若复随机过程满足：

(1) 均值与时间 t 无关，即 $m_Z(t)=m_X+\mathrm{j}m_Y$；

(2) 自相关函数只与时间间隔 τ 有关，即 $R_Z(t, t+\tau)=R_Z(\tau)$；

(3) 均方值小于无穷，即 $\psi_Z^2=E[|Z(t)|]^2<\infty$，

则称 $Z(t)$ 为宽平稳的复随机过程。

若两个平稳的复随机过程 $X(t)$ 和 $Y(t)$ 满足

$$R_{XY}(t, t+t)=R_{XY}(\tau)$$

则称 $X(t)$ 和 $Y(t)$ 联合宽平稳。

注：求复随机过程的数字特征时要注意，其均值为复数，方差、均方值等二阶矩为非负实数；求其二阶矩时(包括方差，相关函数和协方差)采用一个复随机过程的共轭与该复随机过程相乘，再求数学期望的方法，其他性质和特性与实随机过程类似。

3.6 平稳随机过程的各态历经性

在介绍平稳随机过程的各态历经性之前，先来看一个抽奖游戏。一个盲盒中有 10 000

个小球，每个小球上分别写上数字 1，2，…，10 000，玩家每次抽取一个小球，然后再放回；抽到的小球上的数字就表示参与游戏的玩家得到的奖金数，这个游戏中的中奖金额可以看成是一个随时间变化的离散型随机信号。为了研究这个随机信号的统计特性，我们需要 N 套实验设备，让 N 个玩家同时在$[0, T]$这个时间区间内做大量的实验，并记录好每次实验的结果。每个玩家在$[0, T]$时间内记录的实验结果是这个随机信号的一个样本函数。N 是这个随机信号的样本函数的总数。当 N 越大，我们可以得到一个越精确的统计特性。但是这种实验太复杂了。在实际应用中，我们无法同时准备这么多的实验设备，也无法让这么多的实验人员同时进行实验。有没有一种更简单、更方便的方式可以得到这个游戏的统计特性呢？辛钦证明：在具备一定的补充条件下，由平稳随机过程的任何一个样本函数取时间平均值(时间足够长)，从概率意义上趋近于该随机过程的统计平均值(集平均)。对于这样的随机过程，我们称之具有各态历经性或遍历性(Ergodicity)。随机过程的各态历经性可以理解为随机过程的各个样本函数以同样的可能性经历了随机过程的各个状态。因而，我们可以从其中任意一条样本函数中得到整个样本函数集合的统计特性。也就是说，在上述实验中，我们不需要准备 N 套实验设备进行实验，只需要对一套实验设备重复进行大量的、长时间的实验就可以了。

图 3.6.1 给出了典型的各态历经随机过程(见图 3.6.1(a))和非各态历经随机过程(见图 3.6.1(b))的例子。从图中可以看到，各态历经随机过程的任何一个样本函数都不能“走”出自己独有的一条“曲线”来，如果观察时间足够长，任何样本函数之间将有无数个交叉点，一条样本函数上的任何特征都应该能在这条样本函数上以及其他样本函数上重复出现。通俗地说，就是指经历各种状态。

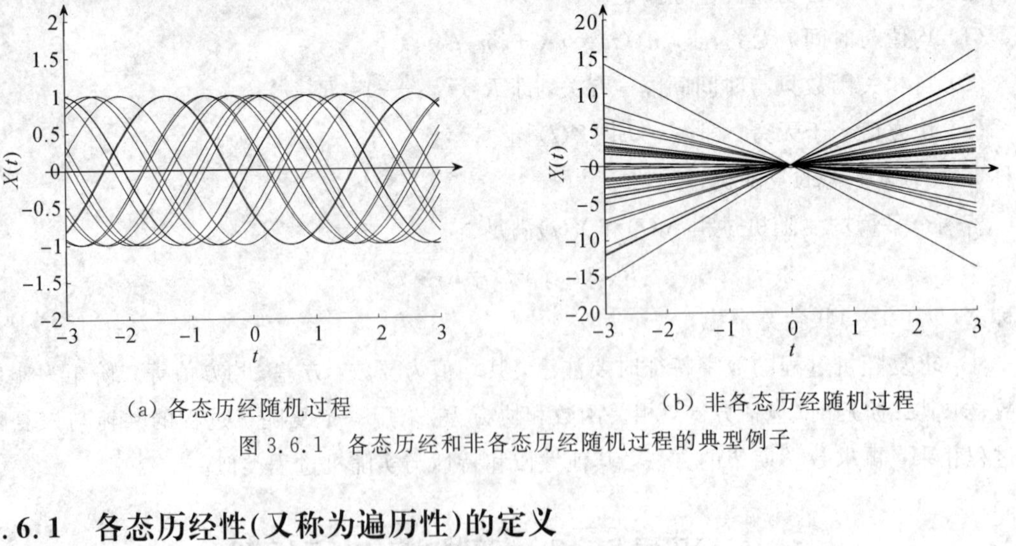

(a) 各态历经随机过程　　(b) 非各态历经随机过程

图 3.6.1　各态历经和非各态历经随机过程的典型例子

3.6.1　各态历经性(又称为遍历性)的定义

定义 3.6.1　如果一个随机过程 $X(t)$，它的各种时间平均(时间足够长)等于相应的集合平均，则称 $X(t)$具有严格遍历性，并称它为严遍历过程。

在随机过程中，宽遍历的定义分为两个部分，即数学期望(均值)的遍历性和相关函数的遍历性。均值的遍历性和相关函数的遍历性统称为平稳过程的宽遍历性。在介绍宽遍历性的定义之前，首先分别给出均值具有遍历性和时间自相关函数具有遍历性的定义。

定义 3.6.2　随机过程 $X(t)$的任意一个样本函数的 $x(t)$的时间均值定义为

$$\overline{x(t)} = \lim_{T\to\infty} \frac{1}{2T}\int_{-T}^{T} x(t)\,\mathrm{d}t \tag{3.6.1}$$

如果随机过程 $X(t)$的所有样本函数 $x(t)$的时间均值都等于集合均值 $E[X(t)]$，即

$$\overline{x(t)} = E[X(t)] = m_X \tag{3.6.2}$$

则称 $X(t)$的均值具有遍历性。

一般来说，一个随机过程的不同样本函数的时间平均具有随机性且与时间 t 无关，而集合平均(也称统计均值或均值)则是关于时间 t 的函数，不具有随机性。因此，一般随机过程的时间平均不等于集合平均，只有两者都是常数时才可能相等。因此，只有平稳随机过程才有可能是具有遍历性，即各态历经的随机过程一定是平稳的，而平稳的随机过程则需要满足一定条件才是各态历经的。

定义 3.6.3　随机过程 $X(t)$的任意样本函数 $x(t)$的时间自相关函数定义为

$$\overline{x(t)x(t+\tau)} = \lim_{T\to\infty} \frac{1}{2T}\int_{-T}^{T} x(t)x(t+\tau)\,\mathrm{d}t \tag{3.6.3}$$

如果随机过程 $X(t)$的所有样本函数 $x(t)$的时间自相关函数都等于集合自相关函数，即

$$\overline{x(t)x(t+\tau)} = E[X(t)X(t+\tau)] = R_X(\tau) \tag{3.6.4}$$

则称 $X(t)$的自相关函数具有遍历性。

定义 3.6.4　设 $X(t)$是一个平稳随机过程，如果其均值和相关函数都具有遍历性，即同时满足式(3.6.2)和式(3.6.4)，则称 $X(t)$为宽(或广义)遍历过程，或简称遍历过程。

【例 3.6.1】　设随机信号

$$X(t) = A\cos(\omega_0 t + \phi)$$

其中，A，ω_0 皆为常数，ϕ 是在$(0, 2\pi)$上均匀分布的随机变量，试讨论 $X(t)$是否宽遍历随机过程。

解　由例 3.1.1 可知，随机过程 $X(t)$是宽平稳随机过程。下面根据宽遍历的定义来判断 $X(t)$是否具有遍历性。首先，计算任意样本函数的时间平均：

$$\begin{aligned}
\overline{x(t)} &= \lim_{T\to\infty} \frac{1}{2T}\int_{-T}^{T} A\cos(\omega_0 t + \phi)\,\mathrm{d}t \\
&= \lim_{T\to\infty} \frac{\int_{-T}^{T} A \cdot \mathrm{d}\sin(\omega_0 t + \phi)}{2\omega_0 T} = \lim_{T\to\infty} \frac{A\sin(\omega_0 T + \phi) - A\sin(-\omega_0 T + \phi)}{2\omega_0 T} \\
&= \lim_{T\to\infty} \frac{A\cos\phi\sin\omega_0 T}{\omega_0 T} = 0
\end{aligned}$$

可以看到，随机过程 $X(t)$任意样本函数的时间平均都为 0。可见：

$$\overline{x(t)}=E[X(t)]=0$$

因此，均值具有遍历性。

下面再计算时间自相关函数：

$$\begin{aligned}\overline{x(t)x(t+\tau)} &= \lim_{T\to\infty}\frac{1}{2T}\int_{-T}^{T}\frac{A^2}{2}[\cos(2\omega_0 t+\omega_0\tau+2\phi)]\mathrm{d}t+\lim_{T\to\infty}\frac{1}{2T}\left(\int_{-T}^{T}\cos\omega_0\tau\mathrm{d}t\right)\cdot\frac{A^2}{2}\\ &= 0+\lim_{T\to\infty}\frac{2T}{2T}\cos\omega_0\tau\frac{A^2}{2}\\ &= \frac{A^2}{2}\cos\omega_0\tau=R_X(\tau)\end{aligned}$$

可见，样本函数 $x(t)$的时间自相关函数都等于集合自相关函数满足式(3.6.4)。所以，$X(t)$是宽遍历随机过程。

这里，如果 A 不是常数，而是随机变量，那么 $X(t)$就不是宽遍历随机过程了。

【例 3.6.2】 设随机信号 $X(t)=a\xi$，ξ 是随机变量，a 是非零常数。讨论这个随机过程的平稳性和各态历经性。

解 首先通过计算如下 3 个数字特征，判断随机过程 $X(t)$是否平稳随机过程。

$$E[X(t)]=E[a\xi]=aE[\xi]$$

$$R_X(t,\ t+\tau)=E[X(t)X(t+\tau)]=a^2E[\xi^2]$$

$$E[X^2(t)]=R_X(0)=a^2E[\xi^2]<\infty$$

可见，$X(t)$是平稳过程。下面计算样本函数的时间均值：

$$\overline{x(t)}=\lim_{T\to 0}\frac{1}{2T}\int_{-T}^{T}a\xi\mathrm{d}t=a\xi$$

而样本函数的时间均值是一个随机变量，不等于 $X(t)$的集合均值，即

$$\overline{x(t)}\neq aE[\xi]$$

所以，均值不具有遍历性。

下面讨论随机过程的自相关函数是否具有遍历性，计算时间自相关函数，可得到

$$\overline{x(t)x(t+\tau)}=\lim_{T\to\infty}\frac{1}{2T}\int_{-T}^{T}x(t)x(t+\tau)\mathrm{d}t=(a\xi)^2$$

而样本函数的时间自相关函数也是一个随机变量，不等于 $X(t)$的集合自相关函数，即

$$\overline{x(t)x(t+\tau)}\neq R_X(\tau)$$

所以，自相关函数也不具有遍历性。

3.6.2 联合宽遍历

定义 3.6.5 两个平稳且各自都宽遍历的随机过程 $X(t)$和 $Y(t)$，定义它们的时间互相关函数为

$$R_{XY}(t)=\overline{X(t)Y(t+\tau)}=\lim_{T\to\infty}\frac{1}{2T}\int_{-T}^{T}X(t)Y(t+\tau)\mathrm{d}t \tag{3.6.5}$$

如果 $R_{XY}(t, t+\tau)$ 等于互相关函数 $R_{XY}(\tau)$，即

$$R_{XY}(t, t+\tau)=\overline{X(t)Y(t+\tau)}=E[X(t)Y(t+\tau)]=R_{XY}(\tau) \tag{3.6.6}$$

则称随机过程 $X(t)$ 和 $Y(t)$ 具有联合宽遍历性。

在很多工程应用中，如果遍历随机过程 $X(t)$ 代表噪声电压或电流，那么它的一阶矩、二阶矩函数有着明确的物理意义。从式(3.6.1)和式(3.6.2)可以发现，噪声电压(或电流)的数学期望(统计平均)实际上就是它的直流分量。从式(3.6.3)和式(3.6.4)可以发现，如果令时滞 $\tau=0$，则有

$$R_X(0)=\lim_{T\to\infty}\frac{1}{2T}\int_{-T}^{T}x^2(t)\mathrm{d}t \tag{3.6.7}$$

因此，$R_X(0)$ 实际上表示噪声电压(或电流)消耗在 1 欧姆电阻上的总平均功率。因为 $R_X(0)$ 等于均值平方加方差，而均值平方表示直流功率，方差

$$\sigma^2=\lim_{T\to\infty}\frac{1}{2T}\int_{-T}^{T}[x(t)-m_X]^2\mathrm{d}t \tag{3.6.8}$$

表示噪声电压或电流消耗在 1 欧姆电阻上的交流平均功率。标准差则表示噪声电压或电流的有效值。

3.7　正态随机过程

正态随机过程也称为高斯随机过程，在自然界和通信技术或其他工程技术上有广泛的应用。比如通信系统中的电阻热噪声、晶体管或电子管的散弹噪声都可以近似为正态随机过程。

定义 3.7.1　如果一个实随机过程 $\{X(t), t\in T\}$ 的任意 n 个时刻 $t_1, t_2, \cdots, t_n$ 的状态构成 n 维随机变量 $\{X(t_1), X(t_2), \cdots, X(t_n)\}$ 的联合概率密度都可用 n 维正态分布概率密度

$$f_X(x_1, x_2, \cdots, x_n; t_1, t_2, \cdots, t_n)=\frac{1}{(2\pi)^{n/2}|\boldsymbol{C}|^{1/2}}\exp\left[-\frac{(\boldsymbol{x}-\boldsymbol{m}_X)^{\mathrm{T}}\boldsymbol{C}^{-1}(\boldsymbol{x}-\boldsymbol{m}_X)}{2}\right] \tag{3.7.1}$$

表示，式(3.7.1)中，$\boldsymbol{m}_X$ 是 $n\times1$ 维均值向量，$\boldsymbol{C}$ 是 $n\times n$ 维协方差矩阵，$x_i=X(t_i)$，$m_i=E[X(t_i)]$，$|\boldsymbol{C}|$ 是由元素 $C_{ij}=C_X(t_i, t_j)=E[(x_i-m_X(t_i))(x_j-m_X(t_j))]$ 组成的协方差矩阵的行列式，

$$\boldsymbol{X}=\begin{bmatrix}x_1\\x_2\\\vdots\\x_n\end{bmatrix}, \boldsymbol{m}_X=\begin{bmatrix}m_1\\m_2\\\vdots\\m_n\end{bmatrix}, \boldsymbol{C}=\begin{bmatrix}C_{11}&C_{12}&\cdots&C_{1n}\\C_{21}&C_{22}&\cdots&C_{2n}\\\vdots&\vdots&&\vdots\\C_{n1}&C_{n2}&\cdots&C_{nn}\end{bmatrix} \tag{3.7.2}$$

则称 $X(t)$ 为正态随机过程(高斯随机过程)，简称正态过程。

由 n 维高斯变量的联合特征函数可得到高斯过程的 n 维特征函数：

$$\varphi_X(\mathrm{j}\omega_1, \cdots, \mathrm{j}\omega_n; t_1, \cdots, t_n) = \exp\left(\mathrm{j}\sum_{i=1}^{n}\omega_i m_i - \frac{1}{2}\sum_{i=1}^{n}\sum_{k=1}^{n}C_{ik}\omega_i\omega_k\right) \tag{3.7.3}$$

高斯过程的 n 维特征函数同样可以写成矩阵形式的表达式：

$$\varphi_X(\mathrm{j}\boldsymbol{\omega}) = \exp(\mathrm{j}\boldsymbol{m}_X^{\mathrm{T}}\boldsymbol{\omega} - \boldsymbol{\omega}^{\mathrm{T}}\boldsymbol{C}\boldsymbol{\omega}/2) \tag{3.7.4}$$

其中，$\boldsymbol{\omega}=[\omega_1, \omega_2, \cdots, \omega_n]^{\mathrm{T}}$。

正态随机过程有很多特殊的性质，下面分别介绍这些性质。

性质1 正态随机过程的 n 维概率密度完全由它的均值集合，协方差函数集合所确定；

从式(3.7.1)可以看出，正态随机过程的 n 维概率密度函数仅仅取决于数学期望和协方差系数。

性质2 正态过程的严平稳与宽平稳等价。

证明 (1) 由正态随机过程的概率密度表达式可知，它的任意 n 维概率密度仅由均值、方差和相关系数唯一确定。如果正态随机过程 $X(t)$ 宽平稳，则其均值和方差是常数，相关系数只与时间差有关，因此它的任意 n 维概率密度函数与时间起点无关，由严平稳定义得证。

(2) 由于正态过程的均方值总是有界的，因此严平稳正态过程一定是宽平稳的。

性质3 正态过程的不相关与相互独立等价。

若 $X(t)$ 在 n 个不同时刻采样得到一组随机变量 $[X(t_1), X(t_2), \cdots, X(t_n)]$，如果 $X(t_1), X(t_2), \cdots, X(t_n)$ 两两之间相互独立，则当 $i\neq k$ 时，有

$$C_X(t_i, t_k) = E[(X(t_i)-m_i)(X(t_k)-m_k)] = E[(X(t_i)-m_i)]E[(X(t_k)-m_k)] = 0 \tag{3.7.5}$$

所以，$X(t_1), X(t_2), \cdots, X(t_n)$ 两两互不相关。

如果 $X(t_1), X(t_2), \cdots, X(t_n)$ 两两之间互不相关，则

$$C_X(t_i, t_k) = E[(X(t_i)-m_i)(X(t_k)-m_k)] = \begin{cases} 0, & i\neq k \\ \sigma_i^2, & i=k \end{cases} \tag{3.7.6}$$

所以协方差矩阵为

$$\boldsymbol{C} = \begin{bmatrix} \sigma_1^2 & \cdots & 0 \\ \vdots & & \vdots \\ 0 & \cdots & \sigma_n^2 \end{bmatrix}$$

则协方差矩阵的逆矩阵为

$$\boldsymbol{C}^{-1} = \begin{bmatrix} \sigma_1^{-2} & \cdots & 0 \\ \vdots & & \vdots \\ 0 & \cdots & \sigma_n^{-2} \end{bmatrix}$$

于是，得到行列式为

$$|\boldsymbol{C}| = \sigma_1^2\sigma_2^2\cdots\sigma_n^2$$

因此，n 维随机变量的联合概率密度可以写成如下形式：

$$f_X(x_1,\cdots,x_n;t_1,\cdots,t_n)=\frac{1}{(2\pi)^{\frac{n}{2}}\sigma_1\sigma_2...\sigma_n}\cdot\exp\left\{-\frac{1}{2}\sum_{i=1}^{n}\frac{(x_i-m_i)^2}{\sigma_i^2}\right\}$$

$$=\prod_{i=1}^{n}\frac{1}{\sqrt{2\pi}\sigma_i}\exp\left\{-\frac{(x_i-m_i)^2}{\sigma_i^2}\right\}$$

$$=f_X(x_1;t_1)f_X(x_2;t_2)\cdots f_X(x_n;t_n) \tag{3.7.7}$$

式(3.7.7)表明，n 维随机变量的联合概率密度等于各自概率密度乘积。因此，这些随机变量之间两两相互独立。

性质 4　平稳正态过程与确定信号之和仍为正态过程。

证明　设 $X(t)$为平稳正态过程，$s(t)$为确定性信号，那么对于任意时刻 t，$Y(t)=X(t)+s(t)$为随机变量。这时，由随机变量函数的概率密度求法，$Y(t)$的一维概率密度函数为

$$f_Y(y;t)=f_X[y-s(t);t]\frac{\mathrm{d}y}{\mathrm{d}x}=f_X[y-s(t);t]$$

因为 $X(t)$为正态分布，所以显然 $Y(t)$是正态分布。

这时 $Y(t)$的二维概率密度为

$$f_Y(y_1,y_2;t_1,t_2)=f_X[y_1-s(t_1),y_2-s(t_2);t_1,t_2]$$

可见，$Y(t)$的二维概率密度是正态分布。

同理，可证明合成信号的 n 维概率密度也是正态过程。

【例 3.7.1】　设有随机过程 $X(t)=A\cos(\omega_0 t+\phi)+B\sin(\omega_0 t+\phi)$。其中 A 与 B 是两个相互独立的正态随机变量，ϕ 是在$(0,2\pi)$上均匀分布的、与 A 以及 B 独立的随机变量，且有 $E[A]=E[B]=0$，$E[A^2]=E[B^2]=\sigma^2$，而 ω_0 为常数。求此随机过程 $X(t)$的一维、二维概率密度。

解

$$E[X(t)]=E[A\cos(\omega_0 t+\phi)+B\sin(\omega_0 t+\phi)]$$
$$=E[A]E\cos(\omega_0 t+\phi)+E[B]E\sin(\omega_0 t+\phi)=0=m_X$$

$$\begin{aligned}R_X(t,t+\tau)&=E[X(t)X(t+\tau)]\\&=E[(A\cos(\omega_0 t+\phi)+B\sin(\omega_0 t+\phi))\cdot(A\cos[\omega_0(t+\tau)+\phi]+\\&\quad B\sin[\omega_0(t+\tau)+\phi])]\\&=E[A^2]E[\cos(\omega_0 t+\phi)\cos[\omega_0(t+\tau)+\phi]]+\\&\quad E[B^2]E[\sin(\omega_0 t+\phi)\sin[\omega_0(t+\tau)+\phi]]+\\&\quad E[AB]E[\cos(\omega_0 t+\phi)\sin[\omega_0(t+\tau)+\phi]]+\\&\quad E[AB]E[\sin(\omega_0 t+\phi)\cos[\omega_0(t+\tau)+\phi]]\end{aligned}$$

因为随机变量 A 与 B 统计独立，所以有

$$E[AB]=E[A]\cdot E[B]=0$$

上式经进一步化简，可得

$$\begin{aligned}R_X(t,t+\tau)&=E[A^2]E[\cos(\omega_0 t+\phi)\cos[\omega_0(t+\tau)+\phi]]+E[B^2]E[\sin(\omega_0 t+\phi)\sin[\omega_0(t+\tau)+\phi]\\&=\sigma^2E[\cos(\omega_0 t+\phi)\cos[\omega_0(t+\tau)+\phi]+\sin(\omega_0 t+\phi)\sin[\omega_0(t+\tau)+\phi]]\\&=\sigma^2\cos\omega_0\tau=R_X(\tau)\end{aligned}$$

可求得 $X(t)$ 的方差为

$$\sigma_X^2 = R_X(0) - m_X^2 = \sigma^2$$

可以判断出这个正态过程 $X(t)$ 是平稳的，其均值为零，方差为 σ^2，它的一维概率密度函数与 t 无关，即

$$f_X(x) = \frac{1}{\sqrt{2\pi}\sigma} e^{-x^2/(2\sigma^2)}$$

为了确定平稳正态过程 $X(t)$ 的二维概率密度，只需求出随机过程在两个时刻的状态 $X(t)$ 与 $X(t+\tau)$ 的相关系数 $\rho_X(\tau)$，可容易求得

$$\rho_X(\tau) = \frac{C_X(\tau)}{\sigma_X^2} = \frac{R_X(\tau) - m_X^2}{\sigma_X^2} = \frac{R_X(\tau)}{\sigma^2} = \cos\omega_0\tau$$

根据式(3.7.1)，便可得随机过程 $X(t)$ 的二维概率密度函数，即

$$f_X(x_1, x_2; \tau) = \frac{1}{2\pi\sigma^2\sqrt{1-\cos^2\omega_0\tau}} \times \exp\left[-\frac{x_1^2 - 2x_1x_2\cos\omega_0\tau + x_2^2}{2\sigma^2(1-\cos^2\omega_0\tau)}\right]$$

习　题

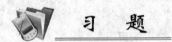

3.1　随机过程由三个样本函数 $x(t, \xi_1) = 1$，$x(t, \xi_2) = \cos(3t)$，$x(t, \xi_3) = \sin(3t)$ 组成，分别以 $\frac{1}{3}$、$\frac{1}{3}$、$\frac{1}{3}$ 的概率出现，试判断这个随机过程是否平稳随机过程。

3.2　随机过程 $X(t) = A\cos(\omega_0 t + \phi)$，式中，随机变量 A 服从标准正态分布，其概率密度函数为

$$f_A(a) = \frac{1}{2\pi} e^{-\frac{a^2}{2}}$$

ϕ 服从 $(-\pi, \pi)$ 上的均匀分布，ϕ 与 A 是两个相互独立的随机变量，ω_0 为常数。$X(t)$ 是否为平稳过程？

3.3　设有两个随机过程 $X(t) = \cos[2(t+\varepsilon)]$ 和 $Y(t) = \cos[2(t+\varepsilon)+\alpha]$，$\alpha$ 是常数，ε 是在 $(0, \pi)$ 上服从均匀分布的随机变量。

(1) 讨论 $X(t)$ 的平稳性；

(2) 讨论 $X(t)$ 和 $Y(t)$ 的联合平稳性。

3.4　随机过程 $X(t) = A\cos(\omega_0 t + \phi)$，式中，$\omega_0$ 是常数，A 和 ϕ 是两个统计独立的均匀分布的随机变量，ϕ 在 $(-\pi, \pi)$ 上均匀分布，讨论该随机过程是否具有各态历经性。

3.5　随机过程 $X(t) = A\sin\omega t - B\cos\omega t$，式中，$\omega$ 是常数，A 和 B 为零均值随机变量。试讨论 $X(t)$ 的平稳性和各态历经性。

3.6　设 $X(t)$ 与 $Y(t)$ 是统计独立的平稳随机过程。求证由它们的乘积构成的随机过程 $Z(t) = X(t)Y(t)$ 也是平稳的。

3.7　设随机过程 $X(t)$ 和 $Y(t)$ 单独和联合平稳，求：

(1) $Z(t)=2X(t)+3Y(t)$ 的自相关函数。

(2) $X(t)$ 与 $Y(t)$ 相互独立时 $Z(t)$ 的自相关函数。

(3) $X(t)$ 与 $Y(t)$ 相互独立且均值为零时 $Z(t)$ 的自相关函数。

3.8　平稳过程 $X(t)$ 的自相关函数为 $R_X(\tau)=e^{-|\tau|}\cos\pi t+\cos 2\pi t$，求 $X(t)$ 的均方值和方差。

3.9　指出下列函数能否是正确的自相关函数曲线，为什么？

$$R_X(\tau)=-\cos 2\tau\cdot e^{-|\tau|},\ R_X(\tau)=3\sin(3\tau),\ R_X(\tau)=3e^{-5\tau},\ R_X(\tau)=9e^{-|\tau|}$$

3.10　随机过程

$$X(t)=A\cos(\omega t+\phi)$$

式中，A、ω、ϕ 是统计独立的随机变量，其中 A 在(0, 2)上均匀分布，ϕ 在$(-\pi, \pi)$上均匀分布，ω 在(−1, 1)上均匀分布。随机过程 $X(t)$ 是否平稳？是否有各态历经性？

3.11　设随机过程 $X(t)$ 和 $Y(t)$ 平稳，它们的自相关函数分别为 $R_X(\tau)=e^{-2|\tau|}$，$R_Y(\tau)=2\cos(5\tau)+e^{-3|\tau|}+9$，令 $Z(t)=UX(t)Y(t)$，其中，U 是均值为 1、方差为 2 的随机变量；U、$X(t)$ 和 $Y(t)$ 相互独立。求 $Z(t)$ 的均值、方差和自相关函数。

3.12　设 $X(t)$ 是雷达的发射信号，遇到目标后的回波信号 $aX(t-\Delta)$，$a\ll 1$，Δ 是信号返回时间，回波信号必然伴有噪声，记为 $N(t)$，于是接收机收到的信号为

$$Y(t)=aX(t-\Delta)+N(t)$$

(1) 若 $X(t)$ 与 $N(t)$ 联合平稳，求互相关函数 $R_{XY}(\tau)$。

(2) 在上述(1)的条件下，$N(t)$ 均值为零，并与 $X(t)$ 相互独立，求 $R_{XY}(\tau)$。

3.13　随机过程 $X(t)$ 与 $Y(t)$ 单独且联合平稳，有

$$X(t)=A\cos(\omega_0 t+2\phi),\ Y(t)=B\sin(\omega_0 t+2\phi)$$

式中，随机变量 A、B 与 ϕ 相互独立，ϕ 是在$(0, \pi)$上均匀分布的随机变量。试求两个随机过程 $X(t)$ 与 $Y(t)$ 的互相关函数 $R_{XY}(\tau)$ 与 $R_{YX}(\tau)$，并讨论两个随机过程的正交性和相关性。

3.14　随机过程 $X(t)$ 与 $Y(t)$ 都不是平稳过程，且

$$X(t)=A(t)\cos t,\ Y(t)=B(t)\sin t$$

式中，$A(t)$ 和 $B(t)$ 为相互独立、平稳、零均值随机过程，并有相同的自相关函数。

求证：$X(t)$ 与 $Y(t)$ 之和(或之差)，即 $Z(t)=X(t)\pm Y(t)$ 是宽平稳的随机过程。

3.15　随机过程 $X(t)=6\cos(\omega_0 t+2\phi)$，其中，$\omega_0$ 为常数，ϕ 是在$(0, \pi)$上均匀分布的随机变量。讨论该随机过程的平稳性和各态历经性。

3.16　平稳随机过程 $X(t)$ 的自相关函数为 $R_X(\tau)=18\cos(5\tau)+e^{-2|\tau|}+16$，求 $X(t)$ 的均值、均方值和方差。

3.17　设复随机过程

$$Z(t)=e^{j(\pi t+\phi)}$$

式中，ϕ 是在$(-\pi, \pi)$上均匀分布的随机变量。求 $E[Z^*(t)Z(t+\tau)]$和 $E[Z(t)Z(t+\tau)]$。

3.18　设复随机过程

$$Z(t) = \sum_{i=1}^{n} A_i e^{j\omega_i t}$$

式中，$A_i(i=1, 2, \cdots, n)$为 n 个实随机变量，$\omega_i(=1.2, \cdots, n)$为 n 个实数。证明：当 A_i 与 A_j 两两相互独立时，$Z(t)$为复平稳过程。

3.19　已知平稳随机过程 $X(t)$和 $Y(t)$的自相关函数分别为

$$R_X(\tau)=\frac{1}{9}e^{-\lambda|\tau|}, R_Y(\tau)=\frac{\sin\lambda\tau}{\lambda\tau}$$

其中，λ 为大于 0 的常数。

(1) 求两个随机过程的相关时间，并比较起伏速度；

(2) 比较当 $\tau=\pi/\lambda$ 时，两个随机过程的相关程度。

3.20　平稳随机过程 $X(t)$ 的自相关函数为 $R_X(\tau) = 9 + 2e^{-|\tau|}$。

(1) 试判断$\int_0^2 X(t)\mathrm{d}t$ 是随机变量还是随机过程；

(2) 求$\int_0^2 X(t)\mathrm{d}t$ 的均值和方差。

3.21　试讨论随机过程

$$X(t)=A\cos(\omega_0 t)+B\sin(\omega_0 t)$$

的平稳性。其中，A、B 是两个互不相关的高斯随机变量，$E[A]=E[B]=0$，$D[A]=D[B]=\sigma^2$，ω_0 是常数。

第 4 章　确定信号的时频域分析

确定信号分析是随机信号分析的基础，通过借鉴确定信号的时频域分析思路，可以更好地建立随机信号的时频域分析方法。本章主要介绍确定信号以及系统的时域分析法和频域分析法，主要包括信号的时域分析、系统的时域分析及傅里叶变换等内容。

4.1　信号的时域分析

4.1.1　信号的概述

信号可以描述范围极其广泛的一类物理现象。信号可用许多方式来表示。在物理上，信号总是信息或消息寄寓变化的形式之一。为了分析信号，人们把信号用一个数学符号来表示，该信号的变化规律用含有一个或多个自变量的函数来表示。而形态上，信号表现为一种波形，可以提供更直观的分析。信号的自变量则更多的是一些描述广义变化规律的基本变量，如时间、位移、周期、频率、幅度、相位等。例如，在地球物理学研究中，用于研究地球结构的密度、电阻率等物理量就是随地球深度变化的信号；在气象观察中，有关气压、温度和风速随高度的变化也是一类重要的信号；正弦信号随时间的变化对阻尼振动进行描述，它也属于信号。本章涉及的信号指的是确定信号，确定信号随时间做有规律的、已知的变化，可以用确定的时间函数来描述，从而可以准确地预测未来。

4.1.2　信号的分类

信号的分类方法有很多。比如，按照自变量取值是连续的还是离散的，信号可以分为连续时间信号和离散时间信号。连续时间信号的自变量的取值范围是连续的，连续时间信号在实数域内取值。离散时间信号的自变量 n 只能取整数，离散时间信号也称为离散时间序列。按照能量有限还是功率有限，信号可以分为能量信号和功率信号。为了研究信号能量或功率特性，常常研究信号 $x(t)$（电压或电流）在单位电阻上消耗的能量或功率。连续时间信号在无限区间的能量定义为

$$E_\infty=\int_{-\infty}^{\infty}|x(t)|^2\mathrm{d}t$$

平均功率定义为

$$P_\infty=\lim_{T\to\infty}\frac{1}{2T}\int_{-T}^{T}|x(t)|^2\mathrm{d}t$$

若信号的能量有限，即 $E_\infty<\infty$，称其为能量有限信号，简称能量信号。实际中，确定信号大多是持续时间有限的能量信号。若信号 $x(t)$ 在区间 $(-\infty,\infty)$ 的能量无限，但满足其平均功率有限，即 $E_\infty=\infty$，$0<P_\infty<\infty$，则称信号为功率信号，如各种周期信号、阶跃信号等，它们的能量无限，但其功率有限。

4.1.3 常用的连续时间信号

1. 正弦信号

正弦信号的一般表达式为

$$y(t)=A\cos(\omega t+\phi)$$

其中，A 是振幅，ω 是角频率，ϕ 是初始相位，周期为$\dfrac{2\pi}{\omega}$。

2. 复指数信号

一般复指数信号表示成：

$$x(t)=C\mathrm{e}^{st}=|C|\mathrm{e}^{\mathrm{j}\theta}\mathrm{e}^{\sigma t}\mathrm{e}^{\mathrm{j}\omega_0 t}=|C|\mathrm{e}^{rt}\mathrm{e}^{\mathrm{j}(\omega_0 t+\theta)}$$

其中，$C=|C|\mathrm{e}^{\mathrm{j}\theta}$是复数；$s=\sigma+\mathrm{j}\omega_0$，$\sigma$ 是复数 s 的实部，ω_0 是复数 s 的虚部。该信号可看成振幅按实指数信号规律变化的周期性复指数信号，它的实部与虚部都是振幅呈实指数规律变化的正弦振荡，如图 4.1.1 所示。当 $r>0$ 时，是指数增长的正弦振荡；当 $r<0$ 时，是指数衰减的正弦振荡；当 $r=0$ 时，$x(t)=|C|\mathrm{e}^{\mathrm{j}(\omega_0 t+\theta)}=|C|\cos(\omega_0 t+\theta)+\mathrm{j}|C|\sin(\omega_0 t+\theta)$，是等幅的正弦振荡。

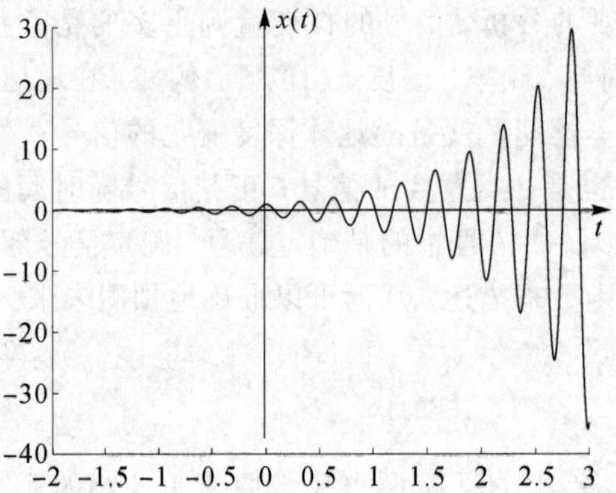

(a) $r>0$

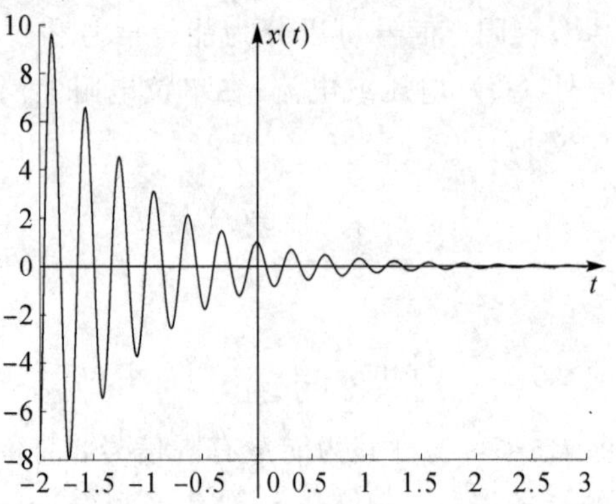

(b) $r<0$

图 4.1.1 复指数信号实部的波形

3. 采样信号

采样信号 Sa(t)常在通信领域的信号处理中应用，其信号定义为

$$x(t)=\frac{\sin t}{t}=\operatorname{sinc}\left(\frac{t}{\pi}\right)=\operatorname{Sa}(t)$$

其信号波形如图 4.1.2 所示。可以证明，Sa(t)信号是偶函数，当 $t\to\pm\infty$时，Sa(t)信号的振幅衰减，且 Sa($\pm k\pi$)=0。其中，k 为正整数。

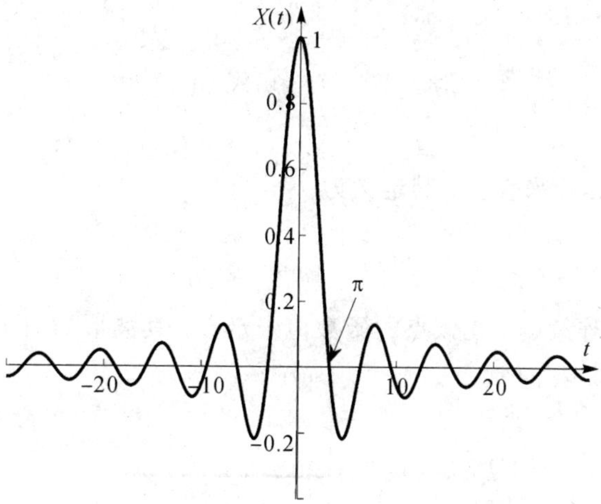

图 4.1.2　采样信号 Sa(t)

4. 矩形脉冲信号

矩形脉冲信号又称为门函数，可以用下面的式子表示：

$$x(t)=\begin{cases}1, & |t|<T_1\\0, & |t|>T_1\end{cases}$$

其信号波形如图 4.1.3 所示。

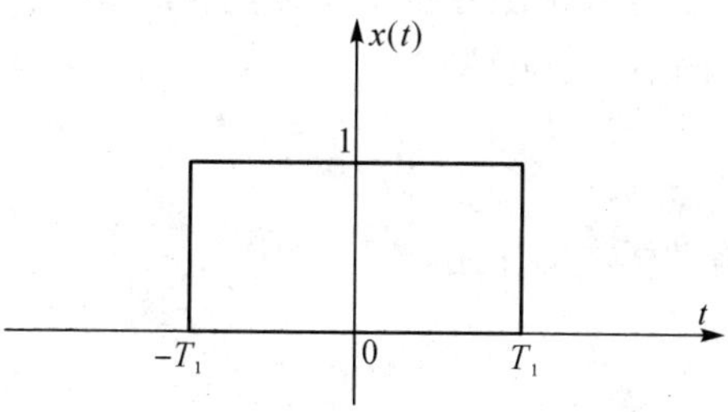

图 4.1.3　矩形脉冲信号

5. 符号函数

符号函数是在 $t>0$ 时函数值为 1，在 $t<0$ 时函数值为 −1 的函数，其定义为

$$\operatorname{sgn}(t)=\begin{cases}1, & t>0\\-1, & t<0\end{cases}$$

其信号波形如图 4.1.4 所示。

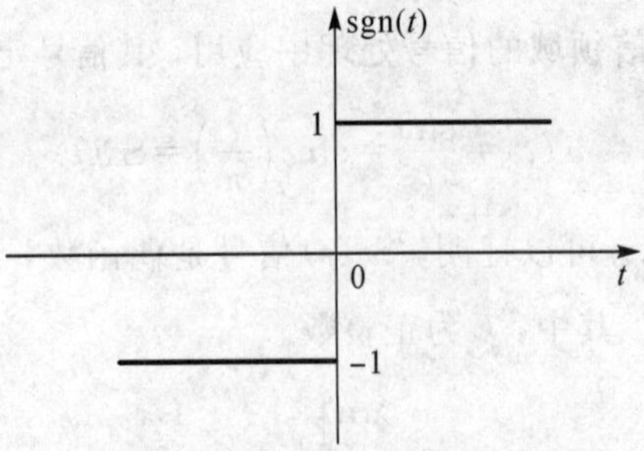

图 4.1.4　符号函数 sgn(t)

6. 单位阶跃信号

单位阶跃函数用 u(t)来表示，其定义为

$$\mathrm{u}(t)=\begin{cases}1, & t>0\\ 0, & t<0\end{cases}$$

该函数在 $t=0$ 处是不连续的，在该点的函数值未定义，其波形如图 4.1.5 所示。

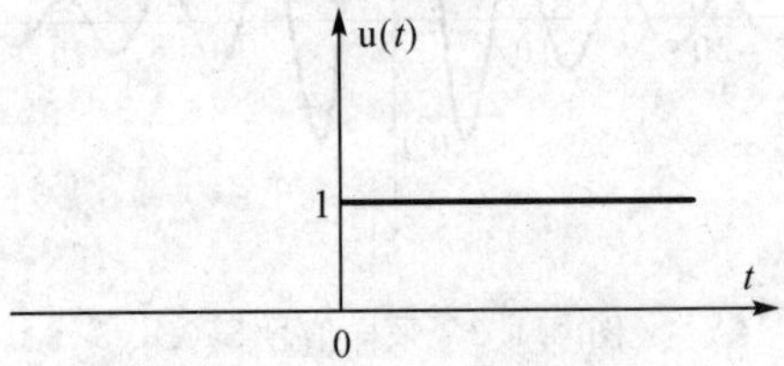

图 4.1.5　单位阶跃信号

7. 单位冲激信号

单位冲激函数简称冲激函数，其定义为

$$\delta(t)=\frac{\mathrm{d}u(t)}{\mathrm{d}t},\ \mathrm{u}(t)=\int_{-\infty}^{t}\delta(\tau)\mathrm{d}\tau$$

其波形如图 4.1.6 所示，是信号与系统分析中非常重要的基本信号。其中，δ(t)是宽度无限窄、高度无限高、面积为 1 的矩形。显然有

$$\int_{-\infty}^{\infty}\delta(t)\mathrm{d}t=1$$

δ(t)也具有提取连续时间信号样本的作用，即

$$x(t)\delta(t-t_0)=x(t_0)\delta(t-t_0)$$

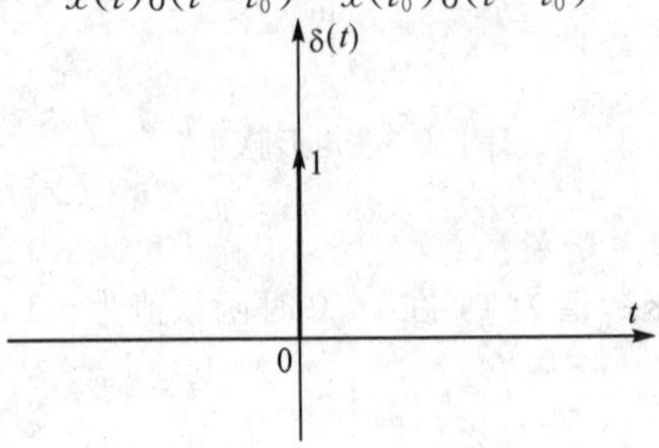

图 4.1.6　δ(t)的波形

由此可知，引入 $\delta(t)$函数以后，在函数的突变处也存在导数，即可对不连续函数进行微分，扩展了可微函数的范围。在图 4.1.5 中，阶跃信号 $u(t)$的间断点在数学上称为第一类间断点。今后在对函数求导时，若遇到第一类间断点，那么在间断点处将出现冲激函数。比如，离散型随机变量的分布函数如图 4.1.7(b)所示，可以用阶跃函数表示：

$$F(x)=\sum_{i=1}^{\infty}P\{X=x_i\}\mathrm{u}(x-x_i)=\sum_{i=1}^{\infty}p_i\mathrm{u}(x-x_i)$$

扩展了函数求导的定义后，可以直接对分布函数求导，得到概率密度函数：

$$f(x)=\frac{\mathrm{d}F(x)}{\mathrm{d}x}=\sum_{i}p_i\delta(x-x_i)$$

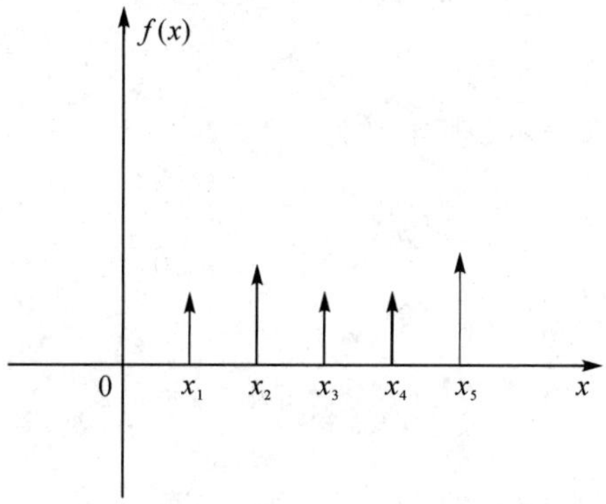

(a) 用冲激函数表示离散型随机变量的概率密度

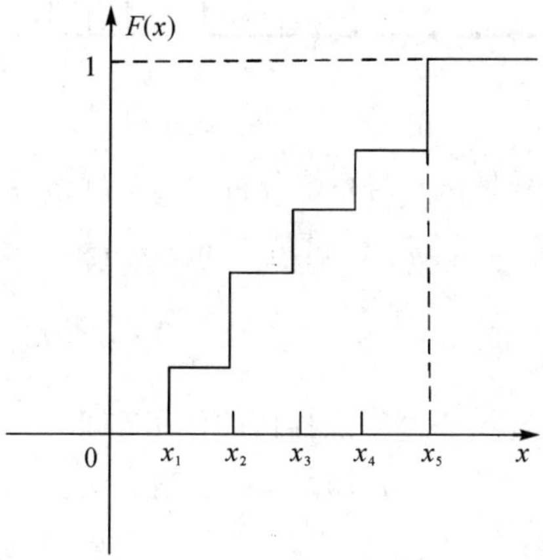

(b) 用阶跃函数表示离散型随机变量的分布函数

图 4.1.7　离散型随机变量的概率密度函数与分布函数

4.1.4　常用的离散时间信号

常用的离散时间信号有复指数信号、正弦信号、单位脉冲序列等。这里主要介绍单位脉冲序列和单位阶跃序列。

1. 单位脉冲序列 $\delta[n]$

单位脉冲信号通常用 $\delta[n]$表示，其定义为

$$\delta[n]=\begin{cases}1, & n=0\\0, & n\neq 0\end{cases}$$

该函数在自变量为0时值等于1，在自变量不为0时值等于0，其波形如图4.1.8所示。

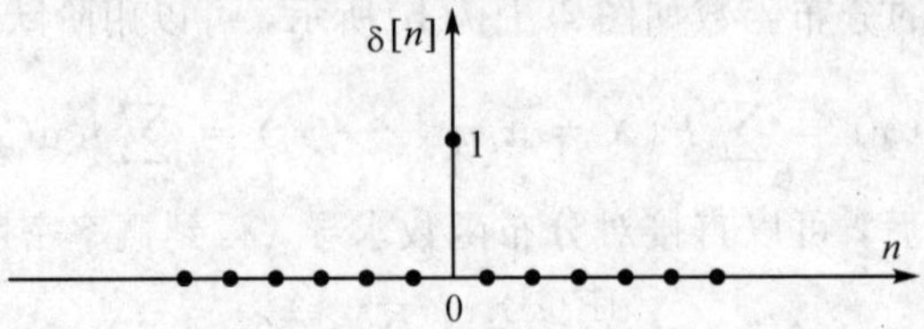

图4.1.8　单位脉冲序列

2. 单位阶跃序列

单位阶跃序列用u[n]来表示，其定义为

$$u[n]=\begin{cases}1, & n\geqslant 0\\0, & n<0\end{cases}$$

其波形如图4.1.9所示。

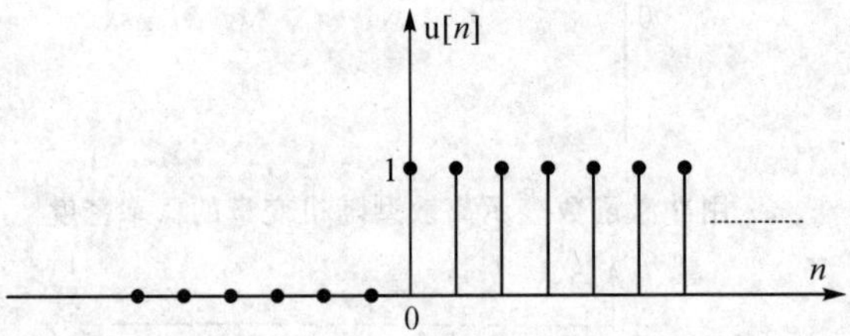

图4.1.9　单位阶跃序列

单位阶跃序列与单位脉冲信号是信号与系统分析中的基础信号，具有如下关系：

$$\delta[n]=u[n]-u[n-1]$$

$$u[n]=\sum_{k=-\infty}^{n}\delta[k]=\sum_{k=0}^{\infty}\delta[n-k]$$

另外，δ[n]还具有提取信号 $x[n]$ 中某一点样值的作用，即

$$x[n]\delta[n-n_0]=x[n_0]\delta[n-n_0]$$

4.2　系统的时域分析

系统所涉及的范围十分广泛，包括各种有联系的事物组合体，它可以是物理系统，也可以是非物理系统。系统可以分为连续系统和离散系统两大类。输入信号与输出响应都是连续时间信号的系统称为连续时间系统；输入信号与输出响应都是离散时间信号的系统称为离散时间系统。

系统在受到一个或多个输入信号的作用时，会产生一个或多个输出信号。输入信号又称为系统的激励，输出信号也称为系统的响应。人们常常关心的是系统的响应与其激励之

间的关系，即系统的外部特性。我们常将系统用一个方框来表示，如图 4.2.1 所示。

图 4.2.1　系统框图表示

图 4.2.1 中，$x(t)$是系统的激励(输入)，$y(t)$是系统的响应(输出)。为叙述简便，激励与响应的关系也常表示为 $x(t)\rightarrow y(t)$，其中，"→"表示系统对信号的作用。对应于离散时间系统，$x[n]$是系统的激励(输入)，$y[n]$是系统的响应(输出)。离散时间系统的激励与响应的关系也常表示为 $x[n]\rightarrow y[n]$。

4.2.1　系统的互联

现实中的系统是各式各样的，其复杂程度也各不相同。但许多系统都可以分解为若干个简单系统的组合。例如，音频系统涉及一台无线电接收机，带有一个放大器的唱片放唱机和一个或几个扬声器的互联；一架数字控制的飞机由机体、各种用于检测飞机的传感器、数字自动驾驶仪(对所要求的航线、高度和速度等作出反应)和各种飞机调节器等互联而成。将这样一个系统看作各个组成部分的互联，就可以利用各组成部分的系统特性以及它们的互联情况来分析整个系统的工作情况和特性表现。

虽然可以构造各式各样的系统互联，但是有几种基本形式(级联、并联和反馈连接)是我们经常遇到的。两个系统级联或串联如图 4.2.2(a)所示，这里系统Ⅰ的输出就是系统Ⅱ的输入。实际应用中，可以依此定义两个以上系统的级联。两个系统的并联如图 4.2.2(b)所示，此时，系统Ⅰ和系统Ⅱ具有相同的输入，并联后的输出就是系统Ⅰ和系统Ⅱ的输出之和。依次也可以定义两个以上系统的并联，并且还能将级联和并联组合起来得到更加复杂的互联。反馈连接是系统互联的另一种重要类型，具有极其广泛的应用，如图 4.2.2(c)所示，这里系统Ⅰ的输出是系统Ⅱ的输入，而系统Ⅱ的输出又反馈回来与外加的输入信号一起组成系统Ⅰ的真正输入。

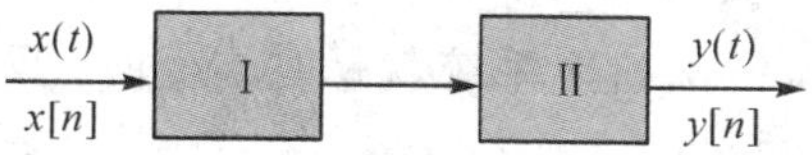

(a) 级联

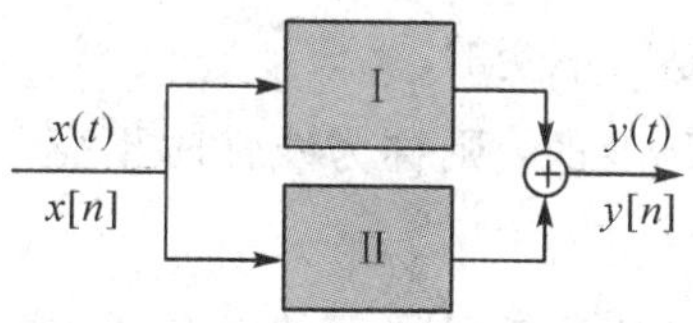

(b) 并联

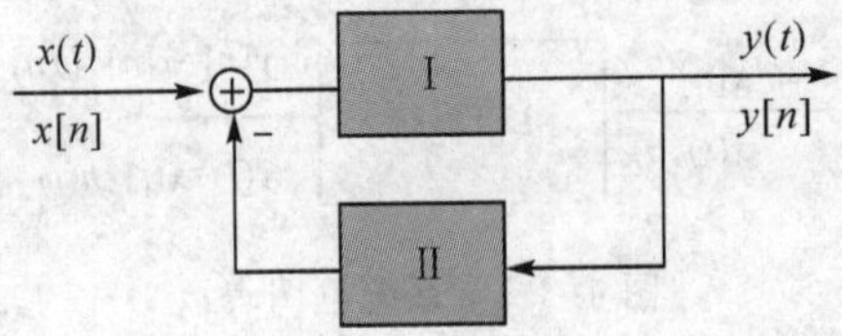

(c) 反馈连接

图 4.2.2 两个系统互联(级联、并联和反馈连接)

4.2.2 系统的分类

可以从多种角度来观察、分析研究系统的特征，提出对系统进行分类的方法。不同类型的系统其系统分析的过程是一样的，但系统的数学模型不同，其分析方法也就不同。下面讨论几种常用的系统分类法。除了前面提到的系统可以分为连续系统和离散系统两大类以外，还可以根据系统的其他性质对系统进行分类。

1. 线性系统与非线性系统

线性系统具有一个很重要的性质就是叠加性，即如果某一个输入是由几个信号的加权和组成的话，那么输出也就是系统对这组信号中每一个输出响应的加权和。满足叠加性的系统称为线性系统，而不满足叠加性的系统是非线性系统。可以定义线性性质为

若 $x_1(t)\to y_1(t)$，$x_2(t)\to y_2(t)$，则对于任意常数 a 和 b，有

$$ax_1(t)+bx_2(t)\to ay_1(t)+by_2(t)$$

或者，若 $x_1[n]\to y_1[n]$，$x_2[n]\to y_2[n]$，则对于任意常数 a 和 b，有

$$ax_1[n]+bx_2[n]\to ay_1[n]+by_2[n]$$

线性系统的常用数学模型是线性微分方程或线性差分方程。

2. 时变系统与时不变系统

从概念上来讲，若系统的特性不随时间而变，该系统就是时不变的。时不变性质可以很简单地用已经介绍过的信号与系统的语言来描述：如果在输入信号上有一个时移，而在输出信号中产生同样的时移，那么这个系统就是时不变的。反之，不具有这种性质的系统就称为时变系统。也就是说，若输入为 $x(t)$(或 $x[n]$)时，系统的响应为 $y(t)$(或 $y[n]$)，当输入有一个延迟 t_0(或 n_0)时，它所引起的响应也延迟相同的时间 t_0(或 n_0)，除此之外没有其他变化。也就是说，若 $x(t)\to y(t)$，有 $x(t-t_0)\to y(t-t_0)$，或若 $x[n]\to y[n]$，有 $x[n-n_0]\to y[n-n_0]$，则系统是时不变的。

若系统既是线性的又是时不变的，则称为线性时不变(Linear Time Invariant System，LTI)系统。

除上述几种划分之外，还可按照系统是否满足因果性而分为因果系统和非因果系统、稳定系统和非稳定系统等。

3. 因果与非因果系统

如果一个系统在任何时刻的输出都只与当时这个时刻的输入以及该时刻以前的输入有关，而和该时刻以后的输入无关，就称该系统是因果的(causal)；否则就是非因果的(noncausal)。一般来说，非因果系统是物理不可实现的。特别地，对于连续线性时不变系统，如果当 $t<0$ 时，单位脉冲响应 $h(t)=0$，那么这个线性时不变系统是因果的。对于离散线性时不变系统，如果当 $n<0$ 时，单位脉冲响应 $h[n]=0$，那么这个线性时不变系统是因果的。

4. 稳定与不稳定系统

如果一个系统当输入有界时，产生的输出也是有界的，则该系统是稳定系统(stable system)。简而言之，对于一个稳定系统，任何有界的输入信号总是产生有界的输出信号；反之，只要某个有界的输入信号能导致无界的输出信号，系统就是不稳定系统(unstable system)。在工程实际中，我们总希望所设计的系统是稳定的，因此稳定性对系统来说是非常重要的。对于连续线性时不变系统，稳定性等价于判断系统的单位冲激响应是否绝对可积。对于离散线性时不变系统，稳定性等价于判断系统的单位脉冲响应是否绝对可和。

4.2.3　确定信号通过线性时不变系统的分析

由于 LTI 系统满足齐次性和可加性，并且具有时不变性的特点，因而为建立信号与系统分析的理论与方法奠定了基础。LTI 系统分析的基本思想可以归纳为：如果能把任意输入信号分解成基本信号的线性组合，那么只要得到了 LTI 系统对基本信号的响应，就可以利用系统的线性特性，将系统对任意输入信号产生的响应表示成系统对基本信号的响应的线性组合。这就产生了系统响应的卷积积分和卷积和的计算方法。信号分解可以在时域进行，也可以在频域或变换域进行，相应地就产生了对 LTI 系统的时域分析法、频域分析法和变换域分析法。

1. LTI 系统的输出响应(零状态响应)

如果一个连续的线性时不变系统对单位冲激函数 $\delta(t)$的响应为 $h(t)$，则该系统对$x(t)$的响应可表示为

$$y(t)=\int_{-\infty}^{\infty}x(\tau)h(t-\tau)\mathrm{d}\tau=x(t)*h(t)$$

这表明：LTI 系统对任意输入信号的响应可以由系统的单位脉冲响应 $h(t)$来表征，即 LTI 系统的单位冲激响应完全刻画了系统的特性。这种求得系统响应的运算关系称为卷积积分(the convolution integral)。

如果一个离散的线性时不变系统对单位脉冲序列 $\delta[n]$的响应为 $h[n]$，则该系统对 $x[n]$的响应可表示为

$$y[n]=\sum_{k=-\infty}^{\infty}x[k]h[n-k]=x[n]*h[n]$$

这表明：离散 LTI 系统的单位脉冲响应完全刻画了系统的特性。这种求得系统响应的运算关系称为卷积和(the convolution sum)。

2. 卷积的交换律

$$y(t)=x(t)*h(t)=\int_{-\infty}^{\infty}x(\tau)h(t-\tau)\mathrm{d}\tau$$

$$=\int_{-\infty}^{\infty}x(t-\tau)h(\tau)\mathrm{d}\tau=h(t)*x(t)$$

卷积的交换律性质说明，一个单位冲激响应是 $h(t)$ 的 LTI 系统对输入信号 $x(t)$ 所产生的响应，与一个单位冲激响应是 $x(t)$ 的 LTI 系统对输入信号 $h(t)$ 所产生的响应相同。

对于离散时间系统，类似地，有

$$y[n]=x[n]*h[n]=h[n]*x[n]$$

3. 卷积的分配律

$$x(t)*[h_1(t)+h_2(t)]=x(t)*h_1(t)+x(t)*h_2(t)$$

$$x[n]*\{h_1[n]+h_2[n]\}=x[n]*h_1[n]+x[n]*h_2[n]$$

卷积的分配律说明，若两个 LTI 系统并联，则其总的单位冲激（脉冲）响应等于各子系统单位脉冲（冲激）响应之和。

4. 卷积的结合律

$$[x(t)*h_1(t)]*h_2(t)=x(t)*[h_1(t)*h_2(t)]$$

$$\{x[n]*h_1[n]\}*h_2[n]=x[n]*\{h_1[n]*h_2[n]\}$$

结合律表明，若两个 LTI 系统级联，则系统总的单位冲激（脉冲）响应等于各子系统单位冲激（脉冲）响应的卷积。由于卷积运算满足交换律，因此，系统级联的先后次序可以调换。

4.2.4 用微分和差分方程描述的因果 LTI 系统

在工程实际中有相当普遍的一类系统，其数学模型可以用线性常系数微分方程或线性常系数差分方程来描述。其中，描述连续时间 LTI 系统的微分方程一般可以表示为

$$\sum_{k=0}^{N}a_k\frac{\mathrm{d}^k y(t)}{\mathrm{d}t^k}=\sum_{k=0}^{M}b_k\frac{\mathrm{d}^k x(t)}{\mathrm{d}t^k},\quad a_k,\ b_k\ \text{为常数}$$

一个微分方程在满足初始松弛条件的情况下，可以描述一个线性、因果和时不变的连续时间系统。描述离散时间 LTI 系统的差分方程一般可以表示为

$$\sum_{k=0}^{N}a_k y[n-k]=\sum_{k=0}^{M}b_k x[n-k]$$

一个差分方程在满足初始松弛条件的情况下，可以描述一个线性、因果和时不变的离散时间系统。

4.3　信号与系统的频域分析

在 LTI 系统的时域分析中，将输入信号分解成冲激信号(或单位脉冲序列)单元的线性组合，只要求出单位冲激信号(或单位脉冲序列)作用下系统的响应，就可根据系统的线性和时不变特性确定各冲激信号(或脉冲序列)单元作用下系统的响应分量，再将这些响应分量叠加，即可求得系统在激励信号下的输出响应。在频域分析中，把输入信号分解为虚指数信号($e^{j\omega t}$或$e^{j\omega n}$)的线性组合，只要求出基本信号$e^{j\omega t}$或$e^{j\omega n}$作用下系统的响应，再由系统的线性、时不变特性确定各虚指数信号单元作用下系统的响应分量，并将这些响应分量叠加，便可求得激励信号下的系统响应，这就是傅里叶分析的思想。在复频域分析中，用复指数信号e^{st}或z^n作为基本信号，将输入$x(t)$(或$x[n]$)分解为复指数信号单元e^{st}或z^n的线性组合，其系统响应表示为各复指数信号单元e^{st}或z^n作用下相应输出的叠加，这就是应用拉普拉斯变换和z变换的系统分析方法。下面主要介绍频域分析法的相关内容以作为后续章节的基础。

4.3.1　连续时间信号的傅里叶变换

傅里叶变换是在对周期信号的傅里叶级数展开的研究中演变来的。在时域可以看到，如果一个周期信号的周期趋于无穷大，则周期信号将演变成一个非周期信号；反过来，如果将任何非周期信号进行周期性延拓，就一定能形成一个周期信号。我们把非周期信号看成是周期信号在周期趋于无穷大时的极限，并考查连续时间傅里叶级数在周期趋于无穷大时的变化，从而得到了对非周期信号的频域表示方法。

$$X(j\omega)=\int_{-\infty}^{\infty}x(t)e^{-j\omega t}dt \tag{4.3.1}$$

$$x(t)=\frac{1}{2\pi}\int_{-\infty}^{\infty}X(j\omega)e^{j\omega t}d\omega \tag{4.3.2}$$

这一对关系被称为连续时间傅里叶变换对。一个连续时间信号$x(t)$的变换$X(j\omega)$通常称为$x(t)$的频谱或频谱密度函数。

然而，并不是所有信号的傅里叶变换都存在，当信号满足以下两组条件之一时，其傅里叶变换收敛。第一组是能量有限，即若$\int_{-\infty}^{\infty}|x(t)|^2dt<\infty$存在，则$X(j\omega)$存在。第二组是满足 Dirichlet 条件，这组条件包括：$x(t)$绝对可积；在任何有限区间内，$x(t)$只有有限个极值点，且极值有限；在任何有限区间内，$x(t)$只有有限个不连续点，并且每个不连续点都必须是有限值。因此，本身是连续的或者只有有限个不连续点的绝对可积信号都存在傅里叶变换。

4.3.2 常用的傅里叶变换对

【例 4.3.1】 考虑信号 $x(t)=e^{-at}u(t)$，$a>0$，如图 4.3.1 所示，求该信号的傅里叶变换。信号的模和相位如图 4.3.2 所示。

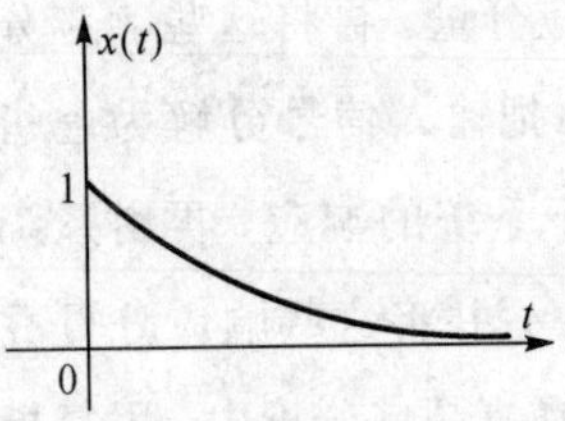

图 4.3.1 信号 $x(t)$

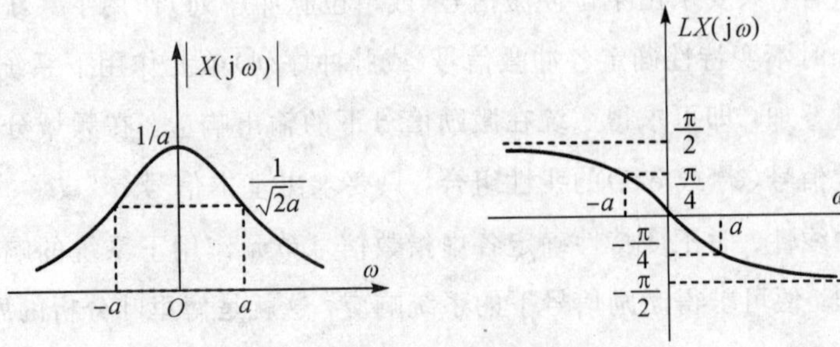

图 4.3.2 信号 $x(t)$的傅里叶变换的模和相位

解 根据傅里叶变换公式(4.3.1)，可以得到

$$X(j\omega)=\int_{0}^{\infty}e^{-at}e^{-j\omega t}dt=\frac{1}{a+j\omega}$$

称信号 $x(t)=e^{-at}u(t)$，$a>0$ 与 $X(j\omega)$是一傅里叶变换对，记为

$$x(t)=e^{-at}u(t)\overset{\mathscr{F}}{\longleftrightarrow}\frac{1}{a+j\omega},\ a>0$$

【例 4.3.2】 求 $x(t)=\delta(t)$的傅里叶变换。信号的时域和频域见图 4.3.3。

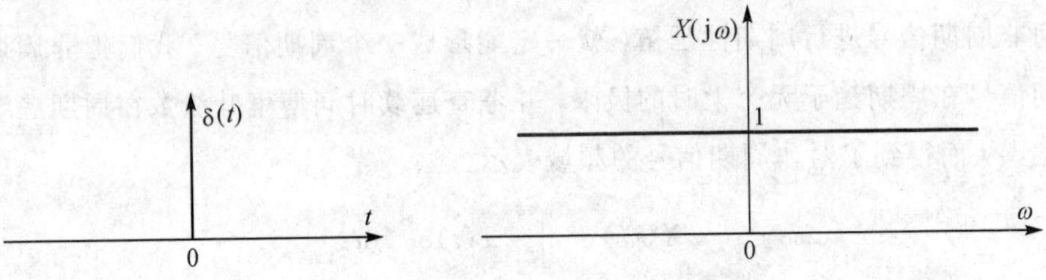

(a) (b)

图 4.3.3 例 4.3.2 中信号的时域和频域图

解 根据傅里叶变换公式(4.3.1)，可以得到单位冲激信号的傅里叶变换为

$$X(j\omega)=\int_{-\infty}^{\infty}\delta(t)e^{-j\omega t}dt=1$$

即

$$x(t)=\delta(t)\overset{\mathscr{F}}{\longleftrightarrow}X(j\omega)=1$$

这表明 $\delta(t)$中包括了所有的频率成分，且所有频率分量的幅度、相位都相同。因此，系统的单位冲激响应才能完整地描述一个 LTI 系统的特性，$\delta(t)$才在信号与系统分析中具有如此重要的意义。

【例 4.3.3】　求信号 $x(t)=\mathrm{e}^{-a|t|}$，$a>0$ 的傅里叶变换。信号的时域和频域见图 4.3.4。

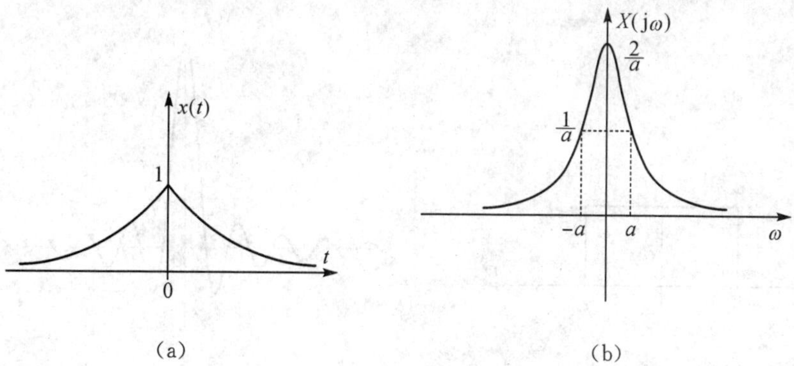

图 4.3.4　例 4.3.3 中信号的时域和频域图

解　根据傅里叶变换公式(4.3.1)，可以得到

$$X(\mathrm{j}\omega)=\int_{-\infty}^{0}\mathrm{e}^{at}\mathrm{e}^{-\mathrm{j}\omega t}\,\mathrm{d}t+\int_{0}^{\infty}\mathrm{e}^{-at}\mathrm{e}^{-\mathrm{j}\omega t}\,\mathrm{d}t=\frac{1}{a-\mathrm{j}\omega}+\frac{1}{a+\mathrm{j}\omega}=\frac{2a}{a^2+\omega^2}$$

事实上，实偶信号的傅里叶变换就是实偶函数。

【例 4.3.4】　求矩形脉冲：

$$x(t)=\begin{cases}1, & |t|<T_1\\0, & |t|>T_1\end{cases}$$

的频谱。矩形脉冲的时域和频域图如图 4.3.5 所示。

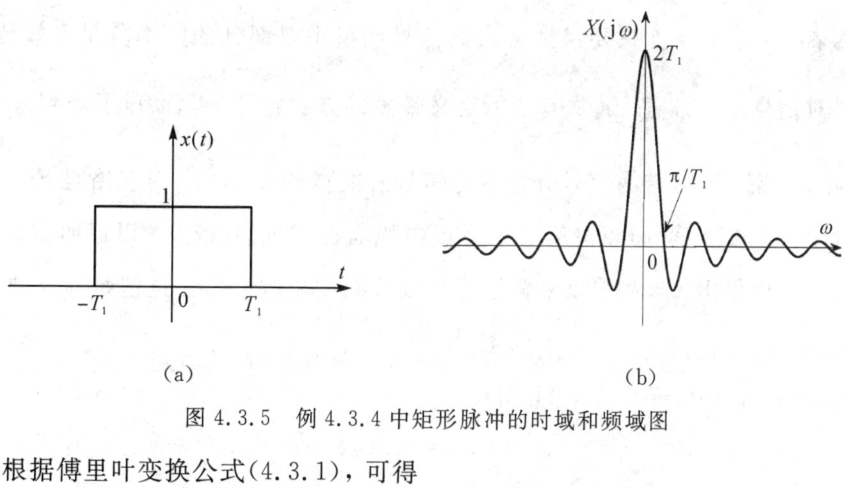

图 4.3.5　例 4.3.4 中矩形脉冲的时域和频域图

解　根据傅里叶变换公式(4.3.1)，可得

$$X(\mathrm{j}\omega)=\int_{-T_1}^{T_1}\mathrm{e}^{-\mathrm{j}\omega t}\,\mathrm{d}t=\frac{2\sin\omega T_1}{\omega}=\frac{2T_1\sin\omega T_1}{\omega T_1}=2T_1\mathrm{Sa}(\omega T_1)=2T_1\mathrm{sinc}\left(\frac{\omega T_1}{\pi}\right)$$

【例 4.3.5】　已知理想低通滤波器的频谱为

$$X(\mathrm{j}\omega)=\begin{cases}1, & |\omega|<W\\0, & |\omega|>W\end{cases}$$

求该理想低通滤波器的时域表达式。信号的频域和时域如图 4.3.6 所示。

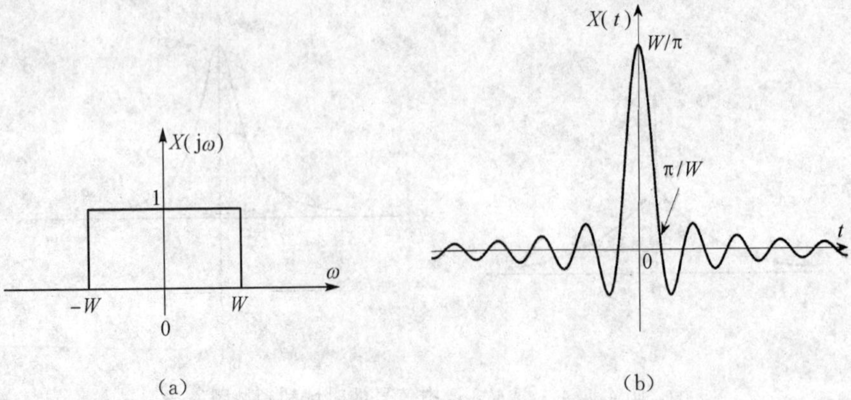

图 4.3.6 例 4.3.5 中信号的频域和时域图

解 根据傅里叶反变换公式(4.3.2)，可以得到

$$x(t)=\frac{1}{2\pi}\int_{-W}^{W}\mathrm{e}^{\mathrm{j}\omega t}\,\mathrm{d}\omega=\frac{\sin Wt}{\pi t}=\frac{W}{\pi}\mathrm{Sa}(Wt)=\frac{W}{\pi}\mathrm{sinc}\left(\frac{Wt}{\pi}\right)$$

与例 4.3.4 的矩形脉冲情况对比，可以发现信号在时域和频域之间存在一种对偶关系，同时可以看到，信号在时域和频域之间也有一种相反的关系，即信号在时域脉冲越窄，则其频谱主瓣越宽，反之亦然。

由信号的频谱可以看出，信号的主要能量总是集中于低频分量。另一方面，传输信号的系统都具有自己的频率特性。因而，工程中在传输信号时，没有必要一定要把信号的所有频率分量都有效传输，而只要保证将占据信号能量主要部分的频率分量有效传输即可。为此，需要对信号定义带宽。通常有如下定义带宽的方法：① $|X(\mathrm{j}\omega)|$下降到最大值的$\frac{1}{\sqrt{2}}$时对应的频率范围，此时带内信号分量占有信号总能量的 1/2；② 对包络是 $\mathrm{Sa}(x)$形状的频谱，通常定义主瓣宽度(即频谱第一个零点内的范围)为信号带宽。以矩形脉冲为例，按带宽的定义，可以得出，脉宽乘以带宽等于常数 C（脉宽带宽积）。这清楚地反映了频域和时域的相反关系。

【例 4.3.6】 证明：若 $x(t)=1$，则有

$$X(\mathrm{j}\omega)=2\pi\delta(\omega)$$

证明 根据单位冲激信号的性质，可以得到

$$\frac{1}{2\pi}\int_{-\infty}^{\infty}\delta(\omega)\mathrm{e}^{\mathrm{j}\omega t}\,\mathrm{d}\omega=\frac{1}{2\pi}\int_{-\infty}^{\infty}\delta(\omega)\mathrm{e}^{\mathrm{j}0t}\,\mathrm{d}\omega=\frac{1}{2\pi}$$

于是，有

$$1=\frac{1}{2\pi}\int_{-\infty}^{\infty}2\pi\delta(\omega)\mathrm{e}^{\mathrm{j}\omega t}\,\mathrm{d}\omega$$

根据傅里叶反变换公式(4.3.1)，可知

$$x(t)=1 \xleftrightarrow{\mathscr{F}} 2\pi\delta(\omega)$$

【例 4.3.7】 证明：符号函数与$\frac{2}{\mathrm{j}\omega}$是一傅里叶变换对，即

$$\mathrm{sgn}(t) \xleftrightarrow{\mathscr{F}} \frac{2}{\mathrm{j}\omega}$$

证明　符号函数 sgn(t)可以由如下函数逼近，即

$$\mathrm{sgn}(t)=\lim_{a\to 0}[\mathrm{e}^{-at}\mathrm{u}(t)-\mathrm{e}^{at}\mathrm{u}(-t)]$$

对上式两边求傅里叶变换，可以得到

$$F\{\mathrm{sgn}(t)\}=\lim_{a\to 0}\left[\frac{1}{a+\mathrm{j}\omega}-\frac{1}{a-\mathrm{j}\omega}\right]=\lim_{a\to 0}\frac{-\mathrm{j}2\omega}{a^2+\omega^2}=\frac{2}{\mathrm{j}\omega}$$

所以

$$\mathrm{sgn}(t) \xleftrightarrow{\mathscr{F}} \frac{2}{\mathrm{j}\omega}$$

【例 4.3.8】 求周期信号 $x(t)=\sin\omega_0 t$ 的傅里叶变换。

解　根据欧拉公式，有

$$x(t)=\sin\omega_0 t=\frac{1}{2\mathrm{j}}[\mathrm{e}^{\mathrm{j}\omega_0 t}-\mathrm{e}^{-\mathrm{j}\omega_0 t}]$$

$$X(\mathrm{j}\omega)=\frac{\pi}{\mathrm{j}}[\delta(\omega-\omega_0)-\delta(\omega+\omega_0)]$$

用同样方法可以得到 $x(t)=\cos\omega_0 t$ 的傅里叶变换，其频谱如图 4.3.7 所示。

$$X(\mathrm{j}\omega)=\pi[\delta(\omega-\omega_0)+\delta(\omega+\omega_0)]$$

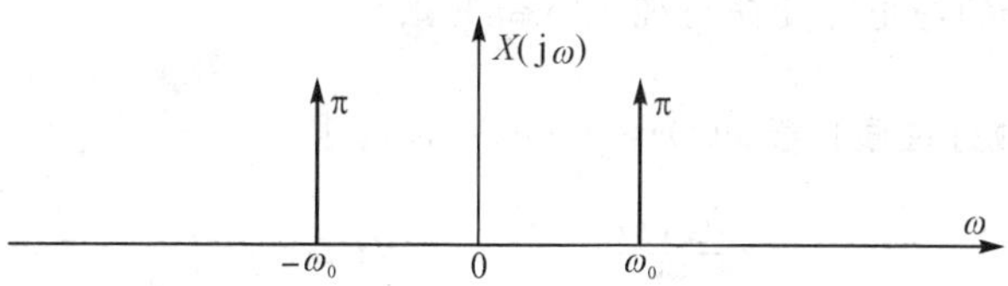

图 4.3.7　信号 $x(t)=\cos\omega_0 t$ 的频谱

4.3.3　连续时间傅里叶变换的性质

下面讨论傅里叶变换的性质，通过这些性质揭示信号时域特性与频域特性之间的关系，同时掌握和运用这些性质可以简化傅里叶变换对的求取。

性质 1　(线性性质) 若 $x(t) \xleftrightarrow{\mathscr{F}} X(\mathrm{j}\omega)$，$y(t) \xleftrightarrow{\mathscr{F}} Y(\mathrm{j}\omega)$，则

$$ax(t)+by(t) \xleftrightarrow{\mathscr{F}} aX(\mathrm{j}\omega)+bY(\mathrm{j}\omega) \tag{4.3.3}$$

将公式(4.3.1)应用于 $ax(t)+by(t)$，就可以直接得出式(4.3.3)。线性性质很容易推广到任意个信号的线性组合。

性质 2　(时移性质) 若 $x(t)\stackrel{\mathscr{F}}{\longleftrightarrow}X(\mathrm{j}\omega)$，则

$$x(t-t_0)\stackrel{\mathscr{F}}{\longleftrightarrow}X(\mathrm{j}\omega)\mathrm{e}^{-\mathrm{j}\omega t_0}$$

这表明信号的时移不会影响它的傅里叶变换的模，只影响它的相频特性，其相频特性会增加一个线性相移。

性质 3　(共轭对称性) 若 $x(t)\stackrel{\mathscr{F}}{\longleftrightarrow}X(\mathrm{j}\omega)$，则

$$x^*(t)\stackrel{\mathscr{F}}{\longleftrightarrow}X^*(-\mathrm{j}\omega)$$

当 $x(t)$是实信号时，就有

$$x(t)=x^*(t)$$

结合共轭对称性，可知

$$X(\mathrm{j}\omega)=X^*(-\mathrm{j}\omega) \tag{4.3.4}$$

由式(4.3.4)容易证明，实信号的傅里叶变换的模是偶函数，相位是奇函数。实信号的傅里叶变换的实部是偶函数，虚部是奇函数。

如果信号 $x(t)$是偶函数，

$$X(\mathrm{j}\omega)=\int_{-\infty}^{\infty}x(t)\mathrm{e}^{-\mathrm{j}\omega t}\,\mathrm{d}t=\int_{-\infty}^{\infty}x(-t)\mathrm{e}^{-\mathrm{j}\omega t}\,\mathrm{d}t=\int_{-\infty}^{\infty}x(\tau)\mathrm{e}^{\mathrm{j}\omega\tau}\,\mathrm{d}\tau=X(-\mathrm{j}\omega) \tag{4.3.5}$$

综合式(4.3.4)和式(4.3.5)可以看到，实偶信号的傅里叶变换是实偶函数。同样的方式也可以证明奇信号的傅里叶变换是纯虚且奇的函数。

性质 4　(时域微分性质) 若 $x(t)\stackrel{\mathscr{F}}{\longleftrightarrow}X(\mathrm{j}\omega)$，则

$$\frac{\mathrm{d}x(t)}{\mathrm{d}t}\stackrel{\mathscr{F}}{\longleftrightarrow}\mathrm{j}\omega X(\mathrm{j}\omega)$$

性质 5　(时域和频域的尺度变换) 若 $x(t)\stackrel{\mathscr{F}}{\longleftrightarrow}X(\mathrm{j}\omega)$，则

$$x(at)\stackrel{\mathscr{F}}{\longleftrightarrow}\frac{1}{|a|}X\left(\mathrm{j}\,\frac{\omega}{a}\right)$$

尺度变换特性表明：若信号在时域扩展 a 倍，则其带宽相应压缩 a 倍，反之亦然。这就从理论上证明了时域与频域的相反关系。

性质 6　(对偶性) 若 $x(t)\stackrel{\mathscr{F}}{\longleftrightarrow}X(\mathrm{j}\omega)$，则

$$X(\mathrm{j}t)\stackrel{\mathscr{F}}{\longleftrightarrow}2\pi x(-\omega)$$

由对偶性可以方便地将时域的某些特性对偶到频域。

性质 7　(移频特性) 若 $x(t) \xleftrightarrow{\mathscr{F}} X(\mathrm{j}\omega)$，则

$$x(t)e^{\mathrm{j}\omega_0 t} \xleftrightarrow{\mathscr{F}} X[\mathrm{j}(\omega-\omega_0)]$$

性质 8　(卷积特性) 若 $x(t) \xleftrightarrow{\mathscr{F}} X(\mathrm{j}\omega)$，$h(t) \xleftrightarrow{\mathscr{F}} H(\mathrm{j}\omega)$，则

$$x(t) * h(t) \xleftrightarrow{\mathscr{F}} X(\mathrm{j}\omega)H(\mathrm{j}\omega)$$

由于卷积特性的存在，使对 LTI 系统在频域进行分析成为可能。本质上，卷积特性的成立正是因为复指数信号是一切 LTI 系统的特征函数。如果将 $h(t)$看作某 LTI 系统的单位冲激响应，由于 $h(t)$的傅里叶变换 $H(\mathrm{j}\omega)$就是频率为 ω 的复指数信号 $\mathrm{e}^{\mathrm{j}\omega t}$通过 LTI 系统时，系统对输入信号在幅度与相位上产生的影响，所以称为系统的频率响应。鉴于 $h(t)$与 $H(\mathrm{j}\omega)$是一一对应的，因而 LTI 系统可以由其频率响应完全表征。由于并非任何系统的频率响应都存在，因此用频率响应表征系统时，一般都限于稳定系统。

卷积性质说明了信号在时域的卷积对应于频域相乘。由时域和频域之间的对偶性，可知时域的相乘对应于频域的卷积。

性质 9　(相乘性质) 若 $x_1(t) \xleftrightarrow{\mathscr{F}} X_1(\mathrm{j}\omega)$，$x_2(t) \xleftrightarrow{\mathscr{F}} X_2(\mathrm{j}\omega)$，则

$$x_1(t) \cdot x_2(t) \xleftrightarrow{\mathscr{F}} \frac{1}{2\pi}X_1(\mathrm{j}\omega) * X_2(\mathrm{j}\omega)$$

相乘性质表明，两个信号在时域相乘，可以看成是由一个信号控制另一个信号的幅度，这就是幅度调制。其中一个信号称为载波，另一个是调制信号。

【例 4.3.9】　设信号 $s(t)$的频谱为 $S(\mathrm{j}\omega)$，如图 4.3.8(a)所示，同时考虑另一个信号 $p(t)=\cos\omega_0 t$，那么 $P(\mathrm{j}\omega)=\pi[\delta(\omega-\omega_0)+\delta(\omega+\omega_0)]$，如图 4.3.8(b)所示。利用相乘性质，可得 $r(t)=s(t)p(t)$的频谱为

$$\begin{aligned} R(\mathrm{j}\omega) &= \frac{1}{2\pi}S(\mathrm{j}\omega) * \pi[\delta(\omega-\omega_0)+\delta(\omega+\omega_0)] \\ &= \frac{1}{2}S[\mathrm{j}(\omega-\omega_0)]+\frac{1}{2}S[\mathrm{j}(\omega+\omega_0)] \end{aligned}$$

如图 4.3.8(c)所示。这里假设 $\omega_0 \gg \omega_M$，所以 $R(\mathrm{j}\omega)$中两个非零的部分互不重叠。很显然，$r(t)$的频谱是由 $S(\mathrm{j}\omega)$移位并受到加权的两个部分所组成的。由图 4.3.8 可以看到，当该信号 $s(t)$被一个正弦信号相乘后，虽然信号中所包含的信息全部都搬移到较高的频率中去了，但是在 $s(t)$中的全部信息却被原封不动地保留了下来。这就构成了通信中调制系统的基础。在移动通信系统中，低频信号需要在高频的 5G 系统中传输，这些系统的工作频率可以是几 GHz 甚至数百 GHz 的频段，因此需要将信号的频谱搬移到这些频率范围上，例 4.3.9

就提供了信号频谱搬移的理论基础。

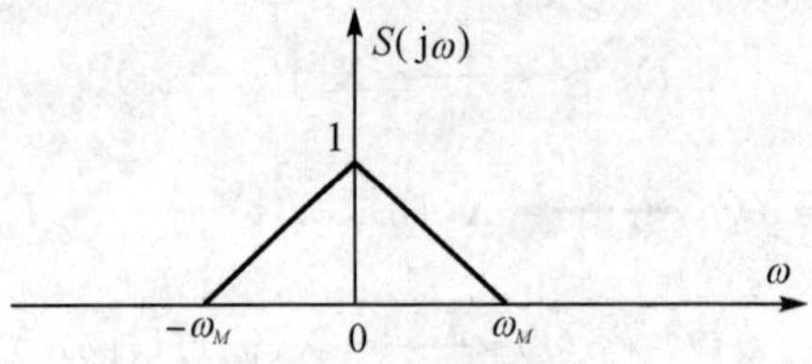

(a) 信号 $s(t)$的频谱

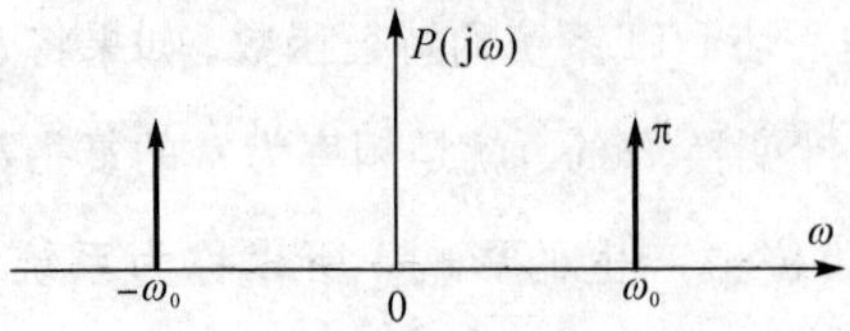

(b) 信号 $p(t)$的频谱

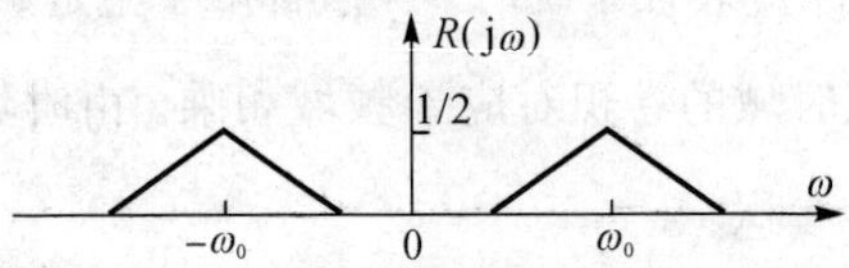

(c) 两个信号相乘后的频谱

图 4.3.8 相乘性质的应用

性质 10 (帕斯瓦尔(Parseval)定理) 若 $x(t)$与 $X(\mathrm{j}\omega)$是一对傅里叶变换对，则

$$\int_{-\infty}^{\infty} |x(t)|^2 \mathrm{d}t = \frac{1}{2\pi}\int_{-\infty}^{\infty} |X(\mathrm{j}\omega)|^2 \mathrm{d}\omega \tag{4.3.6}$$

式(4.3.6)左边是信号 $x(t)$的总能量，这个总能量既可以按每单位时间内的能量$|x(t)|^2$ 在整个时间内积分来计算，也可以按照每单位频率内的能量$|X(\mathrm{j}\omega)|^2$ 在这个频率范围内的积分得到。由于$|X(\mathrm{j}\omega)|^2$ 表示了信号能量在频域的分布，因而称其为“能量谱密度”函数。

这一节我们介绍了连续时间信号的傅里叶变换表示，并研究了很多有用的性质，这些性质表达了不同的信号特性是如何反映到它们的变换中去的。在这些性质当中，有两个性质在研究信号与系统时具有特别重要的意义。第一个就是卷积性质，这个性质是复指数信号的特征函数性质的一个直接结果，并由此导致可以用系统的频率响应来表征一个 LTI 系统，这种表征是用频域的方法来分析 LTI 系统的基础；第二个重要的性质是相乘性质，它是用频域分析方法研究采样和调制系统的基础。

4.3.4 离散时间信号的傅里叶变换

连续时间信号的频域分析与离散时间信号的频域分析存在很多相似的地方，当然也有较大的差别。离散时间信号的傅里叶变换是由离散时间信号的傅里叶级数推广而来的。定义非周期离散时间信号 $x[n]$的傅里叶变换为

$$X(e^{j\omega}) = \sum_{n=-\infty}^{+\infty} x[n]e^{-j\omega n} \tag{4.3.7}$$

$X(e^{j\omega})$的傅里叶反变换为

$$x[n] = \frac{1}{2\pi}\int_{2\pi} X(e^{j\omega})e^{j\omega n}\,d\omega \tag{4.3.8}$$

式(4.3.7)和式(4.3.8)被称为傅里叶变换对。由于式(4.3.7)存在无限项求和的问题，因此，不是所有的离散时间信号都存在傅里叶变换。离散时间信号存在傅里叶变换的条件为

$$\sum_{n=-\infty}^{+\infty} |x[n]| < \infty \quad 或 \quad \sum_{n=-\infty}^{+\infty} |x[n]|^2 < \infty \tag{4.3.9}$$

【例 4.3.10】 若 $x[n]=a^n u[n]$，$|a|<1$，求其傅里叶变换。

解　根据变换公式(4.3.7)，可知

$$\begin{aligned} X(e^{j\omega}) &= \sum_{n=-\infty}^{+\infty} x[n]e^{-j\omega n} = \sum_{n=-\infty}^{+\infty} a^n u[n]e^{-j\omega n} \\ &= \sum_{n=0}^{+\infty} a^n e^{-j\omega n} \\ &= \sum_{n=0}^{+\infty} (ae^{-j\omega})^n \\ &= \frac{1}{1-ae^{-j\omega}} \end{aligned}$$

【例 4.3.11】 若 $x[n]=a^{|n|}$，$|a|<1$，求其傅里叶变换。

解　根据变换公式

$$\begin{aligned} X(e^{j\omega}) &= \sum_{n=-\infty}^{+\infty} x[n]e^{-j\omega n} = \sum_{n=0}^{+\infty} a^n e^{-j\omega n} + \sum_{n=-\infty}^{-1} a^{-n} e^{-j\omega n} \\ &= \sum_{n=0}^{+\infty} a^n e^{-j\omega n} + \sum_{m=1}^{+\infty} a^m e^{j\omega m} \\ &= \sum_{n=0}^{+\infty} (ae^{-j\omega})^n + \sum_{m=1}^{+\infty} (ae^{j\omega})^m \\ &= \frac{1}{1-ae^{-j\omega}} + \frac{ae^{j\omega}}{1-ae^{j\omega}} = \frac{1-a^2}{1-2a\cos\omega+a^2} \end{aligned}$$

与连续时间信号的傅里叶变换相同，离散时间信号的傅里叶变换也有很多重要的性质，具体如表 4.3.1 所示，其中，$x[n]$的傅里叶变换为 $X(e^{j\omega})$，$y[n]$的傅里叶变换为$Y(e^{j\omega})$。

表 4.3.1 傅里叶变换的性质

性 质	时 域	频 域
线性性质	$ax[n]+by[n]$	$aX(e^{j\omega})+bY(e^{j\omega})$
时移性质	$x[n-n_0]$	$e^{-j\omega n_0}X(e^{j\omega})$
移频性质	$e^{j\omega_0 n}x[n]$	$X[e^{j(\omega-\omega_0)}]$
共轭性质	$x^*[n]$	$X^*(e^{-j\omega})$
反转性质	$x[-n]$	$X(e^{-j\omega})$
卷积性质	$x[n]*y[n]$	$X(e^{j\omega})Y(e^{j\omega})$
差分性质	$x[n]-x[n-1]$	$(1-e^{-j\omega})X(e^{j\omega})$
频域微分性质	$nx[n]$	$j\dfrac{dX(e^{j\omega})}{d\omega}$
相乘性质	$x[n]y[n]$	$\dfrac{1}{2\pi}\int_{2\pi}X(e^{j\theta})Y[e^{j(\omega-\theta)}]d\theta$
实信号的共轭对称性	$x[n]$为实信号	$\begin{cases}X(e^{j\omega})=X^*(e^{-j\omega})\\ \mathrm{Re}\{X(e^{j\omega})\}=\mathrm{Re}\{X(e^{-j\omega})\}\\ \mathrm{Im}\{X(e^{j\omega})\}=-\mathrm{Im}\{X(e^{-j\omega})\}\\ \lvert X(e^{j\omega})\rvert=\lvert X(e^{-j\omega})\rvert\\ \angle X(e^{j\omega}=-\angle X(e^{-j\omega}))\end{cases}$
实、偶信号	$x[n]$是实且偶的信号	$X(e^{j\omega})$实且偶的信号
实、奇信号	$x[n]$是实且奇的信号	$X(e^{j\omega})$纯虚且奇的信号
非周期信号的帕斯瓦尔定理	$\sum_{n=-\infty}^{+\infty}\lvert x[n]\rvert^2=\dfrac{1}{2\pi}\int_{2\pi}\lvert X(e^{j\omega})\rvert^2d\omega$	

习 题

4.1 已知一个 LTI 系统的单位冲激响应 $h_1(t)=u(t+3)$，输入信号为 $x(t)=e^{2t}u(-t)$。

(1) 求系统的输出 $y_1(t)=x(t)*h_1(t)$，并画出 $y_1(t)$的图形；

(2) 如果将 $y_1(t)$再通过一个单位冲激响应为 $h_2(t)=\delta(t-3)$的 LTI 系统，求输出 $y_2(t)$，并画出$y_2(t)$的示意图。

4.2 已知两个 LTI 系统的单位冲激响应分别为 $h_1(t)$和 $h_2(t)$，若输入信号 $x(t)=e^t u(-t)$，$h_1(t)=u(t-2)$，$h_2(t)=\delta(t+2)$。

(1) 当这两个子系统串联时，求系统的输出；

(2) 当这两个子系统并联时，求系统的输出。

4.3　已知 LTI 系统的单位脉冲响应 $h[n]=\mathrm{u}[n-2]$，输入信号为 $x[n]=\left(\frac{1}{4}\right)^n\mathrm{u}[n]$ 时，求系统的输出 $y[n]=x[n]*h[n]$，并画出 $y[n]$的图形。

4.4　已知序列 $x[n]=\left(\frac{1}{2}\right)^{|n|}\mathrm{u}[-n-3]$，求 $x[n]$的傅里叶变换 $X(\mathrm{e}^{\mathrm{j}\omega})$。

4.5　求信号 $3\mathrm{e}^{-2(t+1)}\mathrm{u}(t+1)$的傅里叶变换。

4.6　求周期连续时间信号的 $\cos3t$ 的傅里叶变换。

4.7　一个因果 LTI 系统的输入、输出关系由下列方程给出：

$$\frac{\mathrm{d}y(t)}{\mathrm{d}t}+3y(t)=x(t)$$

(1) 求该系统的频率响应；

(2) 求系统的单位冲激响应。

4.8　已知某因果 LTI 系统，系统的频率响应 $H(\mathrm{j}\omega)=\dfrac{2}{(\mathrm{j}\omega)^2+9\mathrm{j}\omega+20}$。

(1) 求出频率响应的傅里叶反变换 $h(t)$；

(2) 判断该系统是否是稳定的系统。

4.9　已知某连续时间信号的傅里叶变换为 $X(\mathrm{j}\omega)=\dfrac{3\omega^2+4}{\omega^4+3\omega^2+2}$，求其傅里叶反变换。

4.10　已知信号 $x(t)=\mathrm{e}^{-a|t|}$，$a>0$，求 $x(t)$的傅里叶变换，并作图。

4.11　已知信号 $x(t)=\mathrm{e}^{-a|t|}\cos\omega_0 t$，求 $x(t)$的傅里叶变换，并作图。

4.12　证明：实信号的傅里叶变换的模是偶函数、相位是奇函数。

4.13　证明：$\displaystyle\int_0^{\infty}\frac{\sin\frac{T_1 t}{2}}{T_1 t}\mathrm{d}t=\frac{\pi}{2T_1}$。

4.14　两个系统分别具有频率响应 $H_1(\omega)$和 $H_2(\omega)$，证明：

(1) 两个系统级联的频率响应为 $H(\omega)=H_1(\omega)H_2(\omega)$；

(2) 具有频率响应 $H_n(\omega)$，$n=1, 2, \cdots, N$ 的 N 个系统级联，其频率响应为 $H(\omega)=\prod_{n=1}^{N}H_n(\omega)$。

第5章 随机信号的功率谱

在确定信号的分析中会采用时域分析法、频域分析法和变换域分析法。其中，频域分析法建立了信号的时域和频域的对应关系，解决了很多时域分析法不容易解决的问题。比如，用时域分析法很难解决多个信号的卷积，在频域上则可以将卷积转化为乘积运算，这为信号分析提供了有力的工具。那么，能否直接把研究确定信号的频域分析法应用到随机信号呢？

在随机信号的分析中，大量随机信号属于功率信号，功率随频率变化的功率谱密度是重要的物理量。因此，随机信号的频域分析与确定信号的频域分析的侧重点是有所不同的。本章主要讨论随机信号的功率谱、互谱，以及它们与自相关函数、互相关函数的关系。

5.1 功率谱密度

确定信号不但可以从时域进行分析，还可以对其作傅里叶变换进行频域分析。那么，对随机信号是否也可以从频域角度进行分析呢？回答是肯定的。只要随机信号满足傅里叶变换的收敛条件，那么就可以直接对它进行傅里叶变换。也就是说，如果信号 $x(t)$ 的能量有限，即

$$\int_{-\infty}^{\infty} |x(t)|^2 \mathrm{d}t < \infty \tag{5.1.1}$$

则傅里叶变换存在。

然而，随机过程的样本函数通常是持续时间无限、能量也无限的函数，不满足傅里叶变换的收敛条件，因而无法直接应用傅里叶变换分析它们的频谱。有时候平均功率随频率分布(功率谱)的研究意义反而大于平均能量随频率分布(能量谱)的研究意义。比如，假设 $X(t)$ 代表噪声电流或电压，$X(t)$ 的任一样本函数 $x(t)$ 的总能量是无限的，但它的平均功率 P_ξ 却是有限的，它表示 $x(t)$ 消耗在 1 Ω 电阻上的平均功率：

$$P_\xi = \lim_{T\to\infty} \frac{1}{2T}\int_{-T}^{T} |x(t, \xi)|^2 \mathrm{d}t < \infty \tag{5.1.2}$$

为此，对随机信号来说，更需要考虑平均功率及功率谱密度。

考虑一个随机过程 $X(t)$，由于随机过程的样本函数与时间 t 以及试验结果 ξ 有关，因此记随机过程 $X(t)$ 的一个样本函数为 $x(t, \xi)$。首先，对 $x(t, \xi)$ 作一截尾函数见图 5.1.1，并定义该截尾函数为

$$x_T(t, \xi) = \begin{cases} x(t, \xi), & |t| \leqslant T \\ 0, & |t| > T \end{cases} \tag{5.1.3}$$

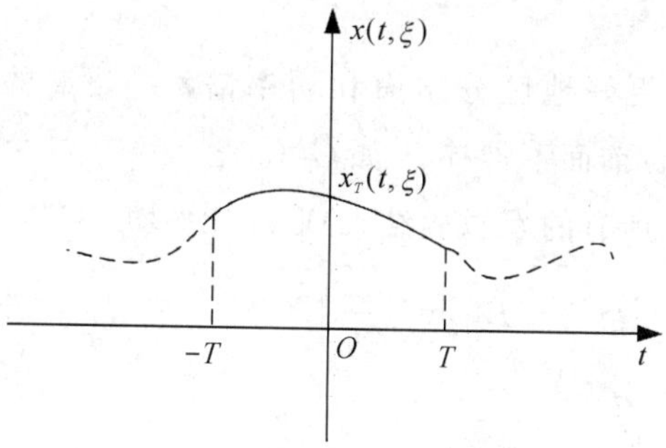

图 5.1.1　随机信号的截尾函数

因为 $x_T(t, \xi)$是有限持续时间内值域有限的函数，其满足绝对可积条件，所以其傅里叶变换存在，于是

$$X_T(\mathrm{j}\omega, \xi)=\int_{-\infty}^{\infty} x_T(t, \xi)\mathrm{e}^{-\mathrm{j}\omega t}\mathrm{d}t=\int_{-T}^{T} x_T(t, \xi)\mathrm{e}^{-\mathrm{j}\omega t}\mathrm{d}t \tag{5.1.4}$$

这里，$X_T(\mathrm{j}\omega, \xi)$是 $x_T(t, \xi)$的傅里叶变换，也称为 $x_T(t, \xi)$的频谱。$X_T(\mathrm{j}\omega, \xi)$告诉我们将 $x_T(t, \xi)$表示成不同频率正弦信号的线性组合(这里指积分)所需要的信息。

由于 $x_T(t, \xi)$与 $X_T(\mathrm{j}\omega, \xi)$是一对傅里叶变换对，因此应用帕斯瓦尔等式可以得到：

$$\int_{-\infty}^{\infty} |x_T(t, \xi)|^2\mathrm{d}t=\frac{1}{2\pi}\int_{-\infty}^{\infty} |X_T(\mathrm{j}\omega, \xi)|^2\mathrm{d}\omega \tag{5.1.5}$$

这等价于

$$\int_{-T}^{T} |x(t, \xi)|^2\mathrm{d}t=\frac{1}{2\pi}\int_{-\infty}^{\infty} |X_T(\mathrm{j}\omega, \xi)|^2\mathrm{d}\omega \tag{5.1.6}$$

式(5.1.6)两边同时除以 $2T$，得到：

$$\frac{1}{2T}\int_{-T}^{T} |x(t, \xi)|^2\mathrm{d}t=\frac{1}{4\pi T}\int_{-\infty}^{\infty} |X_T(\mathrm{j}\omega, \xi)|^2\mathrm{d}\omega \tag{5.1.7}$$

再令 T 趋于无穷，得到：

$$\lim_{T\to\infty}\frac{1}{2T}\int_{-T}^{T} |x(t, \xi)|^2\mathrm{d}t=\frac{1}{2\pi}\int_{-\infty}^{\infty}\lim_{T\to\infty}\frac{|X_T(\mathrm{j}\omega, \xi)|^2}{2T}\mathrm{d}\omega \tag{5.1.8}$$

式(5.1.8)中等号左边就是样本函数 $x(t, \xi)$的平均功率，记为 P_ξ，则

$$P_\xi \overset{\mathrm{def}}{=} \lim_{T\to\infty}\frac{1}{2T}\int_{-T}^{T} |x(t, \xi)|^2\mathrm{d}t=\frac{1}{2\pi}\int_{-\infty}^{\infty}\lim_{T\to\infty}\frac{1}{2T}|X_T(\mathrm{j}\omega, \xi)|^2\mathrm{d}\omega \tag{5.1.9}$$

可以看到，式(5.1.9)中等号右边积分号里面的 $\lim\limits_{T\to\infty}\frac{1}{2T}|X_T(\mathrm{j}\omega, \xi)|^2$ 具有这样的特点：在整个频率范围对它求积分以后等于平均功率；同时，代表了随机过程的某一个样本函数 $x(t, \xi)$的平均功率在不同频率上的分布。类似于能量谱密度的定义，它称为样本函数的功率谱密度函数。记为 $G_X(\omega, \xi)$，且

$$G_X(\omega, \xi) \overset{\mathrm{def}}{=} \lim_{T\to\infty}\frac{1}{2T}|X_T(\mathrm{j}\omega, \xi)|^2 \tag{5.1.10}$$

$G_X(\omega, \xi)$表示随机过程 $X(t)$的一个样本函数 $x(t, \xi)$在单位频带内、在 1 Ω 电阻上消耗的

平均功率。

注：在本书中，为了更好地区分频谱和功率谱，在频谱的表示里 ω 前面带有 j，如 $X(\mathrm{j}\omega)$；功率谱的表示中 ω 前面不带有 j，如 $G_X(\omega)$。

下面对式(5.1.10)中所有的 ξ(试验结果)取统计平均，可以得到：

$$G_X(\omega) \stackrel{\text{def}}{=} E[G_X(\omega,\xi)] = E\left[\lim_{T\to\infty}\frac{1}{2T}|X_T(\mathrm{j}\omega,\xi)|^2\right] = \lim_{T\to\infty}\frac{1}{2T}E[|X_T(\mathrm{j}\omega,\xi)|^2] \tag{5.1.11}$$

这里 $G_X(\omega)$是 ω 的确定函数，其不具有随机性，称为随机过程的功率谱密度函数，简称功率谱密度。它是从频域角度描述 $X(t)$统计规律的最主要的数字特征，仅表示了 $X(t)$的平均功率按频率分布的情况，没有包含过程 $X(t)$的任何相位信息。从物理意义角度来理解，$G_X(\omega)$表示随机过程 $X(t)$在单位频带内、在 1 Ω 电阻上消耗的平均功率。

对式(5.1.9)中所有的 ξ 同样取统计平均，可得

$$\begin{aligned} P = E[P_\xi] &= \lim_{T\to\infty}\frac{1}{2T}\int_{-T}^{T}E[|x(t,\xi)|^2]\mathrm{d}t = \lim_{T\to\infty}\frac{1}{2T}\int_{-T}^{T}E[|X(t)|^2]\mathrm{d}t \\ &= \frac{1}{2\pi}\int_{-\infty}^{\infty}\lim_{T\to\infty}\frac{1}{2T}E[|X_T(\mathrm{j}\omega,\xi)|^2]\mathrm{d}\omega = \frac{1}{2\pi}\int_{-\infty}^{\infty}G_X(\omega)\mathrm{d}\omega \end{aligned} \tag{5.1.12}$$

这里 P 是样本函数的平均功率 P_ξ 的数学期望，是一个确定值，与时间 t 以及试验结果 ξ 都无关。今后，随机过程的平均功率可以用它的均方值的时间平均来计算，即

$$P = A\langle E[|X(t)|^2]\rangle \tag{5.1.13}$$

其中，$A\langle\cdot\rangle = \lim\limits_{T\to\infty}\frac{1}{2T}\int_{-T}^{T}\langle\cdot\rangle\mathrm{d}t$，表示求时间平均。

特别地，对于平稳随机过程来说，均方值为常数，常数的时间平均等于该常数本身，于是平稳随机过程的平均功率直接等于均方值，即

$$P = A\langle E[|X(t)|^2]\rangle = E[|X(t)|^2] = R_X(0) \tag{5.1.14}$$

另外，随机过程的平均功率也等于功率谱密度在整个频率域上的积分除以 2π，也等于功率谱密度的面积除以 2π，于是可以与功率谱建立如下关系：

$$P = \frac{1}{2\pi}\int_{-\infty}^{\infty}G_X(\omega)\mathrm{d}\omega \tag{5.1.15}$$

若 $X(t)$为遍历随机过程，则有

$$G_X(\omega) = \lim_{T\to\infty}\frac{1}{2T}|X_T(\mathrm{j}\omega,\xi)|^2 \tag{5.1.16}$$

这时样本函数的功率谱密度和随机过程的功率谱密度相等。

【例 5.1.1】 设随机过程 $X(t)=A\cos(\omega_0 t+\phi)$，其中 A、ω_0 皆是实常数。

(1) 当 ϕ 是服从$(0, 2\pi)$上均匀分布的随机变量时，求随机过程 $X(t)$的平均功率。

(2) 当 ϕ 是服从$\left(0, \frac{\pi}{2}\right)$上均匀分布的随机变量时，求随机过程 $X(t)$的平均功率。

解 (1) 当 ϕ 是服从$(0, 2\pi)$均匀分布的随机变量时，由第 3 章例 3.1.1 可以得到 $X(t)$

的自相关函数为

$$R_X(\tau)=\frac{A^2}{2}\cos\omega_0\tau \tag{5.1.17}$$

此时，随机过程的平均功率为

$$P=E[X^2(t)]=R_X(0)=\frac{A^2}{2} \tag{5.1.18}$$

（2）当 ϕ 是服从 $\left(0,\ \frac{\pi}{2}\right)$ 均匀分布的随机变量时，有

$$\begin{aligned}E[X^2(t)] &= E[A^2\cos^2(\omega_0 t+\phi)] = \frac{A^2}{2}E[1+\cos(2\omega_0 t+2\phi)]\\ &= \frac{A^2}{2}+\frac{A^2}{2}\int_0^{\frac{\pi}{2}}\frac{2}{\pi}\cos(2\omega_0 t+2\phi)\mathrm{d}\phi\\ &= \frac{A^2}{2}-\frac{A^2}{\pi}\sin 2\omega_0 t\end{aligned}$$

均方值与时间 t 有关，因此，随机过程 $X(t)$ 不是宽平稳的。对均方值做时间平均，可以得到非平稳随机过程 $X(t)$ 的平均功率为

$$P = A\langle E[X^2(t)]\rangle = \lim_{T\to\infty}\frac{1}{2T}\int_{-T}^{T}\left(\frac{A^2}{2}-\frac{A^2}{\pi}\sin 2\omega_0 t\right)\mathrm{d}t = \frac{A^2}{2}$$

5.2　功率谱密度与自相关函数之间的关系

对于确定信号来说，确定信号 $x(t)$ 与它的频谱 $X(\mathrm{j}\omega)$ 在时域和频域上构成一对傅里叶变换对。那么，对于随机过程来说，在时域上描述其统计特性的自相关函数和在频域上描述其统计特性的功率谱是否也存在某种一一对应的关系呢？维纳-辛钦定理表明，实平稳随机过程的自相关函数与功率谱密度是一对傅里叶变换对。

1. 维纳-辛钦定理

若实随机过程 $X(t)$ 是平稳的，自相关函数绝对可积，则自相关函数与功率谱密度构成傅里叶变换对，即

$$R_X(\tau)\overset{\mathscr{F}}{\longleftrightarrow}G_X(\omega) \tag{5.2.1}$$

或者

$$\begin{cases}G_X(\omega) = \displaystyle\int_{-\infty}^{\infty}R_X(\tau)\mathrm{e}^{-\mathrm{j}\omega\tau}\mathrm{d}\tau\\ R_X(\tau) = \displaystyle\frac{1}{2\pi}\int_{-\infty}^{\infty}G_X(\omega)\mathrm{e}^{\mathrm{j}\omega\tau}\mathrm{d}\omega\end{cases} \tag{5.2.2}$$

这一关系就是著名的维纳-辛钦定理，或称为维纳-辛钦公式。它给出了实平稳随机过程时域特性和频域特性之间的对应关系。

利用自相关函数和功率谱密度皆为偶函数的性质，又可将维纳-辛钦定理表示成

$$G_X(\omega) = 2\int_0^{\infty} R_X(\tau)\cos\omega\tau\,\mathrm{d}\tau \tag{5.2.3}$$

$$R_X(\tau) = \frac{1}{\pi}\int_0^{\infty} G_X(\omega)\cos\omega\tau\,\mathrm{d}\omega \tag{5.2.4}$$

2. 维纳-辛钦定理的推广

对于一般的实随机过程 $X(t)$，自相关函数的时间平均与功率谱密度是一傅里叶变换对，即

$$G_X(\omega) = \int_{-\infty}^{\infty} \overline{R}_X(t,\ t+\tau)\mathrm{e}^{-\mathrm{j}\omega\tau}\mathrm{d}\tau \tag{5.2.5}$$

$$\overline{R}_X(t,\ t+\tau) = \frac{1}{2\pi}\int_{-\infty}^{\infty} G_X(\omega)\mathrm{e}^{\mathrm{j}\omega\tau}\mathrm{d}\omega \tag{5.2.6}$$

证明　由于根据傅里叶变换的定义，有

$$X_T(\omega,\ \xi) = \int_{-\infty}^{\infty} x_T(t,\ \xi)\mathrm{e}^{-\mathrm{j}\omega t}\mathrm{d}t \tag{5.2.7}$$

又因为

$$|X_T(\omega,\ \xi)|^2 = X_T(\omega,\ \xi)X_T(-\omega,\ \xi) \tag{5.2.8}$$

由 $G_X(\omega)=\lim\limits_{T\to\infty}\dfrac{1}{2T}E[|X_T(\omega,\ \xi)|^2]$以及式(5.2.7)和式(5.2.8)，可得

$$\begin{aligned} G_X(\omega) &= \lim_{T\to\infty}E\left[\frac{1}{2T}\int_{-T}^{T}x_T(t_1,\ \xi)\mathrm{e}^{-\mathrm{j}\omega t_1}\mathrm{d}t_1\int_{-T}^{T}x_T(t_2,\ \xi)\mathrm{e}^{\mathrm{j}\omega t_2}\mathrm{d}t_2\right] \\ &= \lim_{T\to\infty}\frac{1}{2T}\int_{-T}^{T}\int_{-T}^{T}E[X_T(t_1)X_T(t_2)]\mathrm{e}^{-\mathrm{j}\omega(t_1-t_2)}\mathrm{d}t_1\mathrm{d}t_2 \end{aligned} \tag{5.2.9}$$

将 $R_{X_T}(t_1,\ t_2)=E[X_T(t_1)X_T(t_2)]$代入式(5.2.9)，可得

$$\begin{aligned} G_X(\omega) &= \lim_{T\to\infty}\frac{1}{2T}\int_{-T}^{T}\int_{-T}^{T}R_X(t_1,\ t_2)\mathrm{e}^{-\mathrm{j}\omega(t_2-t_1)}\mathrm{d}t_1\mathrm{d}t_2 \\ &\xlongequal{t=t_1,\ \tau=t_2-t_1} \lim_{T\to\infty}\frac{1}{2T}\int_{-T-t}^{T-t}\int_{-T}^{T}R_X(t,\ t+\tau)\mathrm{d}t\mathrm{e}^{-\mathrm{j}\omega\tau}\mathrm{d}\tau \\ &= \int_{-\infty}^{\infty}\left\{\lim_{T\to\infty}\frac{1}{2T}\int_{-T}^{T}R_X(t,\ t+\tau)\mathrm{d}t\right\}\mathrm{e}^{-\mathrm{j}\omega\tau}\mathrm{d}\tau \end{aligned} \tag{5.2.10}$$

由式(5.2.10)可以看出，随机过程自相关函数的时间平均与功率谱密度是一对傅里叶变换对，即

$$\overline{R}_X(\tau) = \lim_{T\to\infty}\frac{1}{2T}\int_{-T}^{T}R_X(t,\ t+\tau)\mathrm{d}t \tag{5.2.11}$$

$$G_X(\omega) = \int_{-\infty}^{\infty}\overline{R}_X(\tau)\mathrm{e}^{-\mathrm{j}\omega\tau}\mathrm{d}\tau \tag{5.2.12}$$

设 $X(t)$为平稳随机过程，则自相关函数的时间平均就是其自相关函数，即

$$G_X(\omega) = \int_{-\infty}^{\infty}R_X(\tau)\mathrm{e}^{-\mathrm{j}\omega\tau}\mathrm{d}\tau \tag{5.2.13}$$

$$R_X(\tau) = \frac{1}{2\pi}\int_{-\infty}^{\infty}G(\omega)\mathrm{e}^{\mathrm{j}\omega\tau}\mathrm{d}\omega \tag{5.2.14}$$

3. 单边功率谱

由于实平稳随机过程 $X(t)$ 的自相关函数 $R_X(\tau)$ 是实偶函数，因此功率谱密度也一定是实偶函数。我们经常利用只有正频率部分的单边功率谱，称之为物理谱，将其记为 $F_X(\omega)$，则

$$F_X(\omega)=\begin{cases}2G_X(\omega), & \omega\geqslant 0\\ 0, & \omega<0\end{cases} \tag{5.2.15}$$

因此，结合功率谱密度的实偶性质，可以得到平均功率为

$$P=R_X(0)=\frac{1}{2\pi}\int_{-\infty}^{\infty}G_X(\omega)\mathrm{d}\omega=\frac{1}{2\pi}\int_{0}^{\infty}2G_X(\omega)\mathrm{d}\omega=\frac{1}{2\pi}\int_{0}^{\infty}F_X(\omega)\mathrm{d}\omega \tag{5.2.16}$$

【例 5.2.1】 平稳随机过程的自相关函数为 $R_X(\tau)=A\mathrm{e}^{-\beta|\tau|}$，$(A,\ \beta>0)$，求该平稳随机过程的功率谱密度。

解 这里将积分按 $(-\infty,\ 0)$ 和 $(0,\ +\infty)$ 两部分进行计算，于是

$$G_X(\omega)=\int_{-\infty}^{0}A\mathrm{e}^{\beta\tau}\mathrm{e}^{-\mathrm{j}\omega\tau}\mathrm{d}\tau+\int_{0}^{\infty}A\mathrm{e}^{-\beta\tau}\mathrm{e}^{-\mathrm{j}\omega\tau}\mathrm{d}\tau=A\left[\frac{1}{\beta-\mathrm{j}\omega}+\frac{1}{\beta+\mathrm{j}\omega}\right]=\frac{2A\beta}{\beta^2+\omega^2}$$

【例 5.2.2】 设 $X(t)$ 为随机相位正弦波 $X(t)=A\cos(\omega_0 t+\theta)$，其中，$A$、$\omega_0$ 为实常数，θ 为随机相位，在 $(0,\ 2\pi)$ 上均匀分布，求 $X(t)$ 的功率谱密度 $G_X(\omega)$。

解 例 3.1.1 已经证明 $X(t)$ 是平稳随机过程，并且其自相关函数 $R_X(\tau)=\frac{A^2}{2}\cos(\omega_0\tau)$，这是一个周期性连续时间函数，可以直接用常用傅里叶变换对

$$\mathrm{e}^{\mathrm{j}\omega_0\tau}\xleftrightarrow{\mathscr{F}}2\pi\delta(\omega-\omega_0)$$

得到 $\cos(\omega_0\tau)$ 的傅里叶变换：

$$\cos(\omega_0\tau)=\frac{1}{2}\mathrm{e}^{\mathrm{j}\omega_0\tau}+\frac{1}{2}\mathrm{e}^{-\mathrm{j}\omega_0\tau}\xleftrightarrow{\mathscr{F}}\pi\delta(\omega-\omega_0)+\pi\delta(\omega+\omega_0)$$

因此，$R_X(\tau)$ 的傅里叶变换为

$$G_X(\omega)=\frac{\pi A^2}{2}[\delta(\omega-\omega_0)+\delta(\omega+\omega_0)]$$

即得到了 $X(t)$ 的功率谱密度 $G_X(\omega)$。

【例 5.2.3】 若平稳随机过程 $X(t)$ 的自相关函数为

$$R_X(\tau)=\begin{cases}1-\dfrac{|\tau|}{T}, & |\tau|<T\\ 0, & |\tau|>T\end{cases}$$

求功率谱密度。

解 假设 $x_1(\tau)$ 和 $x_2(\tau)$ 是矩形脉冲，并且

$$x_1(\tau)=x_2(\tau)=\begin{cases}1, & |\tau|<\dfrac{T}{2}\\ 0, & |\tau|>\dfrac{T}{2}\end{cases}$$

则

$$R_X(\tau)=\frac{1}{T}x_1(\tau)*x_2(\tau)$$

对 $x_1(\tau)$ 和 $x_2(\tau)$ 分别求傅里叶变换，可以得到

$$F\{x_1(\tau)\}=\frac{2\sin(\omega T/2)}{\omega}$$

$$F\{x_2(\tau)\}=\frac{2\sin(\omega T/2)}{\omega}$$

根据傅里叶变换性质，时域卷积对应于频域乘积，因此，有

$$F\{R_X(\tau)\}=\frac{1}{T}F\{x_1(\tau)*x_2(\tau)\}=\frac{1}{T}F\{x_1(\tau)\}F\{x_2(\tau)\}=\frac{4\sin^2(\omega T/2)}{\omega^2 T}$$

注：平稳随机过程的自相关函数和功率谱密度是一对傅里叶变换对，对自相关函数做傅里叶变换可以得到功率谱密度，对功率谱密度做傅里叶反变换可以得到自相关函数。如果随机过程是非平稳的，则需要求出自相关函数的时间平均，然后再进行傅里叶变换得到功率谱密度。

【例 5.2.4】 设随机过程 $Y(t)=aX(t)\sin\omega_0 t$，其中 a、ω_0 皆为常数，$X(t)$ 是自相关函数为 $R_X(\tau)=\mathrm{e}^{-|\tau|}$ 的平稳随机过程。求随机过程 $Y(t)$ 的功率谱密度。$X(t)$ 和 $Y(t)$ 的功率谱图如图 5.2.1 所示。

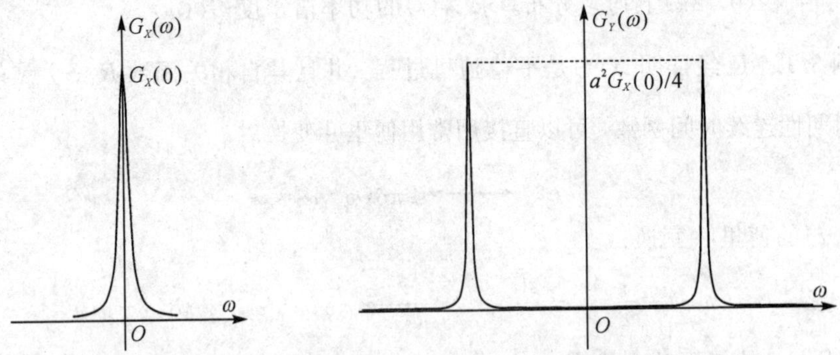

图 5.2.1 例 5.2.4 中 $X(t)$ 和 $Y(t)$ 的功率谱

解 先求出随机过程 $Y(t)$ 的自相关函数：

$$\begin{aligned}R_Y(t,\ t+\tau)&=E[Y(t)Y(t+\tau)]\\&=E[aX(t)\sin\omega_0 t\cdot aX(t+\tau)\sin\omega_0(t+\tau)]\\&=\frac{a^2}{2}R_X(\tau)[\cos\omega_0\tau-\cos(2\omega_0 t+\omega_0\tau)]\end{aligned}$$

上式说明，$Y(t)$ 的自相关函数与时间起点 t 有关。因此，$Y(t)$ 是非平稳的随机过程，需要用维纳-辛钦定理的扩展定理求它的功率谱密度。下面先求 $Y(t)$ 的自相关函数的时间平均：

$$\begin{aligned}A\langle R_Y(t,\ t+\tau)\rangle&=\lim_{T\to\infty}\frac{1}{2T}\int_{-T}^{T}R_Y(t,\ t+\tau)\mathrm{d}t\\&=\frac{a^2}{2}R_X(\tau)\cos\omega_0\tau-\frac{a^2}{2}R_X(\tau)\lim_{T\to\infty}\frac{1}{2T}\int_{-T}^{T}\cos(2\omega_0 t+\omega_0\tau)\mathrm{d}t\\&=\frac{a^2}{2}R_X(\tau)\cos\omega_0\tau-\frac{a^2}{2}R_X(\tau)\times 0\\&=\frac{a^2}{2}R_X(\tau)\cos\omega_0\tau\end{aligned}$$

上式倒数第二个等式是因为 T 趋于无穷时，分母趋于无穷，而分子的积分是有限的，于是，有

$$\lim_{T\to\infty}\frac{1}{2T}\int_{-T}^{T}\cos(2\omega_0 t+\omega_0\tau)\mathrm{d}t=0$$

又因为

$$\frac{a^2}{2}R_X(\tau)\cos\omega_0\tau=\frac{a^2}{4}R_X(\tau)\mathrm{e}^{\mathrm{j}\omega_0\tau}+\frac{a^2}{4}R_X(\tau)\mathrm{e}^{-\mathrm{j}\omega_0\tau}$$

根据第 4 章傅里叶变换的移频性质，可以得到

$$G_Y(\omega)=F\left\{\frac{a^2}{2}R_X(\tau)\cos\omega_0\tau\right\}=\frac{a^2}{4}[G_X(\omega-\omega_0)+G_X(\omega+\omega_0)]$$

由傅里叶变换对 $\mathrm{e}^{-|\tau|}\overset{\mathscr{F}}{\longleftrightarrow}\frac{2}{1+\omega^2}$ 可知，$X(t)$的功率谱密度为$\frac{2}{1+\omega^2}$。

因此，$Y(t)$的功率谱密度为

$$G_Y(\omega)=\frac{a^2}{2}\left[\frac{1}{1+(\omega-\omega_0)^2}+\frac{1}{1+(\omega+\omega_0)^2}\right]$$

当随机过程 $Y(t)=aX(t)\cos\omega_0 t$ 时，自相关函数的时间平均与例 5.2.4 相同，所以该随机过程与例 5.2.4 有相同的功率谱密度，以及相同的平均功率。

5.3　实平稳随机过程功率谱密度的性质

假设 $X(t)$是实平稳随机过程，$R_X(\tau)$是它的相关函数，$G_X(\omega)$是它的功率谱密度，则 $G_X(\omega)$具有如下性质：

性质 1　功率谱密度为非负的，即 $G_X(\omega)\geqslant 0$。

证明　根据式(5.1.11)中功率谱密度的定义：

$$G_X(\omega)\overset{\text{def}}{=}\lim_{T\to\infty}\frac{1}{2T}E[|X_T(\mathrm{j}\omega,\xi)|^2] \tag{5.3.1}$$

因为

$$|X_T(\mathrm{j}\omega,\xi)|^2\geqslant 0$$

所以式(5.3.1)非负，即

$$G_X(\omega)\geqslant 0$$

性质 2　功率谱密度是 ω 的实偶函数。

实平稳随机过程的自相关函数 $R_X(\tau)$是实且偶的，根据傅里叶变换的性质，实偶函数的傅里叶变换也是实且偶的，因此，自相关函数 $R_X(\tau)$的傅里叶变换 $G_X(\omega)$也是实偶的。

性质 3　功率谱密度可积，即

$$\int_{-\infty}^{\infty}G_X(\omega)\mathrm{d}\omega<\infty \tag{5.3.2}$$

证明　对于平稳随机过程，有

$$E[X^2(t)]=\frac{1}{2\pi}\int_{-\infty}^{\infty}G_X(\omega)\mathrm{d}\omega \tag{5.3.3}$$

由于平稳随机过程的均方值有限，因此

$$\int_{-\infty}^{\infty}G_X(\omega)\mathrm{d}\omega<\infty$$

5.4 实平稳随机过程的有理功率谱密度

有理功率谱密度是实际应用中最常见的一类功率谱密度，比如有色噪声常常可以用有理函数形式的功率谱密度来逼近。当功率谱密度 $G_X(\omega)$是有理函数的时候，根据 5.3 节的性质 2，它应该具有如下形式：

$$G_X(\mathrm{j}\omega)=\frac{\sum_{k=0}^{N}b_k(\omega)^{2k}}{\sum_{k=0}^{M}a_k(\omega)^{2k}} \tag{5.4.1}$$

其中，a_k 和 b_k 是常数。

对于这类有理功率谱密度，可以用留数定理求平均功率，也可以用部分分式展开法求它的傅里叶反变换，从而得到自相关函数和平均功率。

【例 5.4.1】 考虑一个平稳随机信号 $X(t)$，具有功率谱密度：

$$G_X(\omega)=\frac{\omega^2+4}{\omega^4+10\omega^2+9}$$

求该平稳随机过程的平均功率。

解 用复频率的方法来求解。首先，将 $\omega=z$ 代入功率谱密度的公式：

$$G_X(z)=\frac{z^2+4}{z^4+10z^2+9}$$

对上式进行因式分解，可得到：

$$G_X(z)=\frac{(z+2\mathrm{j})(z-2\mathrm{j})}{(z+1\mathrm{j})(z+3\mathrm{j})(z-1\mathrm{j})(z-3\mathrm{j})}$$

$G_X(z)$在上半平面内有两个极点，即 j 和 3j，于是可以分别计算这两个极点的留数为

$$K_{\mathrm{j}}=\left[\frac{z^2+4}{(z+3\mathrm{j})(z+\mathrm{j})(z-3\mathrm{j})}\right]_{z=\mathrm{j}}=\frac{3}{16\mathrm{j}}$$

$$K_{3\mathrm{j}}=\left[\frac{z^2+4}{(z+\mathrm{j})(z-\mathrm{j})(z+3\mathrm{j})}\right]_{z=3\mathrm{j}}=\frac{5}{48\mathrm{j}}$$

$$P=E[X^2(t)]=\frac{1}{2\pi}\int_{-\infty}^{\infty}G_X(\omega)\mathrm{d}\omega=\frac{1}{2\pi}\cdot 2\pi\mathrm{j}\cdot\left(\frac{3}{16\mathrm{j}}+\frac{5}{48\mathrm{j}}\right)=\frac{7}{24}$$

如果已知随机过程的功率谱密度，除了可以用留数定理求平均功率以外，还可以直接用常用傅里叶变换对求随机过程的平均功率。利用常用的傅里叶变换对还可以得到平稳随机过程的自相关函数。

【例 5.4.2】 已知零均值平稳过程 $X(t)$ 的功率谱密度

$$G_X(\omega)=\frac{6\omega^2}{\omega^4+5\omega^2+4}$$

求 $R_X(\tau)$、$D_X(t)$。

解 用部分分式展开法对功率谱密度进行分解，得到

$$G_X(\omega)=\frac{6\omega^2}{\omega^4+5\omega^2+4}=\frac{6\omega^2}{(\omega^2+1)(\omega^2+4)}=\frac{A}{\omega^2+1}+\frac{B}{\omega^2+4}$$

其中：

$$A=\left.\frac{6\omega^2}{\omega^2+4}\right|_{\omega^2=-1}=\frac{-6}{3}=-2,\ B=\left.\frac{6\omega^2}{\omega^2+1}\right|_{\omega^2=-4}=\frac{-24}{-3}=8$$

根据常用傅里叶变换对，我们有

$$e^{-a|\tau|}\leftrightarrow\frac{2a}{\omega^2+a^2}$$

于是，容易得出 $G_X(\omega)=\frac{-2}{\omega^2+1}+\frac{8}{\omega^2+4}$ 的傅里叶反变换为

$$R_X(\tau)=-e^{-|\tau|}+2e^{-2|\tau|}$$

方差为

$$D_X(t)=R_X(0)-m_X^2=-e^{-|0|}+2e^{-2|0|}-0=1$$

5.5　联合平稳随机过程的互谱密度及性质

前面分析了单个平稳随机过程时域分析与频域分析的对应关系，得到了平稳随机过程的自相关函数与功率谱密度是一傅里叶变换对的关系。事实上，这种分析方法可以应用于两个随机过程互相关函数的频域分析。

1. 互谱密度

与分析单个随机过程的功率谱密度类似，首先，考虑两个平稳实随机过程 $X(t)$ 和 $Y(t)$，它们的样本函数分别记为 $x(t,\xi)$ 和 $y(t,\xi)$，定义两个截取函数 $x_T(t,\xi)$、$y_T(t,\xi)$ 分别为

$$x_T(t,\xi)=\begin{cases}x(t,\xi), & |t|\leqslant T<\infty\\ 0, & |t|>T\end{cases}\tag{5.5.1}$$

$$y_T(t,\xi)=\begin{cases}y(t,\xi), & |t|\leqslant T<\infty\\ 0, & |t|>T\end{cases}\tag{5.5.2}$$

因为 $x_T(t,\xi)$ 和 $y_T(t,\xi)$ 都满足能量有限的条件，所以它们的傅里叶变换存在，分别记为 $X_T(j\omega,\xi)$ 和 $Y_T(j\omega,\xi)$。所以，帕斯瓦尔定理对它们也适用，即

$$\int_{-\infty}^{\infty}x_T(t,\xi)y_T(t,\xi)dt=\frac{1}{2\pi}\int_{-\infty}^{\infty}X_T^*(j\omega,\xi)Y_T(j\omega,\xi)d\omega$$

这等价于

$$\int_{-T}^{T} x(t,\xi)y(t,\xi)\mathrm{d}t = \frac{1}{2\pi}\int_{-\infty}^{\infty} X_T^*(\mathrm{j}\omega,\xi)Y_T(\mathrm{j}\omega,\xi)\mathrm{d}\omega$$

上式两边同时除以 $2T$，并令 $T\to\infty$，得到两个样本函数的互平均功率

$$P_{XY,\xi} = \lim_{T\to\infty}\frac{1}{2T}\int_{-T}^{T} x(t,\xi)y(t,\xi)\mathrm{d}t = \frac{1}{2\pi}\int_{-\infty}^{\infty}\lim_{T\to\infty}\frac{X_T^*(\mathrm{j}\omega,\xi)Y_T(\mathrm{j}\omega,\xi)}{2T}\mathrm{d}\omega$$

注意上式中，$x(t,\xi)$和 $y(t,\xi)$是任一样本函数，因此具有随机性，两边求数学期望，可得到

$$P_{XY} = E[P_{XY,\xi}] = \lim_{T\to\infty}\frac{1}{2T}\int_{-T}^{T} E[X(t)Y(t)]\mathrm{d}t = \frac{1}{2\pi}\int_{-\infty}^{\infty}\lim_{T\to\infty}\frac{E[X_T^*(\mathrm{j}\omega,\xi)Y_T(\mathrm{j}\omega,\xi)]}{2T}\mathrm{d}\omega$$

其中，P_{XY}为两个随机过程 $X(t)$和 $Y(t)$的互平均功率，等于两个随机过程在同一时刻的互相关函数的时间平均。

定义 5.5.1 定义随机过程 $X(t)$和 $Y(t)$的互功率谱密度为

$$G_{XY}(\omega)=\lim_{T\to\infty}\frac{1}{2T}E[X_T^*(\mathrm{j}\omega,\xi)Y_T(\mathrm{j}\omega,\xi)] \tag{5.5.3}$$

随机过程的互谱密度与互相关函数是一傅里叶变换对(证明略)，满足如下关系：

$$P_{XY} = \frac{1}{2\pi}\int_{-\infty}^{\infty} G_{XY}(\omega)\mathrm{d}\omega \tag{5.5.4}$$

同理，有

$$G_{YX}(\omega) = \lim_{T\to\infty}\frac{1}{2T}E[Y_T^*(\mathrm{j}\omega,\xi)X_T(\mathrm{j}\omega,\xi)]$$

$$P_{YX} = \frac{1}{2\pi}\int_{-\infty}^{\infty} G_{YX}(\omega)\mathrm{d}\omega \tag{5.5.5}$$

且 $P_{XY}=P_{YX}$。

2. 互谱密度和互相关函数的关系

对于两个实随机过程 $X(t)$和 $Y(t)$，其互谱密度 $G_{XY}(\omega)$与互相关函数 $R_{XY}(t,t+\tau)$之间的关系为

$$G_{XY}(\omega) = \int_{-\infty}^{\infty} A\langle R_{XY}(t,t+\tau)\rangle \mathrm{e}^{-\mathrm{j}\omega\tau}\mathrm{d}\tau,\ A\langle R_{XY}(t,t+\tau)\rangle = \frac{1}{2\pi}\int_{-\infty}^{\infty} G_{XY}(\omega)\mathrm{e}^{\mathrm{j}\omega\tau}\mathrm{d}\omega$$

即

$$A\langle R_{XY}(t,t+\tau)\rangle \xleftrightarrow{\mathscr{F}} G_{XY}(\omega) \tag{5.5.6}$$

若两个实随机过程 $X(t)$、$Y(t)$各自平稳且联合平稳，则有

$$R_{XY}(\tau) \xleftrightarrow{\mathscr{F}} G_{XY}(\omega) \tag{5.5.7}$$

即

$$G_{XY}(\omega) = \int_{-\infty}^{\infty} R_{XY}(\tau)\mathrm{e}^{-\mathrm{j}\omega\tau}\mathrm{d}\tau$$

$$R_{XY}(\tau) = \frac{1}{2\pi}\int_{-\infty}^{\infty} G_{XY}(\omega)\mathrm{e}^{\mathrm{j}\omega\tau}\mathrm{d}\omega$$

因此，对于两个联合平稳(平稳相依)的实随机过程，它们的互相关函数与其互谱密度为一傅里叶变换对。

3. 互谱密度的性质

性质 1 互谱密度非奇非偶，满足 $G_{XY}(\omega)=G_{YX}(-\omega)=G_{YX}^{*}(\omega)$。

证明

$$\begin{aligned}G_{XY}(\omega) &= \int_{-\infty}^{\infty} R_{XY}(\tau)\mathrm{e}^{-\mathrm{j}\omega\tau}\mathrm{d}\tau \\ &= \int_{-\infty}^{\infty} R_{YX}(-\tau)\mathrm{e}^{-\mathrm{j}\omega\tau}\mathrm{d}\tau\ (\text{令 } \tau=-\tau) \\ &= \int_{-\infty}^{\infty} R_{YX}(\tau)\mathrm{e}^{\mathrm{j}\omega\tau}\mathrm{d}\tau \\ &= G_{YX}^{*}(\omega) \\ &= \int_{-\infty}^{\infty} R_{YX}(\tau)\mathrm{e}^{-\mathrm{j}(-\omega)\tau}\mathrm{d}\tau \\ &= G_{YX}(-\omega)\end{aligned}$$

性质 2 $G_{XY}(\omega)$和 $G_{YX}(\omega)$的实部都是偶函数，即

$$\mathrm{Re}[G_{XY}(\omega)]=\mathrm{Re}[G_{XY}(-\omega)]$$

$$\mathrm{Re}[G_{YX}(\omega)]=\mathrm{Re}[G_{YX}(-\omega)]$$

证明

$$G_{XY}(\omega) = \int_{-\infty}^{\infty} R_{XY}(\tau)\mathrm{e}^{-\mathrm{j}\omega\tau}\mathrm{d}\tau = \int_{-\infty}^{\infty} R_{XY}(\tau)[\cos\omega\tau + \mathrm{j}\sin(-\omega\tau)]\mathrm{d}\tau$$

所以

$$\mathrm{Re}[G_{XY}(\omega)] = \int_{-\infty}^{\infty} R_{XY}(\tau)\cos\omega\tau\,\mathrm{d}\tau$$

显然，有

$$\mathrm{Re}[G_{XY}(\omega)] = \mathrm{Re}[G_{XY}(-\omega)]$$

同理可证：

$$\mathrm{Re}[G_{YX}(\omega)]=\mathrm{Re}[G_{YX}(-\omega)]$$

性质 3 $G_{XY}(\omega)$和 $G_{YX}(\omega)$的虚部都是奇函数，即

$$\mathrm{Im}[G_{XY}(\omega)]=-\mathrm{Im}[G_{XY}(-\omega)]$$

$$\mathrm{Im}[G_{YX}(\omega)]=-\mathrm{Im}[G_{YX}(-\omega)]$$

证明 类似性质 2 证明。

性质 4 若 $X(t)$与 $Y(t)$正交，则有

$$G_{YX}(\omega)=0,\ G_{XY}(\omega)=0$$

证明 若 $X(t)$与 $Y(t)$正交，则

$$R_{XY}(t_1,\ t_2)=R_{YX}(t_1,\ t_2)=0$$

所以

$$G_{XY}(\omega)=G_{YX}(\omega)=0$$

性质 5 若 $X(t)$和 $Y(t)$不相关，$X(t)$和 $Y(t)$分别具有常数均值 m_X 和 m_Y，则

$$G_{XY}(\omega)=G_{YX}(\omega)=2\pi m_X m_Y\delta(\omega)$$

证明 因为 $X(t)$和 $Y(t)$不相关，所以

$$E[X(t_1)Y(t_2)]=m_X m_Y$$

根据傅里叶变换对，有

$$1\overset{\mathscr{F}}{\longleftrightarrow}2\pi\delta(\omega)$$

再根据傅里叶变换的线性性质，可得

$$m_X m_Y\overset{\mathscr{F}}{\longleftrightarrow}2\pi m_X m_Y\delta(\omega)$$

因此，性质 5 得证。

【例 5.5.1】 设两个随机过程 $X(t)$和 $Y(t)$联合平稳，其互相关函数 $R_{XY}(\tau)$为

$$R_{XY}(\tau)=\begin{cases}5\mathrm{e}^{-4\tau}, & \tau\geqslant 0\\ 0, & \tau<0\end{cases}$$

求互谱密度 $G_{XY}(\omega)$和 $G_{YX}(\omega)$。

解 方法一：

$$G_{XY}(\omega)=\int_{-\infty}^{\infty}R_{XY}(\tau)\mathrm{e}^{-\mathrm{j}\omega\tau}\mathrm{d}\tau=\int_{-\infty}^{\infty}5\mathrm{e}^{-4\tau}\mathrm{e}^{-\mathrm{j}\omega\tau}\mathrm{d}\tau=5\int_{-\infty}^{\infty}\mathrm{e}^{-(4+\mathrm{j}\omega)\tau}\mathrm{d}\tau=\frac{5}{4+\mathrm{j}\omega}$$

$$G_{YX}(\omega)=G_{XY}^{*}(\omega)=\frac{5}{4-\mathrm{j}\omega}$$

方法二：根据常用傅里叶变换对，有

$$\mathrm{e}^{-a\tau}\mathrm{u}(\tau)\overset{\mathscr{F}}{\longleftrightarrow}\frac{1}{a+\mathrm{j}\omega}$$

再结合傅里叶变换的线性性质，可以得到

$$5\mathrm{e}^{-4\tau}\mathrm{u}(\tau)\overset{\mathscr{F}}{\longleftrightarrow}\frac{5}{4+\mathrm{j}\omega}$$

4. 两个随机过程之和的功率谱密度

对于两个实平稳随机过程 $X_1(t)$和 $X_2(t)$，若 $X(t)=a_1X_1(t)+a_2X_2(t)$，下面来讨论 $X(t)$的自相关函数和功率谱密度。

由于 $X_1(t)$和$X_2(t)$是平稳随机过程，于是，$X(t)$的自相关函数：

$$\begin{aligned}R_X(t,\ t+\tau)&=E[X(t)X(t+\tau)]\\&=E[a_1X_1(t)a_1X_1(t+\tau)+a_1a_2X_1(t)X_2(t+\tau)+\\&\quad a_1a_2X_1(t+\tau)X_2(t)+a_2X_2(t)a_2X_2(t+\tau)]\\&=a_1^2R_{X_1}(\tau)+a_1a_2R_{X_1X_2}(t,\ t+\tau)+a_1a_2R_{X_2X_1}(t,\ t+\tau)+a_2^2R_{X_2}(\tau)\end{aligned}$$

(1) 如果 $X_1(t)$和 $X_2(t)$是联合平稳的，那么，$X(t)$的自相关函数为

$$R_X(\tau)=E[X(t)X(t+\tau)]=a_1^2R_{X_1}(\tau)+a_1a_2R_{X_1X_2}(\tau)+a_1a_2R_{X_2X_1}(\tau)+a_2^2R_{X_2}(\tau)$$

此时 $X(t)$是平稳的，对应可以求得 $X(t)$的功率谱密度：

$$G_X(\omega)=a_1^2G_{X_1}(\omega)+a_1a_2G_{X_1X_2}(\omega)+a_1a_2G_{X_2X_1}(\omega)+a_2^2G_{X_2}(\omega)$$

(2) 如果 $X_1(t)$和 $X_2(t)$是相互独立(或不相关)的平稳随机过程，则

$$R_X(t,\ t+\tau)=a_1^2R_{X_1}(\tau)+a_2^2R_{X_2}(\tau)+2a_1a_2m_{X_1}m_{X_2}$$

对应的功率谱密度为

$$G_X(\omega)=a_1^2G_{X_1}(\omega)+a_2^2G_{X_2}(\omega)+2m_{X_1}m_{X_2}a_1a_2\delta(\omega)$$

特别地，如果随机过程零均值，则

$$G_X(\omega)=a_1^2G_{X_1}(\omega)+a_2^2G_{X_2}(\omega)$$

5. 相干函数

类似于在时域引入互相关系数，可以在频域上定义一个随机过程 $X(t)$ 和 $Y(t)$ 的相干函数，即

$$\eta_{XY}^2(\omega)=\frac{|G_{XY}(\omega)|^2}{G_X(\omega)G_Y(\omega)} \tag{5.5.8}$$

相干函数在未知系统辨识应用中用来分析测量数据的质量，考查未知系统的线性性质，以及了解系统内部噪声的情况。

6. 复平稳随机过程的功率谱密度

若复随机过程 $Z(t)$ 是平稳的，则类似于实随机过程的功率谱密度的定义，将复随机过程的功率谱密度定义为

$$G_Z(\omega)=\int_{-\infty}^{\infty}R_Z(\tau)\mathrm{e}^{-\mathrm{j}\omega\tau}\mathrm{d}\tau \tag{5.5.9}$$

由傅里叶反变换可得

$$R_Z(\tau)=\frac{1}{2\pi}\int_{-\infty}^{\infty}G_Z(\omega)\mathrm{e}^{\mathrm{j}\omega\tau}\mathrm{d}\omega \tag{5.5.10}$$

若复随机过程 $Z_i(t)$ 和 $Z_k(t)$ 联合平稳，则它们的互功率谱密度为

$$G_{Z_iZ_k}(\omega)=\int_{-\infty}^{\infty}R_{Z_iZ_k}(\tau)\mathrm{e}^{-\mathrm{j}\omega\tau}\mathrm{d}\tau \tag{5.5.11}$$

由傅里叶反变换，可得

$$R_{Z_iZ_k}(\tau)=\frac{1}{2\pi}\int_{-\infty}^{\infty}G_{Z_iZ_k}(\omega)\mathrm{e}^{\mathrm{j}\omega\tau}\mathrm{d}\omega \tag{5.5.12}$$

5.6 白 噪 声

1. 理想白噪声

白噪声(white noise)是一种功率谱密度为常数的随机信号。换句话说，此信号在各个频段上的功率谱密度是一样的，由于白光是由各种频率(颜色)的单色光混合而成，因而此信号的这种具有平坦功率谱的性质被称作是白色的，也因此被称作白噪声。相对地，其他不具有这一性质的噪声信号被称为有色噪声。

理想的白噪声具有无限带宽，因而其能量是无限大，但这在现实世界是不可能存在的。

定义 5.6.1　若 $N(t)$ 为一个具有零均值的平稳随机过程，其功率谱密度均匀分布在 $(-\infty, +\infty)$ 的整个频率区间，即

$$G_N(\omega)=\frac{1}{2}N_0$$

其中，N_0 为一正实常数，则称 $N(t)$为白噪声过程或简称为白噪声。白噪声的功率谱密度和物理谱如图 5.6.1 所示。

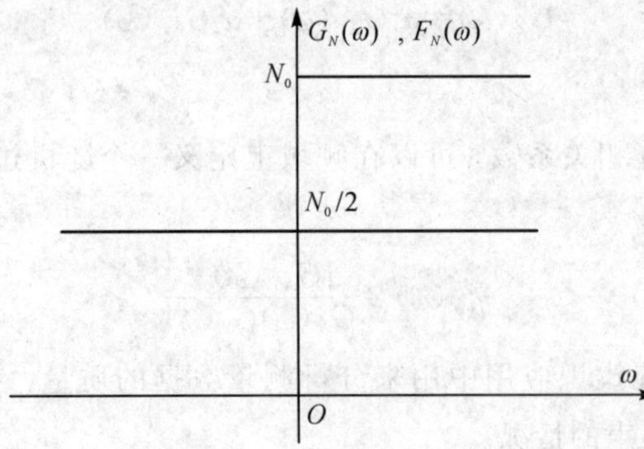

图 5.6.1　白噪声的功率谱密度和物理谱

根据常用傅里叶变换对 $\delta(\tau)\xleftrightarrow{\mathscr{F}}1$，可以得到 $G_N(\omega)=\dfrac{1}{2}N_0$ 的傅里叶反变换为$\dfrac{1}{2}N_0\delta(\tau)$。

因此，可知白噪声的自相关函数为

$$R_N(\tau)=\frac{1}{2}N_0\delta(\tau)$$

见图 5.6.2，其自相关系数为

$$\rho_N(\tau)=\frac{C_N(\tau)}{C_N(0)}=\frac{R_N(\tau)-R_N(\infty)}{R_N(0)-R_N(\infty)}=\delta(\tau)=\begin{cases}1, & \tau=0\\0, & \tau\neq0\end{cases}$$

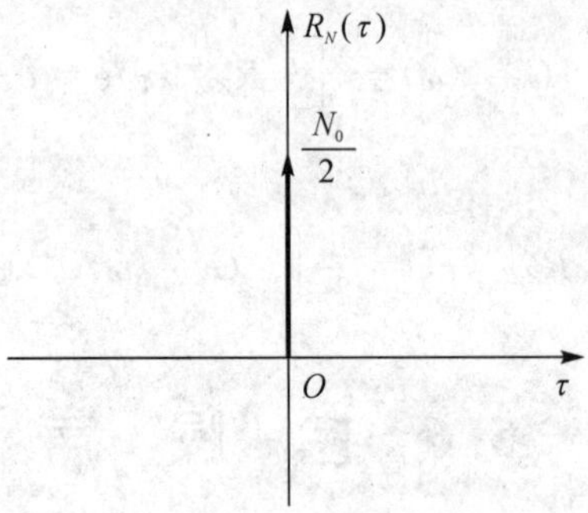

图 5.6.2　白噪声的自相关函数

均方值为

$$E[X^2(t)]=R_N(0)=\frac{N_0}{2}\delta(0)=\infty$$

从以上结论可以发现：一方面，白噪声的均方值为无限大，而物理上存在的随机过程，其均方值总是有限的；另一方面，白噪声的任意两个不同时刻是不相关的，而实际中，非常邻近的两个时刻的随机变量之间总会有一点关联性。因而，白噪声只是一种理想化的模型，是不存在的。尽管如此，白噪声在数学处理上具有简单、方便等优点，因而，在实际应用中仍然具有非常重要的地位。事实上，如果随机过程在比有用频带宽得多的范围内具有均匀的功率谱密度，我们就可以认为这是一个白噪声。这虽然会引入一点误差，但误差范围是可以接受的。

在通信系统中，白噪声是随机起伏噪声的统称。它的幅度遵从高斯(正态)分布，而功率谱类似于白色光谱，均匀分布于整个频率轴，故称为白噪声。白噪声主要包含三类：无源器件(如电阻、馈线等类导体中电子布朗运动引起的热噪声)、有源器件(如真空电子管和半导体器件中由于电子发射的不均匀性引起的散粒噪声)以及宇宙天体辐射波对接收机形成的宇宙噪声。其中前两类是主要的。

在通信中的各类噪声，有些可以消除，有些可以避免，还有些可以减小，唯独以内部噪声为主的白噪声，无论在时域还是频域，总是普遍存在和不可避免的，因而成为通信中各类噪声的重点研究对象。

2. 低通型限带白噪声

定义 5.6.2　若零均值平稳随机过程的功率谱密度满足：

$$G_X(\omega)=\begin{cases}G_0, & |\omega|\leqslant W\\ 0, & |\omega|>W\end{cases}$$

则称此过程为低通型限带白噪声。将白噪声通过一个理想低通滤波器，便可产生出低通型限带白噪声。根据第 4 章例 4.3.5 中信号的时频域对应关系可以得到低通型限带白噪声的自相关函数就是抽样函数，表示为

$$R_X(\tau)=\frac{1}{2\pi}\int_{-\infty}^{\infty}G_X(\omega)\mathrm{e}^{\mathrm{j}\omega\tau}\mathrm{d}\omega=\frac{1}{2\pi}\int_{-W}^{W}G_0\mathrm{e}^{\mathrm{j}\omega\tau}\mathrm{d}\omega=\frac{WG_0}{\pi}\frac{\sin W\tau}{W\tau}$$

图 5.6.3 给出了低通型限带白噪声的 $G_X(\omega)$ 和 $R_X(\tau)$ 的图形。注意，当 τ 取 π/W 的整数倍时，$R_X(\tau)=0$。这表明，在随机过程 $X(t)$ 上，时间间隔为 π/W 的整数倍的那些随机变量，彼此是不相关的(均值为 0，相关函数值为 0)。

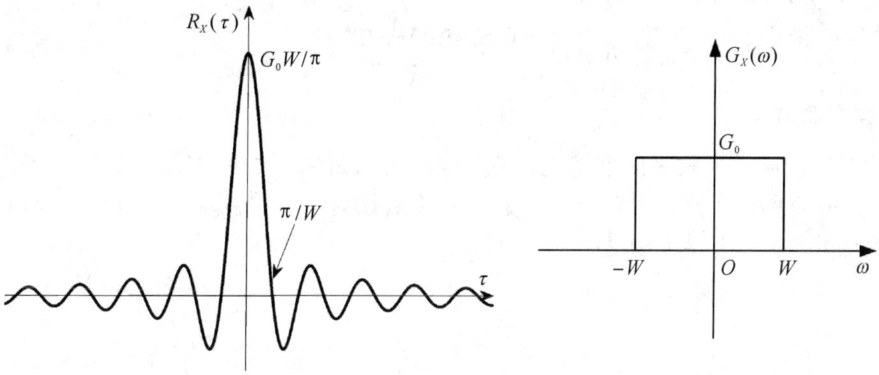

图 5.6.3　低通型限带白噪声的自相关函数和功率谱密度

3. 带通型限带白噪声

带通型限带白噪声的功率谱密度和自相关函数如图 5.6.4 所示。带通型限带白噪声的功率谱密度为

$$G_X(\omega)=\begin{cases}S_0, & \omega_0-\dfrac{W}{2}<|\omega|<\omega_0+\dfrac{W}{2}\\ 0, & 其他\end{cases}$$

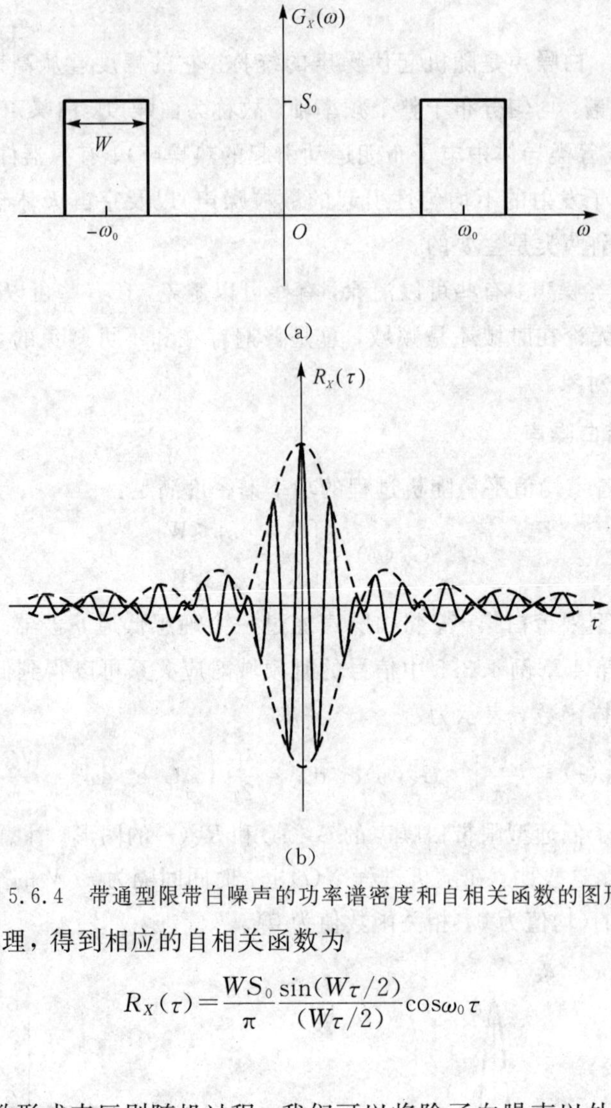

图 5.6.4　带通型限带白噪声的功率谱密度和自相关函数的图形

由维纳-辛钦定理，得到相应的自相关函数为

$$R_X(\tau)=\frac{WS_0}{\pi}\frac{\sin(W\tau/2)}{(W\tau/2)}\cos\omega_0\tau$$

4. 有色噪声

按功率谱度函数形式来区别随机过程，我们可以将除了白噪声以外的所有噪声都称为有色噪声，或简称色噪声。下面给出一个自相关函数为 $R_N(\tau)=\beta e^{-2|\tau|}$ 的有色噪声的例子，其自相关函数和功率谱密度如图 5.6.5 所示。

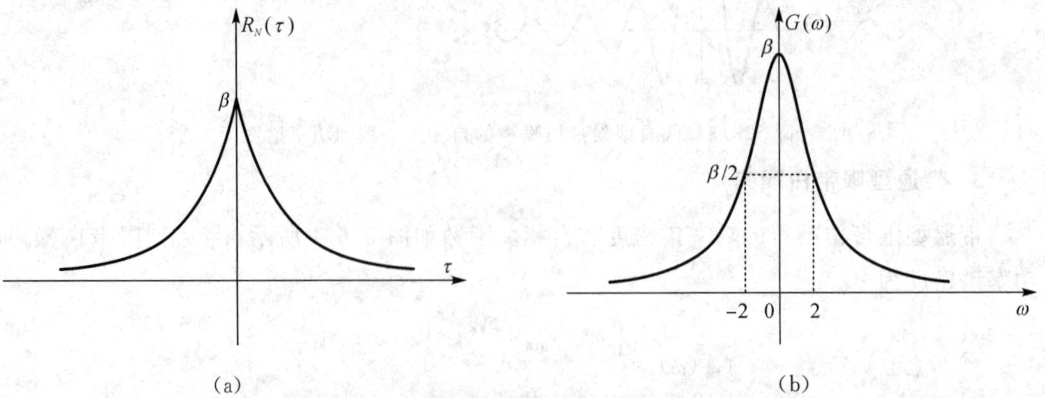

图 5.6.5　有色噪声的自相关函数和功率谱

习　题

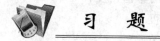

5.1　以下函数是否为功率谱密度的正确表达式？为什么？

(1) $\dfrac{2\omega^2+4}{\omega^4+4\omega^2+3}$；

(2) $\exp[-(\omega-2)^2]$；

(3) $\dfrac{\omega^2}{\omega^4+1}-\delta(\omega)$；

(4) $\dfrac{\omega^4}{\omega^6+\mathrm{j}\omega^2+1}$

5.2　对 5.1 题中的正确功率谱密度表达式计算出自相关函数和平均功率。

5.3　求随相正弦信号 $X(t)=\cos(\omega_0 t+\phi)$ 的功率谱密度，式中 ω_0 为常数，ϕ 为 $(0, 2\pi)$ 上均匀分布的随机变量。

5.4　求 $Y(t)=X(t)\cos(\omega_0 t+\phi)$ 的自相关函数及功率谱密度，式中，$X(t)$ 为平稳随机过程，ϕ 为 $(0, 2\pi)$ 上均匀分布的随机变量，ω_0 为常数，$X(t)$ 与 ϕ 互相独立。

5.5　已知平稳过程的功率谱密度为

$$G_X(\omega)=\frac{3\omega^2+4}{\omega^4+3\omega^2+2}$$

求平稳过程 $X(t)$ 的自相关函数和均方值。

5.6　已知平稳过程 $X(t)$ 的自相关函数为 $R_X(\tau)=\mathrm{e}^{-a|\tau|}$，求：

(1) $X(t)$ 的功率谱密度 $G_X(\omega)$，并作图；

(2) 相关系数 $\rho_X(\tau)$ 和相关时间。

5.7　已知平稳过程 $X(t)$ 的自相关函数为 $R_X(\tau)=\mathrm{e}^{-a|\tau|}\cos\omega_0\tau$，求：

(1) $X(t)$ 的功率谱密度 $G_X(\omega)$，并作图；

(2) 相关系数 $\rho_X(\tau)$ 和相关时间。

5.8　已知平稳随机过程 $X(t)$ 和 $Y(t)$ 的互谱密度为

$$G_{XY}(\omega)=\frac{\omega_0}{a+\mathrm{j}b\omega}$$

其中，a、b、ω_0 为正实数，求互相关函数 $R_{XY}(\tau)$。

5.9　设 $X(t)$ 为平稳过程，功率谱密度为 $G_X(\omega)$，$Y(t)=a+bX(t)$，式中，a 和 b 为实常数，求 $Y(t)$ 的功率谱密度，以及 $X(t)$ 和 $Y(t)$ 的互谱密度。

5.10　统计独立、零均值平稳随机过程 $X(t)$ 和 $Y(t)$ 功率谱密度为

$$G_X(\omega)=\frac{\omega^2}{\omega^4+3\omega^2+2}$$

$$G_Y(\omega)=\frac{\omega^2+3}{\omega^4+3\omega^2+2}$$

(1) 证明：$X(t)$ 和 $Y(t)$ 联合平稳；

(2) 求 $X(t)$ 和 $Y(t)$ 的平均功率；

(3) 求 $Z(t)=X(t)+Y(t)$ 的功率谱密度；

(4) 求 $V(t)=X(t)-Y(t)$的功率谱密度；

(5) 求 $X(t)$和 $V(t)$的互谱密度；

(6) 求 $Z(t)$和 $V(t)$的互相关函数。

5.11 随机过程 $X(t)$和 $Y(t)$平稳，且相互独立，它们的自相关函数分别为 $R_X(\tau)=2e^{-2|\tau|}\cos(\omega_0\tau)$，$R_Y(\tau)=9+e^{-3|\tau|}$，其中 ω_0 为常数，令 $Z(t)=X(t)Y(t)$。

(1) 求 $Z(t)$的均值与方差；

(2) 求 $Z(t)$的自相关函数；

(3) 求 $Z(t)$与 $X(t)$的互相关函数。

5.12 已知平稳过程 $X(t)$的自相关函数为 $R_X(\tau)=2e^{-|\tau|}\cos\pi\tau+1$，求 $X(t)$的平均功率和功率谱密度 $G_X(\omega)$。

5.13 若系统的输入过程 $X(t)$为平稳过程，均值函数是 μ_X，自相关函数为 $R_X(\tau)$，系统的输出为 $Y(t)=X(t)+X(t-\lambda)$，求：

(1) $Y(t)$的数学期望；

(2) $Y(t)$的功率谱密度；

(3) $X(t)$与 $Y(t)$的互相关函数。

5.14 $X(t)$和 $Y(t)$是宽联合平稳过程，随机过程 $W(t)=AX(t)-BY(t)$中，A 和 B 为实常数。

(1) 求 $W(t)$的功率谱密度 $G_W(\omega)$；

(2) 如果 $X(t)$和 $Y(t)$不相关，求 $G_W(\omega)$；

(3) 求互谱密度 $G_{XW}(\omega)$和 $G_{YW}(\omega)$。

5.15 若随机过程 $X(t)=A\cos t+B\sin t$，$Y(t)=B\cos t-A\sin t$，其中，A 和 B 为独立的零均值随机变量，方差都为 1。证明：$X(t)$和 $Y(t)$各自平稳且联合平稳。

5.16 设复随机过程是宽平稳的，求证：

(1) 自相关函数 $R_X^*(-\tau)=R_X(\tau)$；

(2) 复过程的功率谱密度是实函数。

5.17 设平稳过程是实过程，求证过程的自相关函数与功率谱密度都是偶函数。

5.18 设两个复随机过程 $X(t)$和 $Y(t)$单独平稳且联合平稳，求证：

$$R_{XY}(\tau)=R_{YX}^*(-\tau),\ G_{XY}^*(\omega)=G_{YX}(\omega)$$

5.19 平稳随机过程 $X(t)$受到加性单频干扰，得到 $Y(t)=X(t)+\cos(\omega_0 t+\phi)$，其中 ϕ 为$(0, 2\pi)$上均匀分布的随机变量，ω_0 为常数，$X(t)$与 ϕ 互相独立，求：

(1) $Y(t)$的自相关函数及功率谱密度；

(2) $X(t)$与 $Y(t)$的互相关函数及互率谱密度。

5.20 随机过程 $X(t)=t^3+U\sin t+V\cos t$，式中 U、V 为相互独立的随机变量，它们分别以$\frac{3}{4}$和$\frac{1}{4}$的概率，取值分别为-1 和 3，令 $Z(t)=X(t)-E[X(t)]$。

(1) 判断 $X(t)$是否为宽平稳随机过程；

(2) 证明 $Z(t)$为宽平稳随机过程，并求其功率谱密度。

第 6 章　随机信号通过线性时不变系统

在实际应用中，随机信号通常会通过各种电子系统。通常把电子系统分为线性系统和非线性系统。例如，线性放大器、线性滤波器、无源线性网络属于线性系统；限幅器、平方律检波器、调制器属于非线性系统。

第 4 章在讨论确定信号通过线性时不变系统的输出时，把输入信号分解成一些基本信号的线性组合，根据该系统对这些基本信号的响应，再利用线性时不变系统的可加性、齐次性和时不变性，求得系统对输入信号的响应。本章首先根据这个思路来推导随机信号通过线性时不变系统的输出；然后，讨论随机信号通过线性时不变系统后输出信号的统计特性、输入信号与输出信号的关联性等问题；最后，讨论白噪声以及白噪声通过线性时不变系统的特性分析。

6.1　确定信号通过 LTI 系统

由于 LTI 系统满足齐次性和可加性，并且具有时不变性的特点，因而为建立信号与系统分析的理论与方法奠定了基础。下面来回顾一下 LTI 系统的分析方法。

根据 LTI 系统分析的基本思想，如果能把任意输入信号分解成基本信号的线性组合，那么只要得到了 LTI 系统对基本信号的响应，就可以利用系统的线性特性，将系统对任意输入信号产生的响应表示成系统对基本信号的响应的线性组合。这种信号分解可以在时域进行，也可以在频域进行，相应地就产生了对 LTI 系统的时域分析法和频域分析法。

6.1.1　LTI 系统的时域分析(零状态响应)

由于任何连续时间信号 $x(t)$都可以被分解成移位加权的单位冲激信号的线性组合，即

$$x(t)=\int_{-\infty}^{\infty}x(\tau)\delta(t-\tau)\mathrm{d}\tau \tag{6.1.1}$$

那么，如果一个线性系统对 $\delta(t-\tau)$的响应是 $h_\tau(t)$，则由线性特性就有系统对任何输入 $x(t)$的响应为

$$y(t)=\int_{-\infty}^{\infty}x(\tau)h_\tau(t)\mathrm{d}\tau \tag{6.1.2}$$

由于系统具有时不变性，因此若系统对 $\delta(t)$的输出响应为 $h(t)$(记为 $\delta(t)\rightarrow h(t)$)，则系统对 $\delta(t-\tau)$的输出响应为 $h(t-\tau)$，即 $\delta(t-\tau)\rightarrow h(t-\tau)$。

因此，只要得到了 LTI 系统对单位冲激函数 $\delta(t)$的响应 $h(t)$，就可以得到任意连续时间信号 $x(t)$的输出响应 $y(t)$：

$$y(t)=\int_{-\infty}^{\infty}x(t-\tau)h(\tau)\mathrm{d}\tau=\int_{-\infty}^{\infty}x(\tau)h(t-\tau)\mathrm{d}\tau=x(t)*h(t) \tag{6.1.3}$$

也就是说，一个连续 LTI 系统可以完全由它的单位冲激响应来表征。连续 LTI 系统的零状态响应就是输入信号与系统单位冲激响应的卷积积分。

同理，对于离散系统来说，由于任何离散时间信号 $x[n]$都可以被分解成移位加权的单位脉冲信号的线性组合，即

$$x[n]=\sum_{k=-\infty}^{\infty}x[k]\delta[n-k] \tag{6.1.4}$$

那么，如果一个线性系统对 $\delta[n-k]$的响应是 $h_k[n]$，则由线性特性就有系统对任何输入 $x[n]$的响应为

$$y[n]=\sum_{k=-\infty}^{\infty}x[k]h_k[n] \tag{6.1.5}$$

由于系统具有时不变性，因此若 $\delta[n]\to h[n]$，则 $\delta[n-k]\to h[n-k]$。

因此，只要得到了 LTI 系统对单位脉冲函数 $\delta[n]$的响应 $h[n]$，就可以得到任意连续时间信号 $x[n]$的输出响应 $y[n]$：

$$y[n]=\sum_{k=-\infty}^{\infty}x[k]h[n-k]=x[n]*h[n] \tag{6.1.6}$$

可见，一个离散 LTI 系统可以完全由它的单位脉冲响应来表征。离散 LTI 系统的零状态响应就是输入信号与系统单位脉冲响应的卷积和。线性时不变系统的零状态响应如图 6.1.1所示。

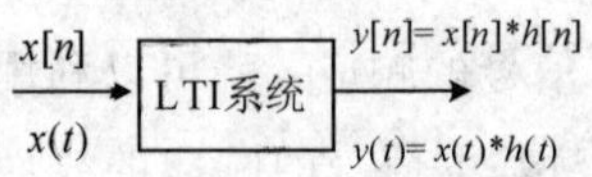

图 6.1.1 线性时不变系统的零状态响应

6.1.2 LTI 系统的频域分析

如果连续时间信号 $x(t)$和 $h(t)$满足傅里叶变换的收敛条件(能量有限或满足狄里赫利条件)，那么 $x(t)$和 $h(t)$的傅里叶变换存在，即

$$X(\mathrm{j}\omega)=\int_{-\infty}^{\infty}x(t)\mathrm{e}^{-\mathrm{j}\omega t}\mathrm{d}t \tag{6.1.7}$$

$$H(\mathrm{j}\omega)=\int_{-\infty}^{\infty}h(t)\mathrm{e}^{-\mathrm{j}\omega t}\mathrm{d}t \tag{6.1.8}$$

称 $H(\mathrm{j}\omega)$为连续 LTI 系统的频率响应。设 $Y(\mathrm{j}\omega)$是输出 $y(t)$的傅里叶变换，则有

$$Y(\mathrm{j}\omega)=H(\mathrm{j}\omega)X(\mathrm{j}\omega) \tag{6.1.9}$$

如果离散时间信号 $x[n]$和 $h[n]$的傅里叶变换分别为

$$X(\mathrm{e}^{\mathrm{j}\omega})=\sum_{n=-\infty}^{\infty}x(n)\mathrm{e}^{-\mathrm{j}n\omega} \tag{6.1.10}$$

和

$$H(e^{j\omega}) = \sum_{n=-\infty}^{\infty} h(n)e^{-jn\omega} \tag{6.1.11}$$

称 $H(e^{j\omega})$为离散 LTI 系统的频率响应。设 $Y(e^{j\omega})$是输出 $y[n]$的傅里叶变换，则有

$$Y(e^{j\omega}) = X(e^{j\omega})H(e^{j\omega}) \tag{6.1.12}$$

6.1.3　LTI 系统的因果性和常见的因果 LTI 系统

一个因果系统的输出只取决于现在和过去的输入。对于连续时间 LTI 系统来说，因果性系统应满足如下条件：如果 $t<0$，有 $h(t)=0$。

根据式(6.1.12)，一个因果 LTI 系统的单位冲激响应在冲激出现之前必须为零。可以物理实现的系统都具有因果性，所以因果系统又称为物理可实现系统。反之，非因果系统又称为物理不可实现系统。工程上，为了使系统在物理上可实现，要求系统具有因果性。

对于一个离散时间 LTI 系统来说，因果性系统应满足如下条件：如果 $n<0$，有 $h[n]=0$。也就是说，如果一个因果系统的输入在某个时刻以前是零，那么其输出在那个时刻以前也必须是零。

【例 6.1.1】 如图 6.1.2 所示的低通 RC 电路，其输入和输出关系由如下微分方程表征：

$$RC\frac{dy(t)}{dt} + y(t) = x(t)$$

求该系统的频率响应和单位冲激函数。

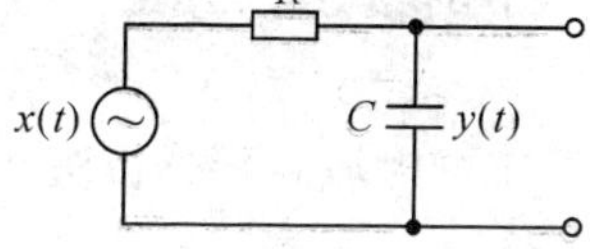

图 6.1.2　低通 RC 电路

解　对微分方程两边做傅里叶变换，可以得到

$$(j\omega RC+1)Y(j\omega) = X(j\omega) \tag{6.1.13}$$

再根据 LTI 系统的输入和输出关系式(6.1.9)，可以得到频率响应为

$$H(j\omega) = \frac{1}{j\omega RC+1} \tag{6.1.14}$$

对式(6.1.14)两边作傅里叶反变换，可以求出单位冲激响应为

$$h(t) = \frac{1}{RC}e^{-\frac{t}{RC}}u(t)$$

下面给出一些常用的线性电路的频率响应与单位冲激响应的对应关系，具体如表 6.1.1 所示。

表 6.1.1　常用线性电路

系　　统	线性电路的频率响应	单位冲激响应
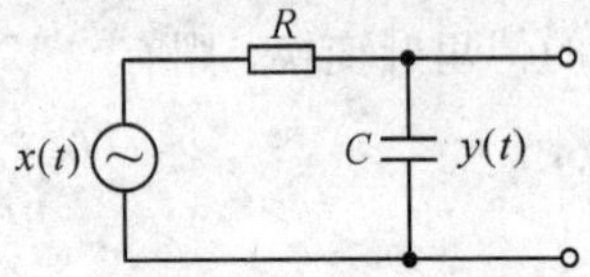	$H(\mathrm{j}\omega)=\dfrac{1}{1+\mathrm{j}\omega RC}$	$h(t)=\dfrac{1}{RC}\mathrm{e}^{-\frac{t}{RC}}\mathrm{u}(t)$
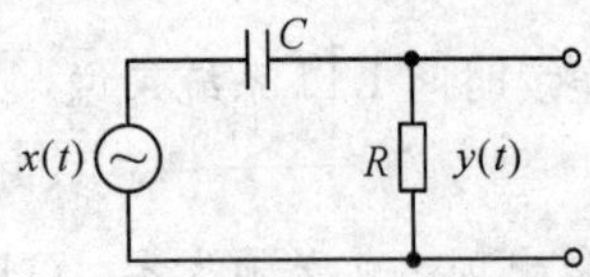	$H(\mathrm{j}\omega)=\dfrac{\mathrm{j}\omega RC}{1+\mathrm{j}\omega RC}$	$h(t)=\delta(t)-\dfrac{1}{RC}\mathrm{e}^{-\frac{t}{RC}}\mathrm{u}(t)$
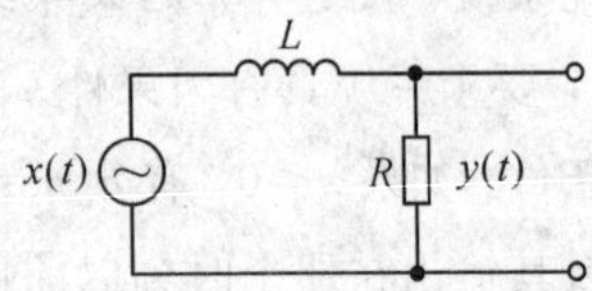	$H(\mathrm{j}\omega)=\dfrac{R}{R+\mathrm{j}\omega L}$	$h(t)=\dfrac{R}{L}\mathrm{e}^{-\frac{R}{L}t}\mathrm{u}(t)$
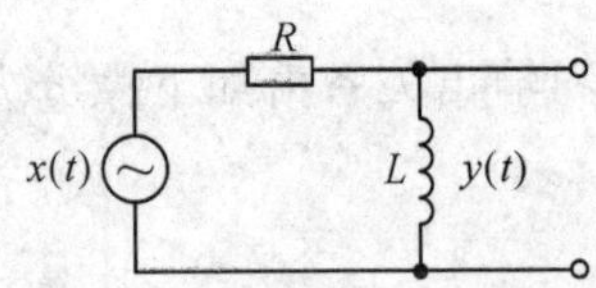	$H(\mathrm{j}\omega)=\dfrac{\mathrm{j}\omega L}{R+\mathrm{j}\omega L}$	$h(t)=\delta(t)-\dfrac{R}{L}\mathrm{e}^{-\frac{R}{L}t}\mathrm{u}(t)$

6.2　随机信号通过 LTI 系统

本节研究随机信号通过 LTI 系统的时域卷积分析法和频域分析法。这里假设 LTI 系统是因果且稳定的。

6.2.1　随机信号通过 LTI 系统的时域分析法

6.1 节介绍了确定信号通过 LTI 系统的时域分析法，可以通过卷积得到系统输出的确定表达式。本节主要研究输入信号为随机过程时 LTI 系统的输出信号及其统计特性。

1. 系统的输出(零状态响应，因果稳定系统)

由于任何连续时间信号 $x(t)$都可以被分解成移位加权的单位冲激信号的线性组合，即

$$x(t)=\int_{-\infty}^{\infty}x(\tau)\delta(t-\tau)\mathrm{d}\tau$$

因此，随机信号 $X(t)$的一个样本函数 $x(t,\ \xi)$也可以分解成移位加权的单位冲激信号的线性组合，即

$$x(t,\ \xi)=\int_{-\infty}^{\infty}x(\tau,\ \xi)\delta(t-\tau)\mathrm{d}\tau \tag{6.2.1}$$

根据 LTI 系统的时不变性，如果输入 $\delta(t)$ 后得到的输出为 $h(t)$，即 $\delta(t)\rightarrow h(t)$，那么

$$\delta(t-\tau)\rightarrow h(t-\tau)$$

对于任意 τ，$x(\tau, \xi)$ 是一个常数。因此，再根据 LTI 系统的齐次性，可以得到这样的输入/输出关系：

$$x(\tau, \xi)\delta(t-\tau)\rightarrow x(\tau, \xi)h(t-\tau)$$

对上式的输入/输出端进行积分，利用 LTI 系统的线性性质，可以得到

$$x(t, \xi)=\int_{-\infty}^{\infty} x(\tau, \xi)\delta(t-\tau)\mathrm{d}\tau \rightarrow y(t)=\int_{-\infty}^{\infty} x(\tau, \xi)h(t-\tau)\mathrm{d}\tau = x(t, \xi) * h(t) \tag{6.2.2}$$

这对于随机信号 $X(t)$ 的任意一个样本函数均成立。那么对于所有的试验结果，系统输出为一族样本函数，这族样本函数构成随机过程，因此，随机过程 $X(t)$ 输入 LTI 系统得到的输出为随机过程本身与 LTI 系统的单位冲激响应的卷积积分：

$$Y(t)=\int_{-\infty}^{\infty} h(\tau)X(t-\tau)\mathrm{d}\tau = h(t) * X(t) \tag{6.2.3}$$

可见，输出 $Y(t)$ 也是一个随机信号，由于随机过程 $X(t)$ 本身无法用确定的函数表达式来表示，因此，输出信号也没有确定的函数表达式。

下面将讨论输出信号 $Y(t)$ 的统计特性，以及输出信号 $Y(t)$ 与输入信号 $X(t)$ 的关联性。

2. 输出的均值

对式(6.2.3)两边关于随机过程求数学期望，再交换数学期望与积分顺序，可以得到

$$\begin{aligned} m_Y(t) &= E[Y(t)] = E\left[\int_{-\infty}^{\infty} h(\tau)X(t-\tau)\mathrm{d}\tau\right] \\ &= \int_{-\infty}^{\infty} h(\tau)E[X(t-\tau)]\mathrm{d}\tau \\ &= \int_{-\infty}^{\infty} h(\tau)m_X(t-\tau)\mathrm{d}\tau \\ &= m_X(t) * h(t) \end{aligned} \tag{6.2.4}$$

式(6.2.4)表明，$m_Y(t)$ 就是以 $m_X(t)$ 为输入信号、$h(t)$ 为 LTI 系统单位冲激响应的零状态响应。

若 $X(t)$ 平稳，则 $X(t)$ 的均值是与时间无关的常数，于是

$$m_Y = m_X\int_{-\infty}^{\infty} h(\tau)\mathrm{d}\tau \tag{6.2.5}$$

显然，如果输入信号的均值是与时间无关的常数，那么输出信号的均值也是与时间无关的常数。

3. 系统输入与输出之间的互相关函数

由于系统的输出是系统输入的作用结果，因此，系统的输入与输出之间是相关的，系统输入/输出的相关函数为

$$\begin{cases} R_{XY}(t_1, t_2)=R_X(t_1, t_2)*h(t_2) \\ R_{YX}(t_1, t_2)=R_X(t_1, t_2)*h(t_1) \end{cases} \tag{6.2.6}$$

特别地，如果输入信号平稳，则

$$\begin{cases} R_{XY}(\tau) = \int_{-\infty}^{\infty} h(u)R_X(\tau-u)\mathrm{d}u = R_X(\tau)*h(\tau) \\ R_{YX}(\tau) = R_X(\tau)*h(-\tau) \end{cases} \tag{6.2.7}$$

证明 系统输入/输出信号的互相关函数为

$$\begin{aligned} R_{XY}(t_1, t_2) &= E[X(t_1)Y(t_2)] = E\left[X(t_1)\int_{-\infty}^{\infty} h(u)X(t_2-u)\mathrm{d}u\right] \\ &= \int_{-\infty}^{\infty} h(u)E[X(t_1)X(t_2-u)]\mathrm{d}u \\ &= \int_{-\infty}^{\infty} h(u)R_X(t_1, t_2-u)\mathrm{d}u \\ &= R_X(t_1, t_2)*h(t_2) \end{aligned}$$

同理，$R_{YX}(t_1, t_2)=R_X(t_1, t_2)*h(t_1)$。

若输入为平稳随机过程，则

$$R_{XY}(\tau) = \int_{-\infty}^{\infty} h(u)R_X(\tau-u)\mathrm{d}u = R_X(\tau)*h(\tau)$$

根据互相关函数的性质 $R_{YX}(\tau)=R_{XY}(-\tau)$ 以及自相关函数的偶函数性质，可以得到

$$R_{YX}(\tau)=R_{XY}(-\tau)=R_X(-\tau)*h(-\tau)=R_X(\tau)*h(-\tau)$$

式(6.2.7)表明，以 $R_X(\tau)$ 为输入、$h(\tau)$ 为单位冲激响应的 LTI 系统的输出就是 $R_{XY}(\tau)$，以 $h(-\tau)$ 为单位冲激响应的 LTI 系统的输出就是 $R_{YX}(\tau)$。

4. 输出随机过程的自相关函数

下面来讨论输出随机过程的自相关函数。

已知系统输入随机信号的自相关函数，可以求出系统输出端的自相关函数为

$$R_Y(t_1, t_2)=E[Y(t_1)Y(t_2)]=h(t_1)*h(t_2)*R_X(t_1, t_2) \tag{6.2.8}$$

如果输入信号平稳，则

$$R_Y(\tau)=R_X(\tau)*h(\tau)*h(-\tau) \tag{6.2.9}$$

证明 系统输出端的自相关函数

$$\begin{aligned} R_Y(t_1, t_2) &= E[Y(t_1)Y(t_2)] \\ &= E\left[\int_{-\infty}^{\infty} h(u)X(t_1-u)\mathrm{d}u\int_{-\infty}^{\infty} h(v)X(t_2-v)\mathrm{d}v\right] \\ &= \int_{-\infty}^{\infty}\int_{-\infty}^{\infty} h(u)h(v)E[X(t_1-u)X(t_2-v)]\mathrm{d}u\mathrm{d}v \\ &= \int_{-\infty}^{\infty}\int_{-\infty}^{\infty} h(u)h(v)R_X(t_1-u, t_2-v)\mathrm{d}u\mathrm{d}v \end{aligned} \tag{6.2.10}$$

因此

$$R_Y(t_1, t_2)=E[Y(t_1)Y(t_2)]=h(t_1)*h(t_2)*R_X(t_1, t_2)$$

如果输入信号平稳，根据式(6.2.10)，有

$$\begin{aligned}R_Y(\tau) &= \int_{-\infty}^{\infty}\int_{-\infty}^{\infty} h(u)h(v)R_X(\tau+u-v)\mathrm{d}u\mathrm{d}v \\ &= \int_{-\infty}^{\infty} h(u)\int_{-\infty}^{\infty} h(v)R_X(\tau+u-v)\mathrm{d}v\mathrm{d}u \\ &= \int_{-\infty}^{\infty} h(u)[h(\tau+u) * R_X(\tau+u)]\mathrm{d}u \\ &= R_X(\tau) * h(\tau) * h(-\tau)\end{aligned} \tag{6.2.11}$$

式(6.2.11)的最后一步成立，是因为由 $g(\tau) * h(\tau) = \int_{-\infty}^{\infty} g(\tau-u)h(u)\mathrm{d}u$ 可得

$$g(\tau) * h(-\tau) = \int_{-\infty}^{\infty} g(\tau-u)h(-u)\mathrm{d}u \tag{6.2.12}$$

令 $u'=-u$，式(6.2.12)可以进一步化为

$$g(\tau) * h(-\tau) = \int_{-\infty}^{\infty} g(\tau+u')h(u')\mathrm{d}u' = \int_{-\infty}^{\infty} g(\tau+u)h(u)\mathrm{d}u$$

综上，有

$$R_Y(\tau)=R_X(\tau) * h(\tau) * h(-\tau)=R_{XY}(\tau) * h(-\tau)=R_{YX}(\tau) * h(\tau)$$

式(6.2.9)表明，将信号 $R_X(\tau)$作为输入、通过两个单位冲激响应为 $h(\tau)$和 $h(-\tau)$的串联 LTI 系统后，其输出就是 $R_Y(\tau)$。

根据前面对 LTI 系统输出的自相关函数、输入/输出互相关函数的分析，如果输入信号平稳，则这些相关函数之间的关系可以用图 6.2.1 来表示。

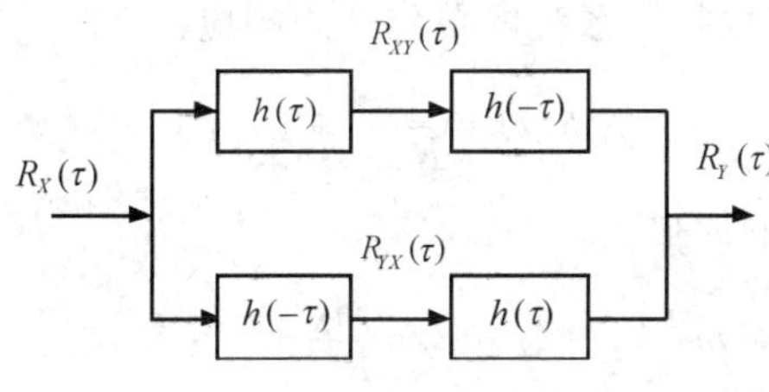

图 6.2.1　平稳随机过程通过 LTI 系统后各种相关函数的关系

平稳随机过程通过 LTI 系统的各种相关函数在实际问题中有着重要的应用。下面的例子给出了如何通过测量白噪声与 LTI 系统输出的互相关函数来估计 LTI 系统的单位冲激响应。

【例 6.2.1】　设某 LTI 系统输入自相关函数为

$$R_X(\tau)=\frac{N_0}{2}\delta(\tau)$$

的白噪声，系统的单位冲激响应如图 6.2.2 所示，如果测得系统输入和输出的互相关函数，求这个线性系统的单位冲激响应。

解　根据公式(6.2.7)，可以得到该系统输入/输出的互相关函数为

$$R_{XY}(\tau)=R_X(\tau) * h(\tau)=\frac{N_0}{2}h(\tau) \tag{6.2.13}$$

因此，可以得到系统的单位冲激响应为 $h(\tau)=\dfrac{2}{N_0}R_{XY}(\tau)$。

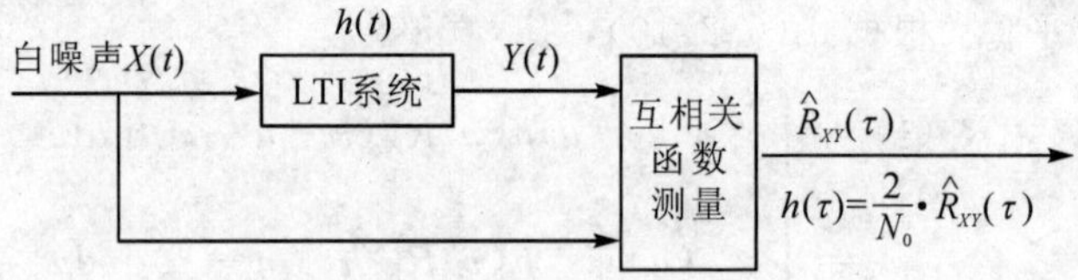

图 6.2.2　系统的单位冲激响应

这个例子为估计 LTI 系统的单位冲激响应提供了一个很好的方法。首先，将一个均匀功率谱的宽带噪声(输入的噪声带宽远远大于系统带宽时，可以近似为白噪声)输入这个 LTI 系统；然后，用互相关函数测量设备，测出输入信号与输出信号的互相关函数，所得的互相关函数除以白噪声的功率谱密度就是这个 LTI 系统的单位冲激响应。

【例 6.2.2】 低通 RC 电路如图 6.1.2 所示，已知输入信号 $X(t)$是自相关函数为$\frac{N_0}{2}\delta(\tau)$的平稳白噪声，其均值为 m_X，求：

(1) 输出均值；

(2) 输出的自相关函数；

(3) 输出平均功率；

(4) 输入与输出间的互相关函数。

解　(1) 根据电路图，可以得到系统的频率响应：

$$H(\mathrm{j}\omega)=\frac{1}{1+\mathrm{j}\omega RC}$$

对上式求傅里叶反变换，可以得到系统的单位冲激响应：

$$h(t)=\frac{1}{RC}\mathrm{e}^{-\frac{t}{RC}}\mathrm{u}(t)$$

根据式(6.2.5)，输出信号的均值为

$$m_Y(t)=m_X\int_{-\infty}^{\infty}h(\tau)\mathrm{d}\tau=\frac{m_X}{RC}\int_{-\infty}^{\infty}\mathrm{e}^{-\frac{\tau}{RC}}\mathrm{u}(\tau)\mathrm{d}\tau=m_X \tag{6.2.14}$$

(2) 由于输入信号是平稳随机过程，因此根据式(6.2.9)，LTI 系统的输出信号的自相关函数为

$$\begin{aligned}R_Y(\tau)&=h(-\tau)*h(\tau)*R_X(\tau)\\&=h(-\tau)*h(\tau)*\frac{N_0}{2}\delta(\tau)\\&=\frac{N_0}{2}h(-\tau)*h(\tau)\end{aligned} \tag{6.2.15}$$

式(6.2.15)的卷积可以根据下式计算：

$$\begin{aligned}h(-\tau)*h(\tau)&=\int_{-\infty}^{\infty}h(v)h(\tau+v)\mathrm{d}v\\&=\left(\frac{1}{RC}\right)^2\int_{-\infty}^{\infty}\mathrm{e}^{-\frac{v}{RC}}\mathrm{e}^{-\frac{\tau+v}{RC}}\mathrm{u}(v)\mathrm{u}(\tau+v)\mathrm{d}v\\&=\left(\frac{1}{RC}\right)^2\int_{-\infty}^{\infty}\mathrm{e}^{-\frac{\tau+2v}{RC}}\mathrm{u}(v)\mathrm{u}(\tau+v)\mathrm{d}v\end{aligned}$$

$$=\begin{cases}\left(\dfrac{1}{RC}\right)^2\displaystyle\int_0^{\infty}\mathrm{e}^{-\frac{\tau+2v}{RC}}\mathrm{d}v, & \tau\geqslant 0\\ \left(\dfrac{1}{RC}\right)^2\displaystyle\int_{-\tau}^{\infty}\mathrm{e}^{-\frac{\tau+2v}{RC}}\mathrm{d}v, & \tau<0\end{cases}$$

$$=\begin{cases}\dfrac{1}{2RC}\mathrm{e}^{-\frac{\tau}{RC}}, & \tau\geqslant 0\\ \dfrac{1}{2RC}\mathrm{e}^{\frac{\tau}{RC}}, & \tau<0\end{cases}$$

$$=\frac{1}{2RC}\mathrm{e}^{-\frac{|\tau|}{RC}} \tag{6.2.16}$$

将式(6.2.16)代入式(6.2.15)，得到：

$$R_Y(\tau)=\frac{N_0}{2}h(-\tau)*h(\tau)=\frac{N_0}{4RC}\mathrm{e}^{-\frac{|\tau|}{RC}} \tag{6.2.17}$$

(3) 输出的平均功率为

$$P=R_Y(0)=\frac{N_0}{4RC}$$

(4) 若输入为平稳随机过程，则根据式(6.2.7)，输入和输出的互相关函数为

$$R_{XY}(\tau)=R_X(\tau)*h(\tau)=\frac{N_0}{2}\delta(\tau)*h(\tau)=\frac{N_0}{2}h(\tau)=\frac{N_0}{2RC}\mathrm{e}^{-\frac{\tau}{RC}}u(\tau)$$

$$R_{YX}(\tau)=R_{XY}(-\tau)=\frac{N_0}{2RC}\mathrm{e}^{\frac{\tau}{RC}}\mathrm{u}(-\tau)$$

5. 输出信号的平稳性和各态历经性

结论 1　若输入 $X(t)$ 宽平稳，则稳定 LTI 系统的输出 $Y(t)$ 宽平稳，且与 $X(t)$ 联合平稳。

根据式(6.2.5)以及式(6.2.11)可以得到，如果输入信号平稳，则输出信号的均值是与时间无关的常数，自相关函数只与时间间隔 τ 有关。

此外，根据式(6.2.11)，输出的均方值为

$$E[Y(t)]^2=R_Y(0)=\int_{-\infty}^{\infty}\int_{-\infty}^{\infty}h(u)h(v)R_X(u-v)\mathrm{d}u\mathrm{d}v \tag{6.2.18}$$

因此

$$\begin{aligned}|E[Y(t)]^2|&=\left|\int_{-\infty}^{\infty}\int_{-\infty}^{\infty}h(u)h(v)R_X(u-v)\mathrm{d}u\mathrm{d}v\right|\\&\leqslant\int_{-\infty}^{\infty}\int_{-\infty}^{\infty}|h(u)||h(v)||R_X(u-v)|\mathrm{d}u\mathrm{d}v\\&\leqslant|R_X(0)|\int_{-\infty}^{\infty}|h(u)|\mathrm{d}u\int_{-\infty}^{\infty}|h(v)|\mathrm{d}v\\&<\infty\end{aligned} \tag{6.2.19}$$

其中，由于系统稳定，所以式(6.2.19)成立。

综合以上分析可知，由于输出信号的均值与时间无关，输出信号的自相关函数只与时

间间隔 τ 有关，且输出的均方值有界，所以，输出信号也是宽平稳随机过程。

结合式(6.2.7)可知，输入/输出信号的互相关函数只与时间间隔 τ 有关，所以输入/输出信号是联合平稳的。

结论 2　如果输入信号是严平稳的，那么 LTI 系统输出的也是严平稳随机信号。

因为 $Y(t)=\int_{-\infty}^{\infty}h(\tau)X(t-\tau)\mathrm{d}\tau$，对于时不变系统，若时移常数 T，有

$$Y(t+T)=\int_{-\infty}^{\infty}h(\tau)X(t+T-\tau)\mathrm{d}\tau$$

由于随机信号 $X(t)$ 是严平稳的，所以 $X(t-\tau)$ 与 $X(t+T-\tau)$ 具有相同 n 维概率密度函数，这样 $Y(t)$ 与 $Y(t+T)$ 也应该具有相同的 n 维概率密度函数，即是严平稳的。

结论 3　如果输入信号是各态历经的，那么 LTI 系统输出的也是各态历经的随机信号，且输入输出联合各态历经。

由 $X(t)$ 的宽遍历的定义得

$$A\langle X(t)\rangle=m_X,\ A\langle X(t)X(t+\tau)\rangle=R_X(\tau)$$

则输出 $Y(t)$ 的时间均值为

$$\begin{aligned}A\langle Y(t)\rangle&=\lim_{T\to\infty}\frac{1}{2T}\int_{-T}^{T}Y(t)\mathrm{d}t=\lim_{T\to\infty}\frac{1}{2T}\int_{-T}^{T}\left[\int_{-\infty}^{\infty}h(u)X(t-u)\mathrm{d}u\right]\mathrm{d}t\\&=\int_{-\infty}^{\infty}\left[\lim_{T\to\infty}\frac{1}{2T}\int_{-T}^{T}X(t-u)\mathrm{d}t\right]h(u)\mathrm{d}u=\int_{-\infty}^{\infty}m_Xh(u)\mathrm{d}u=m_Y\end{aligned}$$

输出 $Y(t)$ 的时间自相关函数为

$$\begin{aligned}A\langle Y(t)Y(t+\tau)\rangle&=\lim_{T\to\infty}\frac{1}{2T}\int_{-T}^{T}Y(t)Y(t+\tau)\mathrm{d}t\\&=\int_{-\infty}^{\infty}\int_{-\infty}^{\infty}\left[\lim_{T\to\infty}\frac{1}{2T}\int_{-T}^{T}X(t-u)X(t+\tau-v)\mathrm{d}t\right]h(u)h(v)\mathrm{d}u\mathrm{d}v\\&=\int_{-\infty}^{\infty}\int_{-\infty}^{\infty}R_X(\tau+u-v)h(u)h(v)\mathrm{d}u\mathrm{d}v\\&=R_Y(\tau)\end{aligned}$$

因此，如果输入信号是各态历经的，系统的输出信号也是各态历经的。

又因为

$$\begin{aligned}A\langle X(t)Y(t+\tau)\rangle&=\lim_{T\to\infty}\frac{1}{2T}\int_{-T}^{T}X(t)Y(t+\tau)\mathrm{d}t\\&=\lim_{T\to\infty}\frac{1}{2T}\int_{-T}^{T}\left[\int_{-\infty}^{\infty}h(u)X(t+\tau-u)X(t)\mathrm{d}u\right]\mathrm{d}t\\&=\int_{-\infty}^{\infty}\left[\lim_{T\to\infty}\frac{1}{2T}\int_{-T}^{T}X(t+\tau-u)X(t)\mathrm{d}t\right]h(u)\mathrm{d}u\\&=\int_{-\infty}^{\infty}R_X(\tau-u)h(u)\mathrm{d}u\\&=R_{XY}(\tau)\end{aligned}$$

因此，输入/输出随机过程联合各态历经。

前面从时域的角度分析了随机信号通过线性时不变系统。下面从频域的角度进行分析。

6.2.2　平稳随机过程通过 LTI 系统的频域分析法

对于确定信号来说，可以用频域分析法对系统输入/输出关系：

$$y(t)=x(t)*h(t)$$

作傅里叶变换得到输出信号的傅里叶变换：

$$Y(\mathrm{j}\omega)=X(\mathrm{j}\omega)H(\mathrm{j}\omega)$$

然而，对于随机信号来说，由于大量随机信号不能满足傅里叶变换的收敛条件，因此不能用这个方法进行分析。对于随机信号我们将重点放在其功率谱的分析上，而不是频谱的分析。下面来讨论平稳随机信号通过 LTI 系统，其输出信号的功率谱、输入输出的互谱密度。

1. 输出的均值

对于平稳随机过程通过 LTI 系统，可以得到输出信号的均值为

$$m_Y = m_X\int_{-\infty}^{\infty} h(\tau)\mathrm{d}\tau = m_X H(\mathrm{j}\omega)\big|_{\omega=0} = m_X H(0) \tag{6.2.20}$$

2. 系统输出的功率谱密度

如果输入是平稳随机过程，那么 LTI 系统输出信号也是平稳的，其自相关函数为

$$R_Y(\tau)=R_X(\tau)*h(\tau)*h(-\tau)$$

对上式两边求傅里叶变换，根据傅里叶变换的卷积性质可以得到

$$G_Y(\omega)=G_X(\omega)H(\mathrm{j}\omega)H(-\mathrm{j}\omega)=G_X(\omega)|H(\mathrm{j}\omega)|^2 \tag{6.2.21}$$

式中，$H(\mathrm{j}\omega)$为系统的频率响应，$|H(\mathrm{j}\omega)|^2$ 为系统的功率频率响应。如果能得到系统输入和输出信号的功率谱密度，那么系统频率响应的模为

$$|H(\mathrm{j}\omega)|=\sqrt{\frac{G_Y(\omega)}{G_X(\omega)}} \tag{6.2.22}$$

3. 系统输入与输出之间的互谱密度

如果输入信号是平稳随机过程，那么 LTI 系统的输入信号和输出信号是联合平稳的，互相关函数为

$$R_{XY}(\tau)=R_X(\tau)*h(\tau) \quad 和 \quad R_{YX}(\tau)=R_X(\tau)*h(-\tau)$$

对上式两边求傅里叶变换，分别得到

$$G_{XY}(\omega)=G_X(\omega)H(\mathrm{j}\omega) \tag{6.2.23}$$

$$G_{YX}(\omega)=G_X(\omega)H(-\mathrm{j}\omega) \tag{6.2.24}$$

对互谱密度求傅里叶反变换，可以得到互相关函数：

$$R_{XY}(\tau)=\overset{\mathscr{F}^{-1}}{\longleftrightarrow} G_{XY}(\omega)$$

和

$$R_{YX}(\tau) \xleftrightarrow{\mathscr{F}^{-1}} G_{YX}(\omega)$$

结合式(6.2.21)，可以得到

$$G_Y(\omega)=G_{XY}(\omega)H(-\mathrm{j}\omega)=G_{YX}(\omega)H(\mathrm{j}\omega) \tag{6.2.25}$$

对式(6.2.25)中的功率谱密度求傅里叶反变换，可以得到输出信号的自相关函数

$$R_Y(\tau) \xleftrightarrow{\mathscr{F}^{-1}} G_Y(\omega)$$

因此，输出信号的自相关函数、输入/输出的互相关函数可以通过6.2.1节的卷积运算得到，也可以先在频域上求出互谱密度或功率谱密度，然后求傅里叶反变换得到。

从以上分析可以看出，在给定系统的条件下，输出信号的某个统计特性只取决于输入信号的相应的统计特性。根据输入随机信号的均值、相关函数和功率谱密度，再结合已知线性系统单位冲激响应或传递函数，就可以求出输出随机信号相应的均值、相关函数和功率谱密度。表6.2.1列出了平稳随机过程通过LTI系统的均值、互相关函数、互谱密度等参数。

表6.2.1 平稳信号通过LTI系统的时域卷积分析法与频域分析法

平稳信号通过LTI系统	时域卷积分析法	频域分析法
均值	$m_Y=m_X\int_{-\infty}^{\infty}h(\tau)\mathrm{d}\tau$	$m_Y=m_XH(0)$
互相关函数/互谱密度	$R_{XY}(\tau)=R_X(\tau)*h(\tau)$ $R_{YX}(\tau)=R_X(\tau)*h(-\tau)$	$G_{XY}(\omega)=G_X(\omega)H(\mathrm{j}\omega)$ $G_{YX}(\omega)=G_X(\omega)H(-\mathrm{j}\omega)$
输出的自相关函数/输出的功率谱密度	$R_Y(\tau)=R_X(\tau)*h(\tau)*h(-\tau)$ $=R_{XY}(\tau)*h(-\tau)=R_{YX}(\tau)*h(\tau)$	$G_Y(\omega)=G_X(\omega)\lvert H(\mathrm{j}\omega)\rvert^2$ $=G_{XY}(\omega)H(-\mathrm{j}\omega)=G_{YX}(\omega)H(\mathrm{j}\omega)$

【例6.2.3】 用频域分析方法求解例6.2.2。

解 根据式(6.2.20)，得到输出信号的均值为

$$m_Y=m_X\int_{-\infty}^{\infty}h(\tau)\mathrm{d}\tau=m_XH(\mathrm{j}\omega)\big|_{\omega=0}=m_XH(0)$$

这里，$H(\mathrm{j}\omega)=\dfrac{1}{1+\mathrm{j}\omega RC}$。

下面通过求输出的功率谱密度的傅里叶反变换来得到输出信号的自相关函数：首先，对输入信号的自相关函数取傅里叶变换，得到输入信号的功率谱密度为

$$G_X(\omega)=\int_{-\infty}^{\infty}\frac{N_0}{2}\delta(\tau)\mathrm{e}^{-\mathrm{j}\omega\tau}\mathrm{d}\tau=\frac{N_0}{2}$$

根据式(6.2.21)，得到输出信号的功率谱密度：

$$G_Y(\omega)=G_X(\omega)\lvert H(\mathrm{j}\omega)\rvert^2=\frac{N_0}{2}\frac{1}{1+(\omega RC)^2} \tag{6.2.26}$$

根据常用傅里叶变换对：

$$\mathrm{e}^{-a|\tau|}\ (a>0) \xleftrightarrow{\mathscr{F}} \frac{2a}{a^2+\omega^2}$$

对式(6.2.26)求傅里叶反变换，得到输出信号的自相关函数为

$$R_Y(\tau)=\frac{N_0}{4RC}\mathrm{e}^{-\frac{1}{RC}|\tau|}$$

令 $\tau=0$，可以得到输出的平均功率为

$$E[Y^2(t)]=R_Y(0)=\frac{N_0}{4RC}$$

输入/输出的互相关函数：

$$R_{XY}(\tau)=\mathscr{F}^{-1}\{G_{XY}(\omega)\}=\mathscr{F}^{-1}\{G_X(\omega)H(\mathrm{j}\omega)\}=\mathscr{F}^{-1}\left\{\frac{\mathrm{N}_0}{2}\frac{1}{1+j\omega\mathrm{RC}}\right\}$$

利用傅里叶变换对：

$$\mathrm{e}^{-a\tau}u(\tau)\xleftrightarrow{\mathscr{F}}\frac{1}{a+\mathrm{j}\omega}$$

可以得到

$$R_{XY}(\tau)=\mathscr{F}^{-1}\left\{\frac{N_0}{2RC}\frac{1}{\frac{1}{RC}+\mathrm{j}\omega}\right\}=\frac{N_0}{2RC}\mathrm{e}^{-\frac{1}{RC}\tau}\mathrm{u}(\tau)$$

对比例 6.2.2 和例 6.2.3，可以发现时域分析法和频域分析法得到的结果一致，频域分析法为随机信号统计特性的分析提供了一个很好的思路，特别是在卷积运算复杂的时候可以考虑用频域分析法。

【例 6.2.4】 假定一个稳定 LTI 系统的频率响应为

$$H(\mathrm{j}\omega)=\frac{\mathrm{j}\omega}{2+\mathrm{j}\omega}$$

输入为零均值的平稳随机过程，且相关函数为

$$R_X(\tau)=\mathrm{e}^{-|\tau|}$$

求输出信号的自相关函数和平均功率。

解　根据平稳随机过程的自相关函数，可以得到输入信号的功率谱密度：

$$G_X(\omega)=\frac{2}{1+\omega^2}$$

因此，输出信号的功率谱密度为

$$G_Y(\omega)=G_X(\omega)|H(\mathrm{j}\omega)|^2=\frac{2\omega^2}{(1+\omega^2)(4+\omega^2)}=\frac{-\frac{2}{3}}{1+\omega^2}+\frac{\frac{8}{3}}{4+\omega^2}$$

对上式的功率谱求傅里叶反变换，可以得到输出信号的自相关函数：

$$R_Y(\tau)=\mathscr{F}^{-1}\{G_Y(\omega)\}=-\frac{1}{3}\mathrm{e}^{-|\tau|}+\frac{2}{3}\mathrm{e}^{-2|\tau|}$$

令 $\tau=0$，可以得到输出的平均功率为

$$E[Y^2(t)]=R_Y(0)=\frac{1}{3}$$

6.2.3 随机信号的线性组合通过 LTI 系统

在实际应用中，经常遇到多个随机过程的线性组合一起输入某 LTI 系统，比如，经历了一定衰落的信号与噪声混合在一起通过了通信电子设备。下面研究两个随机信号的线性组合通过 LTI 系统的时频域分析。类似的结论可以推广到多个随机信号的组合通过 LTI 系统。

对于两个实平稳随机过程 $X_1(t)$和 $X_2(t)$，若 $X_1(t)$和 $X_2(t)$联合平稳，$X(t)=a_1X_1(t)+a_2X_2(t)$，(a_1、a_2 是常数)，$X_1(t)$通过某 LTI 系统的输出是 $Y_1(t)$，$X_2(t)$通过该系统的输出是 $Y_2(t)$，那么，根据线性系统的齐次性和可加性，$X(t)$通过该 LTI 系统后的输出为

$$Y(t)=X(t)*h(t)=a_1Y_1(t)+a_2Y_2(t) \tag{6.2.27}$$

根据式(6.2.5)，可以得到系统输出的均值为

$$E[(Y(t)]=(a_1m_{X_1}+a_2m_{X_2})\int_{-\infty}^{\infty}h(\tau)\mathrm{d}\tau=a_1m_{Y_1}+a_2m_{Y_2} \tag{6.2.28}$$

系统输出 $Y(t)$的自相关函数

$$R_Y(\tau)=R_X(\tau)*h(\tau)*h(-\tau) \tag{6.2.29}$$

由于

$$\begin{aligned}R_X(\tau)&=E[X(t)X(t+\tau)]\\&=a_1^2R_{X_1}(\tau)+a_1a_2R_{X_1X_2}(\tau)+a_1a_2R_{X_2X_1}(\tau)+a_2^2R_{X_2}(\tau)\end{aligned} \tag{6.2.30}$$

因此系统输出的自相关函数为

$$\begin{aligned}R_Y(\tau)&=R_X(\tau)*h(\tau)*h(-\tau)\\&=[a_1^2R_{X_1}(\tau)+a_1a_2R_{X_1X_2}(\tau)+a_1a_2R_{X_2X_1}(\tau)+a_2^2R_{X_2}(\tau)]*h(\tau)*h(-\tau)\end{aligned} \tag{6.2.31}$$

对上式两边取傅里叶变换，可以得到系统输出信号的功率谱密度为

$$\begin{aligned}G_Y(\omega)&=|H(\omega)|^2G_X(\omega)\\&=|H(\omega)|^2[a_1^2G_{X_1}(\omega)+a_1a_2G_{X_1X_2}(\omega)+a_1a_2G_{X_2X_1}(\omega)+a_2^2G_{X_2}(\omega)]\end{aligned} \tag{6.2.32}$$

如果 $X_1(t)$和 $X_2(t)$统计独立(或互不相关)，则输入信号的自相关函数简化为

$$R_X(\tau)=a_1^2R_{X_1}(\tau)+a_2^2R_{X_2}(\tau)+2a_1a_2m_{X_1}m_{X_2} \tag{6.2.33}$$

对式(6.2.33)两边求傅里叶变换，得到输入信号的功率谱为

$$G_X(\omega)=a_1^2G_{X_1}(\omega)+a_2^2G_{X_2}(\omega)+4\pi a_1a_2m_{X_1}m_{X_2}\delta(\omega) \tag{6.2.34}$$

若输入信号还是零均值的，则输入信号的功率谱为

$$G_X(\omega)=a_1^2G_{X_1}(\omega)+a_2^2G_{X_2}(\omega)$$

此时，系统输出信号的自相关函数简化为

$$R_Y(\tau)=[a_1^2R_{X_1}(\tau)+a_2^2R_{X_2}(\tau)]*h(\tau)*h(-\tau)=a_1^2R_{Y_1}(\tau)+a_2^2R_{Y_2}(\tau) \tag{6.2.35}$$

系统输出的功率谱密度为

$$\begin{aligned}G_Y(\omega)&=|H(j\omega)|^2G_X(\omega)\\&=|H(j\omega)|^2[a_1^2G_{X_1}(\omega)+a_2^2G_{X_2}(\omega)]\\&=a_1^2G_{X_1}(\omega)|H(j\omega)|^2+a_2^2G_{X_2}(\omega)|H(j\omega)|^2\\&=a_1^2G_{Y_1}(\omega)+a_2^2G_{Y_2}(\omega)\end{aligned}\tag{6.2.36}$$

这表明，两个统计独立(或不相关)、零均值平稳随机过程的线性组合的自相关函数等于各自系数平方的自相关函数之和(见式(6.2.35))，功率谱等于各自系数平方的功率谱之和(见式(6.2.36))。通过 LTI 系统输出信号的功率谱或自相关函数并不直接等于各自输出功率谱或自相关函数之和，其系数是原来系数的平方，具体如式(6.2.35)、式(6.2.36)所示。

6.3　白噪声通过 LTI 系统

理想白噪声由于其具有均匀功率谱、便于运算处理等优点，经常被用作随机过程模型。白噪声通过 LTI 系统之后，其输出信号的功率谱不仅取决于白噪声自身的功率谱，还取决于系统频率响应的性质，因此，输出信号的功率谱不再是均匀的功率谱了，如图 6.3.1 所示。而不同的 LTI 系统传输噪声功率的能力不一定相同，为了便于分析和计算 LTI 系统传输噪声功率的能力，引入了等效噪声带宽的概念。

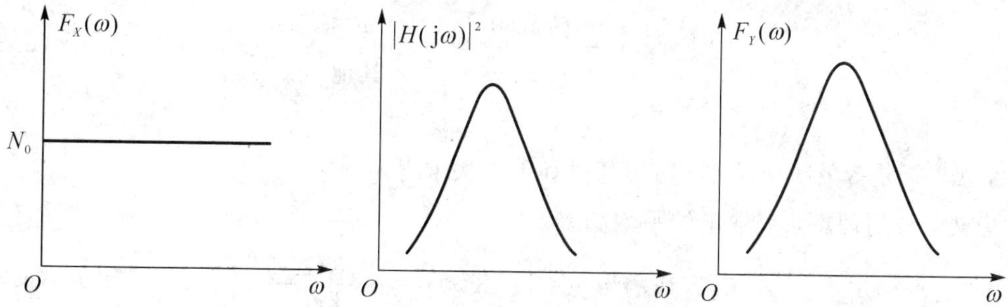

图 6.3.1　白噪声通过 LTI 系统

6.3.1　等效噪声带宽

设连续线性系统的传递函数为 $H(j\omega)$，其输入白噪声功率谱密度为

$$G_X(\omega)=\frac{N_0}{2}\tag{6.3.1}$$

那么系统输出的功率谱密度为

$$G_Y(\omega)=|H(j\omega)|^2\frac{N_0}{2}\tag{6.3.2}$$

式(6.3.2)表明，若输入端是具有均匀谱的白噪声，则输出端随机信号的功率谱密度主要由系统的幅频特性决定，其不再保持常数。这是因为无线电系统都具有一定的选择性，系统只允许与其频率特性一致的频率分量通过的原因。

这时系统输出的物理谱密度为

$$F_Y(\omega)=|H(j\omega)|^2N_0\quad(\omega>0)\tag{6.3.3}$$

对输出信号的功率谱(式(6.3.2))求傅里叶反变换可以得到 LTI 系统输出的自相关函

数为

$$R_Y(\tau)=\frac{N_0}{4\pi}\int_{-\infty}^{\infty}\left|H(\mathrm{j}\omega)\right|^2\mathrm{e}^{\mathrm{j}\omega\tau}\mathrm{d}\omega \tag{6.3.4}$$

令 $\tau=0$，可以得到输出平均功率为

$$R_Y(0)=E[Y^2(t)]=\frac{N_0}{2\pi}\int_{0}^{\infty}\left|H(\mathrm{j}\omega)\right|^2\mathrm{d}\omega \tag{6.3.5}$$

根据傅里叶变换性质，实信号的傅里叶变换的模是偶函数，可以得到系统输出的平均功率为

$$R_Y(\tau)=\frac{N_0}{2\pi}\int_{0}^{\infty}\left|H(\mathrm{j}\omega)\right|^2\mathrm{d}\omega \tag{6.3.6}$$

在实际应用中，有时只关心系统输出的噪声功率，为了分析计算方便，通常考虑用一个理想系统来代替实际系统。这个理想系统的频率响应的模在其通带以内是常数，而通带以外是零。这样系统的输出也就成为在一定频带内具有均匀谱密度的噪声。如图 6.3.2 所示，实线表示实际系统的频率响应 $H(\mathrm{j}\omega)$的模，虚线对应理想系统的频率响应的模。等效原则为理想系统与实际系统在同一白噪声激励下，两个系统的输出平均功率相等，且理想系统的增益为实际系统的最大增益。根据以上描述，理想系统的频率响应的模为

$$\left|H_{\text{理想}}(\mathrm{j}\omega)\right|=\begin{cases}\left|H(0)\right|, & |\omega|\leqslant\Delta\omega_e\\ 0, & \text{其他}\end{cases} \tag{6.3.7}$$

其中，$\Delta\omega_e$ 就是等效噪声带宽，可以通过如下方法求得：

首先，得到理想系统输出的平均功率：

$$E[Y^2(t)]=\frac{N_0}{2\pi}\int_{0}^{\Delta\omega_e}K^2\mathrm{d}\omega=\frac{N_0K^2\Delta\omega_e}{2\pi} \tag{6.3.8}$$

这里 K 等于系统频率响应模的最大值。然后，计算得到实际系统输出的平均功率为

$$E[Y^2(t)]=\frac{N_0}{2\pi}\int_{0}^{\infty}\left|H(\mathrm{j}\omega)\right|^2\mathrm{d}\omega \tag{6.3.9}$$

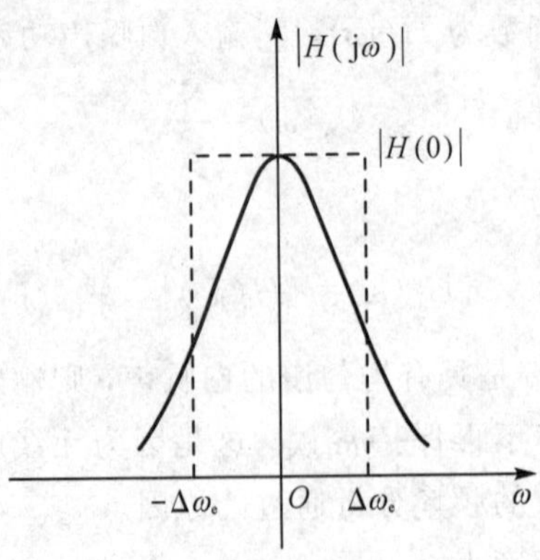

图 6.3.2 线性系统等效噪声带宽

根据功率等效原则，式(6.3.8)和式(6.3.9)等价，因此可以得到等效噪声带宽 $\Delta\omega_e$ 为

$$\Delta\omega_e = \frac{1}{K^2}\int_0^{\infty} |H(j\omega)|^2 d\omega \tag{6.3.10}$$

其中，$K=|H(j\omega)|_{max}$。如果$|H(j\omega)|$的最大值在$\omega=0$处，则$K=|H(0)|$；如果$|H(j\omega)|$的最大值在$\omega=\omega_0$处，则$K=|H(j\omega_0)|$。

式(6.3.10)说明，等效噪声带宽由系统本身的参数决定。只要给定了线性系统的频率响应，就可以求出它的等效噪声带宽。

下面来比较一般线性系统中定义的 3 dB 带宽与这里介绍的等效噪声带宽的关系。一般线性系统中定义的 3 dB 带宽是指幅值等于最大值的$\sqrt{2}/2$倍时对应的频带宽度，幅值的平方即为功率，对应的带宽就是功率在减少至其一半以前的频带宽度，在对数坐标中就是 −3 dB 的位置。3 dB 带宽表示系统对信号频谱的选择性。对于随机信号通过线性系统来说，这里则是以等效噪声带宽$\Delta\omega_e$来表示系统对噪声功率谱的选择性。由于 3 dB 带宽和等效噪声带宽都取决于系统本身的参数，因而两者之间有确定的关系。

【例 6.3.1】 某低通滤波器的频率响应为

$$H(j\omega)=\frac{\Delta\omega}{\Delta\omega+j\omega}$$

分别求出它的等效噪声带宽和 3 dB 带宽。

解　由$H(j\omega)=\dfrac{\Delta\omega}{\Delta\omega+j\omega}$可得$|H(j\omega)|^2=\dfrac{(\Delta\omega)^2}{(\Delta\omega)^2+\omega^2}$，且$|H(j\omega)|_{max}=|H(0)|=1$。

根据公式(6.3.10)可以求出等效噪声带宽为

$$\Delta\omega_e = \int_0^{\infty}\frac{(\Delta\omega)^2}{(\Delta\omega)^2+\omega^2}d\omega = \frac{\pi}{2}\Delta\omega$$

下面来求 3 dB 带宽。

由$|H(j\omega)|^2=\dfrac{(\Delta\omega)^2}{(\Delta\omega)^2+\omega^2}$知，式子$\dfrac{(\Delta\omega)^2}{(\Delta\omega)^2+\omega^2}=\dfrac{1}{2}$的解$\omega=\Delta\omega$就是 3 dB 带宽。

因此，这里等效噪声带宽和 3 dB 带宽的关系是$\Delta\omega_e=\dfrac{\pi}{2}\Delta\omega\approx1.57\Delta\omega$。

从数值上来说，对不同的调谐回路，等效噪声带宽$\Delta\omega_e$与 3 dB 带宽$\Delta\omega$之间有如下一些关系：

(1) 单调谐回路：$\Delta\omega_e=\dfrac{\pi}{2}\Delta\omega\approx1.57\Delta\omega$；

(2) 双调谐回路：$\Delta\omega_e\approx1.22\Delta\omega$；

(3) 5 级调谐回路：$\Delta\omega_e\approx1.11\Delta\omega$；

(4) 多级调谐回路趋于高斯频率特性：$\Delta\omega_e\approx1.06\Delta\omega$；

(5) 理性矩形频响系统：$\Delta\omega_e=\Delta\omega$。

对于多级放大器，总的频率特性是各级放大器频率特性的乘积。当每级放大器频率特性有良好的选择性，也就是矩形系数越接近于 1 时，等效噪声带宽越接近系统的带宽。这也是计算接收机灵敏度时用接收机 3 dB 带宽代替等效噪声带宽的原因。还有很多其他工程实际中也用 3 dB 带宽直接代替等效噪声带宽，这样的近似误差在很多工程上是允许的。

6.3.2 白噪声通过理想低通滤波器

如果白噪声通过一个如图6.3.3所示的低通滤波器，滤波器的幅频特性为

$$|H(\mathrm{j}\omega)|=\begin{cases}C, & |\omega|\leqslant\Delta\omega/2\\ 0, & \text{其他}\end{cases}\tag{6.3.11}$$

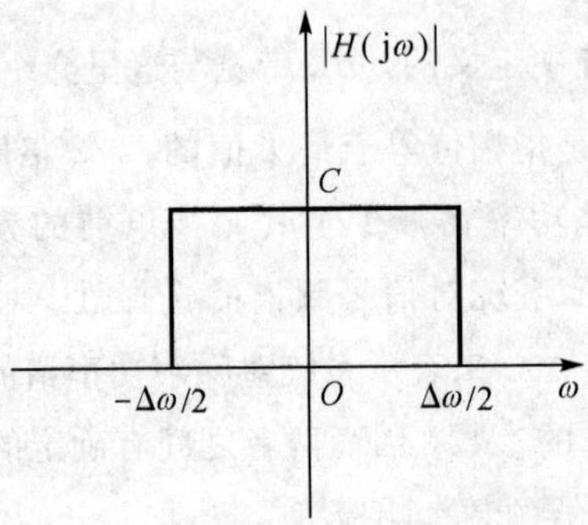

图6.3.3 理想低通滤波器幅频特性

白噪声的单边功率谱密度$G_X(\omega)=N_0$，因此有

$$G_Y(\omega)=|H(\mathrm{j}\omega)|^2G_X(\omega)=\begin{cases}N_0C^2, & 0\leqslant\omega\leqslant\dfrac{\Delta\omega}{2}\\ 0, & \text{其他}\end{cases}\tag{6.3.12}$$

可见，白噪声通过理想低通滤波器后，其输出的功率谱宽度从无穷大减小到$\Delta\omega/2$。由输出信号的物理谱式(6.3.12)，可以得到输出的自相关函数为

$$\begin{aligned}R_Y(\tau)&=\frac{1}{2\pi}\int_0^\infty G_Y(\omega)\cos\omega\tau\,\mathrm{d}\omega=\frac{1}{2\pi}\int_0^{\Delta\omega/2}N_0C^2\cos\omega\tau\,\mathrm{d}\omega\\&=\frac{N_0C^2}{2\pi\tau}\sin\frac{\Delta\omega\tau}{2}=\frac{N_0C^2\Delta\omega}{4\pi}\frac{\sin\dfrac{\Delta\omega\tau}{2}}{\dfrac{\Delta\omega\tau}{2}}\end{aligned}\tag{6.3.13}$$

当$\tau=0$时，可以得到输出信号的平均功率：

$$R_Y(0)=E[Y^2(t)]=\frac{N_0C^2\Delta\omega}{4\pi}\tag{6.3.14}$$

输出信号的相关系数为

$$\rho_Y(\tau)=\frac{C_Y(\tau)}{C_Y(0)}=\frac{R_Y(\tau)}{R_Y(0)}=\frac{\sin\dfrac{\Delta\omega\tau}{2}}{\dfrac{\Delta\omega\tau}{2}}\tag{6.3.15}$$

输出的随机过程的相关时间为

$$\tau_0=\int_0^\infty\rho_Y(\tau)\mathrm{d}\tau=\int_0^\infty\frac{\sin\dfrac{\Delta\omega\tau}{2}}{\dfrac{\Delta\omega\tau}{2}}\mathrm{d}\tau=\frac{\pi}{\Delta\omega}=\frac{1}{2\Delta f}\tag{6.3.16}$$

式(6.3.16)表明，输出随机信号的相关时间与系统的带宽成反比。也就是说，系统带宽越宽，相关时间越小，输出随机信号随时间变化(起伏)越剧烈；反之，系统带宽越窄，则相关时间越大，输出随机信号随时间变化就越缓慢，如图 6.3.4 所示，图(b)的低通滤波器带宽比图(a)的大，输出的信号随时间变化更剧烈。

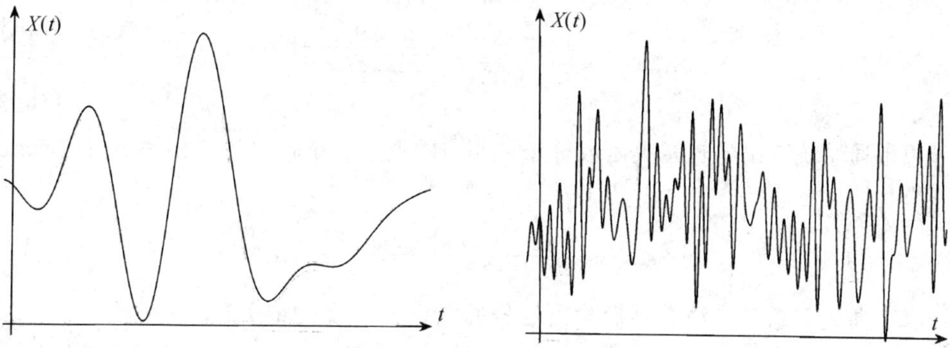

(a)　　　　　　(b)

图 6.3.4　不同的系统带宽对应的输出信号的样本函数(图(b)带宽是图(a)的 5 倍)

6.3.3　白噪声通过理想带通滤波器

考虑一个如图 6.3.5 所示的带通滤波器，滤波器的幅频特性为

$$|H(\mathrm{j}\omega)|=\begin{cases}C, & |\omega\pm\omega_0|\leqslant\dfrac{\Delta\omega}{2}\\ 0, & \text{其他}\end{cases}\tag{6.3.17}$$

当 $\Delta\omega/2$ 远远小于 ω_0 时，系统的通带远远小于系统的中心频率，我们称之为窄带系统，而对于功率分布在比较窄频率范围内的随机过程称为窄带随机过程。对于窄带系统，其输出的随机过程是一种重要的典型随机过程，它的功率谱分布在高频 ω_0 周围一个很窄的频域内，而且以 ω_0 为中心频率对称分布。

如果白噪声通过一个如图 6.3.5 所示的带通滤波器，白噪声的单边功率谱密度 $G_X(\omega)=N_0$，那么输出信号的物理谱为

$$G_Y(\omega)=|H(\mathrm{j}\omega)|^2G_X(\omega)=\begin{cases}N_0C^2, & |\omega-\omega_0|\leqslant\dfrac{\Delta\omega}{2}\\ 0, & \text{其他}\end{cases}\tag{6.3.18}$$

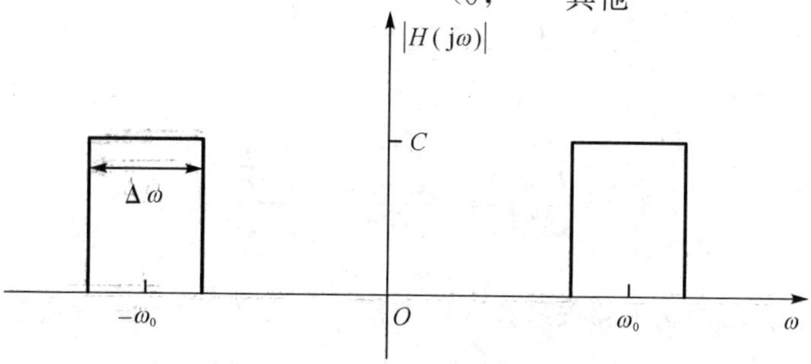

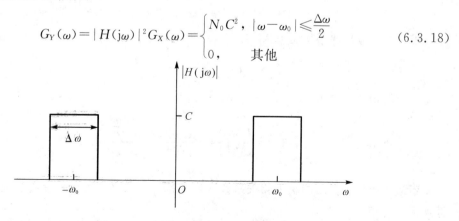

图 6.3.5　带通滤波器的幅频特性

输出的自相关函数为

$$\begin{aligned}R_Y(\tau)&=\frac{1}{2\pi}\int_0^{\infty}G_Y(\omega)\cos\omega\tau\,\mathrm{d}\omega\\&=\frac{1}{2\pi}\int_{\omega_0-\Delta\omega/2}^{\omega_0+\Delta\omega/2}C^2N_0\cos\omega\tau\,\mathrm{d}\omega\\&=\frac{C^2N_0\Delta\omega}{2\pi}\,\frac{\sin(\Delta\omega\tau/2)}{\Delta\omega\tau/2}\cos\omega_0\tau\\&=a(\tau)\cos\omega_0\tau\end{aligned}\tag{6.3.19}$$

理想带通系统输出的自相关函数等于其相应的低通系统输出的自相关函数与 $\cos\omega_0\tau$ 的乘积。其中：

$$a(\tau)=\frac{C^2N_0\Delta\omega}{2\pi}\frac{\sin(\Delta\omega\tau/2)}{\Delta\omega\tau/2}\tag{6.3.20}$$

白噪声通过理想带通滤波器后输出信号的自相关函数，如图 6.3.6 所示，与 $\cos\omega_0\tau$ 相比，$a(\tau)$是 τ 的慢变化函数，而 $\cos\omega_0\tau$ 是 τ 的快变化函数。可见，$a(\tau)$是输出随机信号的自相关函数 $R_Y(\tau)$的慢变部分，是 $R_Y(\tau)$的包络，而 $\cos\omega_0\tau$ 是 $R_Y(\tau)$的快变化部分。

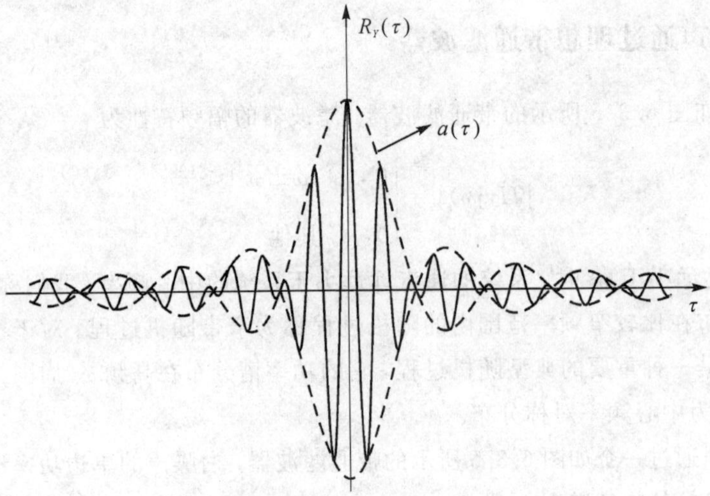

图 6.3.6　白噪声通过理想带通滤波器后输出信号的自相关函数

带通系统输出的平均功率为

$$E[Y^2(t)]=\frac{N_0C^2\Delta\omega}{2\pi}\tag{6.3.21}$$

输出的相关系数为

$$\rho_Y(\tau)=\frac{C_Y(\tau)}{C_Y(0)}=\frac{R_Y(\tau)}{R_Y(0)}=\frac{\sin\dfrac{\Delta\omega\tau}{2}}{\dfrac{\Delta\omega\tau}{2}}\cos\omega_0\tau\tag{6.3.22}$$

带通系统的相关时间是由相关系数的慢变部分定义的，因此，带通系统的相关时间与低通系统的相关时间一致：

$$\tau_0 = \int_0^{\infty} \frac{\sin \dfrac{\Delta\omega\tau}{2}}{\dfrac{\Delta\omega\tau}{2}} \mathrm{d}\tau = \frac{\pi}{\Delta\omega} = \frac{1}{2\Delta f} \tag{6.3.23}$$

式(6.3.23)中，τ_0 表示输出窄带过程的包络随时间起伏变化的快慢程度。它表明输出随机信号的相关时间 τ_0 与系统的带宽 Δf 成反比。系统带宽越宽，相关时间越小，输出随机信号的包络的起伏变化越剧烈；反之，系统带宽越窄，则相关时间越大，输出随机信号的包络随时间变化就越缓慢。

6.3.4　白噪声通过具有高斯频率特性的线性系统

在实际工程应用中，经常遇到由多级单调谐放大器构成的线性系统，在这种线性系统中，放大器的级数越多，其频率特性就越接近高斯特性。一般由 4 到 5 个以上的谐振回路就可以近似为具有高斯频率特性的线性系统，如图 6.3.7 所示。下面以高斯带通系统为例，对白噪声通过该系统进行分析。

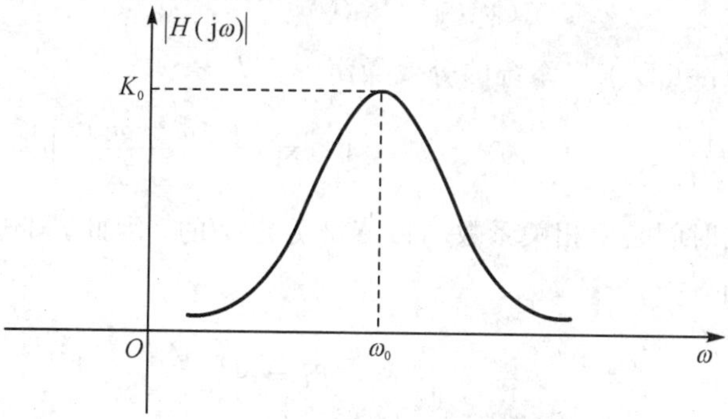

图 6.3.7　具有高斯频率特性的线性系统

考虑一个如图 6.3.5 所示的带通滤波器，滤波器的幅频特性为

$$|H(\mathrm{j}\omega)| = K_0 \exp\left[-\frac{(\omega-\omega_0)^2}{2\beta^2}\right] \tag{6.3.24}$$

如果单边功率谱密度为 $G_X(\omega)=N_0$ 的白噪声通过该系统，那么输出信号的物理谱为

$$G_Y(\omega) = |H(\mathrm{j}\omega)|^2 G_X(\omega) = N_0 K_0^2 \exp\left[-\frac{(\omega-\omega_0)^2}{\beta^2}\right] \tag{6.3.25}$$

这里，我们先求高斯低通系统输出的自相关函数：

$$\begin{aligned}
R_Y(\tau) &= \frac{1}{2\pi} N_0 K_0^2 \int_0^{\infty} \exp\left(-\frac{\omega^2}{\beta^2}\right) \cos\omega\tau \,\mathrm{d}\omega \\
&= \frac{1}{2} \cdot \frac{1}{2\pi} N_0 K_0^2 \int_{-\infty}^{\infty} \exp\left(-\frac{\omega^2}{\beta^2} + \mathrm{j}\omega\tau\right) \mathrm{d}\omega \\
&= \frac{1}{2} \cdot \frac{1}{2\pi} N_0 K_0^2 \exp\left(-\frac{\tau^2\beta^2}{4}\right) \int_{-\infty}^{\infty} \exp\left[-\frac{1}{2\left(\sqrt{\beta^2/2}\right)^2}\left(\omega - \frac{\mathrm{j}\tau\beta^2}{2}\right)^2\right] \mathrm{d}\omega \\
&= \frac{N_0 K_0^2 \beta}{4\sqrt{\pi}} \cdot \mathrm{e}^{-\frac{\beta^2\tau^2}{4}}
\end{aligned} \tag{6.3.26}$$

上式最后一步成立，是因为利用了正态分布概率密度的积分为 1 的性质。然后，理想带通系统输出的自相关函数等于其相应的低通系统输出的自相关函数与 $2\cos\omega_0\tau$ 的乘积，于是可以得到高斯带通系统输出信号的自相关函数为

$$\begin{aligned}R_Y(\tau) &= \frac{1}{2\pi}\int_0^{\infty} G_Y(\omega)\cos\omega\tau\,\mathrm{d}\omega \\ &= \frac{1}{2\pi}N_0K_0^2\int_0^{\infty}\exp\left[-\frac{(\omega-\omega_0)^2}{\beta^2}\right]\cos\omega\tau\,\mathrm{d}\omega \\ &= \frac{N_0K_0^2\beta}{2\sqrt{\pi}}\cdot \mathrm{e}^{-\frac{\beta^2\tau^2}{4}}\cos\omega_0\tau\end{aligned} \tag{6.3.27}$$

可以求出，输出信号的平均功率为

$$\sigma_Y^2=R_Y(0)=\frac{N_0K_0^2\beta}{2\sqrt{\pi}}$$

输出信号的相关系数：

$$r_Y(\tau)=\frac{C_Y(\tau)}{C_Y(0)}=\frac{R_Y(\tau)}{R_Y(0)}=\mathrm{e}^{-\frac{\beta^2\tau^2}{4}}\cos\omega_0\tau$$

根据式(6.3.10)，可以求出系统的等效噪声带宽为

$$\Delta\omega_{\mathrm{e}} = \frac{1}{K_0^2}\int_0^{\infty} |H(\mathrm{j}\omega)|^2\mathrm{d}\omega = \int_0^{\infty}\exp\left[-\frac{(\omega-\omega_0)^2}{\beta^2}\right]\mathrm{d}\omega = \sqrt{\pi}\beta \tag{6.3.28}$$

带通系统的相关时间是由相关系数的慢变部分定义的，因此，带通系统的相关时间与低通系统的相关时间一致：

$$\tau_0 = \int_0^{\infty}\mathrm{e}^{-\frac{\beta^2\tau^2}{4}}\mathrm{d}\tau = \frac{\sqrt{\pi}}{\beta}$$

这里，根据式(6.3.28)，β 与系统带宽成正比关系。所以，相关时间与系统带宽反比。

6.4 LTI 系统输出随机过程的概率分布

前面讨论了随机过程通过 LTI 系统后输出的均值、自相关函数、输入输出的互相关函数以及相关时间，同时也讨论输出的功率谱以及互谱等统计特性。本节将讨论 LTI 系统输出端随机过程的概率分布。一般情况下，要确定系统输出随机过程的概率密度函数或分布函数是非常困难的。然而，如果输出随机过程是高斯过程，则可以很容易地求得它们的概率分布。此时，只要确定这个随机过程的均值和自相关函数，就能得到它的概率密度函数。这种情况在实际应用中也经常出现，比如通信或雷达的接收系统是窄带系统，在受到敌方的各种噪声干扰时，如果干扰噪声的带宽是接收设备的通频带若干倍以上，那么接收设备的输出就会得到近似于高斯分布的窄带噪声。下面给出输出随机过程是高斯随机过程的两种情况。

(1) 输入随机信号为高斯随机过程。

当 LTI 系统输入 $X(t)$是高斯随机过程时，该系统输出可以表示为

$$Y(t)=h(t)*X(t)=\int_{-\infty}^{\infty}X(\tau)h(t-\tau)\mathrm{d}\tau \tag{6.4.1}$$

式(6.4.1)可以参考图 6.4.1，将其表示为如下的极限形式：

$$Y(t)=\lim_{\substack{\Delta\to 0\\ K\to\infty}}\sum_{k=0}^{K}X(k\Delta)h(t-k\Delta)\Delta \tag{6.4.2}$$

其中，Δ 表示对随机过程任意样本函数进行取样的取样时间间隔。

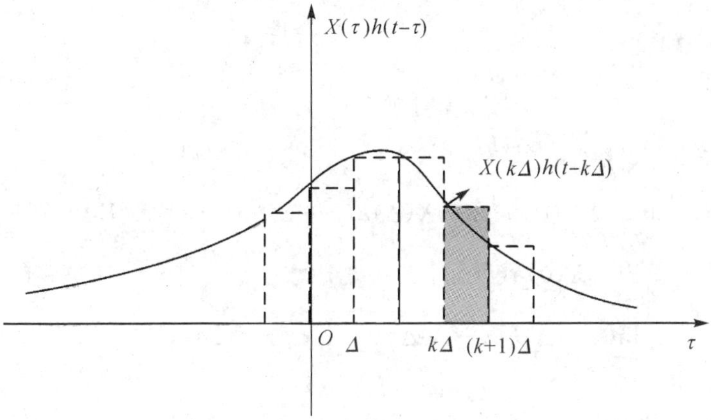

图 6.4.1　$X(\tau)h(t-\tau)$的分解

根据高斯分布的定义，对于任意 $t_1, t_2, \cdots, t_n\in T$，只要$(Y(t_1), Y(t_2), \cdots, Y(t_n))$的联合分布都是高斯分布，则 $Y(t)$是高斯过程。注意到：

$$\begin{cases}Y(t_1)=\lim\limits_{\Delta\to 0}\sum\limits_{k=0}^{K}X(k\Delta)h(t_1-k\Delta)\Delta\\ \quad\vdots\\ Y(t_n)=\lim\limits_{\Delta\to 0}\sum\limits_{k=0}^{K}X(k\Delta)h(t_n-k\Delta)\Delta\end{cases} \tag{6.4.3}$$

并且当 $X(t)$是高斯随机过程时，$X(k\Delta)$是高斯随机变量。式(6.4.3)实际上可以看成是由一组线性方程组表示的多维正态分布随机变量的线性变换。因此，输出信号 $Y(t)$是高斯过程。

(2) 虽然输入随机过程不是高斯随机过程，在满足一定条件下，输出可以是高斯随机过程。

根据中心极限定理，大量统计独立随机变量之和的分布趋于高斯分布。因此，如果式(6.4.2)中，$X(k\Delta)(k=1, 2, \cdots, K)$相互独立且求和的数目足够多，则 $Y(t)$趋于高斯随机过程。

一方面，为了让 $X(k\Delta)(k=1, 2, \cdots, K)$相互独立，这需要输入随机过程的相关时间

很小，功率谱密度带宽足够大，变化剧烈。也就是输入随机过程的相关时间 τ_0 远小于取样时间间隔 Δ。这时，可以认为 $X(k\Delta)(k=1, 2, \cdots, K)$ 相互独立，于是式(6.4.2)可以看成独立随机变量的线性组合。

另一方面，为了保证式(6.4.2)的求和项项数足够多，LTI 系统单位冲激响应的持续时间要足够长，也就是系统带宽足够小。否则，在式(6.4.2)中独立随机变量线性组合的项数将不能达到足够大的要求。比如：系统单位冲激响应 $h(t)$ 在一个很小的时间区间内非零，即

$$h(t)=\begin{cases} f(t), & 0<t<\Delta \\ 0, & \text{其他} \end{cases}$$

那么，输出：

$$\begin{aligned} Y(t) &= \lim_{\Delta\to 0}\sum_{k=0}^{K} X(k\Delta)h(t-k\Delta)\Delta \\ &= \lim_{\Delta\to 0}[X(0)h(t)\Delta + X(\Delta)h(t-\Delta)\Delta + \cdots + X(K\Delta)h(t-K\Delta)\Delta] \\ &= \begin{cases} \lim\limits_{\Delta\to 0}(X(0)h(t)\Delta), & 0<t<\Delta \\ \lim\limits_{\Delta\to 0}(X(\Delta)h(t-\Delta)\Delta), & \Delta\leqslant t<2\Delta \\ \vdots \\ \lim\limits_{\Delta\to 0}(X(K\Delta)h(t-K\Delta)\Delta), & (K-1)\Delta<t<K\Delta \end{cases} \end{aligned} \tag{6.4.4}$$

可见，当 LTI 系统单位冲激响应 $h(t)$ 在 $(0, \Delta)$ 内非零时，$Y(t)$ 在各个时间区间段只等于非高斯随机变量 $X(k\Delta)$ 与 $h(t-k\Delta)\Delta$ 的乘积，而不是大量随机变量之和。同理，如果 LTI 系统单位冲激响应的持续时间太短，在式(6.4.2)中，$Y(t)$ 在各个时间区间段等于少数几项之和。只有 $h(t)$ 的持续时间足够长时，才能保证式(6.4.2)的求和项项数足够多。

因此，如果输入随机过程的功率谱密度的带宽远远大于 LTI 系统带宽，则输出随机过程可以认为是高斯随机过程，与输入是否高斯随机过程无关。一般情况下，如果输入随机过程的功率谱密度的带宽大于 LTI 系统带宽 7 倍以上，就认为输出随机过程接近高斯分布。

6.5 平稳随机序列通过 LTI 系统

类似于平稳随机过程，平稳随机序列通过离散时间线性系统后，其统计特性将受到系统特性的影响。本节简单介绍平稳随机序列通过离散 LTI 系统后其相关函数和功率谱的变化情况。

有一个离散时间 LTI 系统，系统的单位脉冲响应为 $h[n]$，系统的频率响应 $H(e^{j\omega})$ 与单

位脉冲响应之间的关系为

$$H(e^{j\omega}) = \sum_{n=-\infty}^{+\infty} h[n]e^{-jn\omega} \tag{6.5.1}$$

随机序列 $X(n)$通过这个 LTI 系统后，输出 $Y[n]$为

$$Y[n] = \sum_{k=-\infty}^{+\infty} h[k]X[n-k] = h[n] * X[n] \tag{6.5.2}$$

那么，输出的均值为

$$m_Y[n] = E[Y[n]] = h[n] * m_X[n] = \sum_{k=-\infty}^{+\infty} h[k]m_X[n-k]$$

若 $X[n]$平稳，则 $X[n]$的均值是与时间无关的常数，于是

$$m_Y = m_X \sum_{k=-\infty}^{+\infty} h[k] = m_X H(e^{j0}) \tag{6.5.3}$$

类似于 6.2 节的结论，此时输入与输出的互相关函数为

$$R_{XY}(n_1, n_2) = E[X[n_1]Y[n_2]] = h[n_2] * R_X(n_1, n_2)$$

$$R_Y(n_1, n_2) = h[n_1] * h[n_2] * R_X(n_1, n_2)$$

若 $X[n]$平稳，则

$$R_{XY}(m)=h[-m] * R_X(m) \tag{6.5.4}$$

$$R_Y(m)=h[-m] * h[m] * R_X(m) \tag{6.5.5}$$

根据随机序列的维纳-辛钦定理可知，平稳随机序列的自相关函数与功率谱密度是一离散傅里叶变换对，平稳随机序列的互相关函数与互谱密度是一离散傅里叶变换对。对式(6.5.4)两边求傅里叶变换，可以得到输入随机序列与输出随机序列的互谱密度为

$$G_{XY}(\omega)=H(e^{-j\omega})G_X(\omega) \tag{6.5.6}$$

对式(6.5.5)两边求傅里叶变换，可以得到输出随机序列的功率谱密度为

$$G_Y(\omega)=H(e^{j\omega})G_{XY}(\omega)=|H(e^{j\omega})|^2 G_X(\omega) \tag{6.5.7}$$

【例 6.5.1】 设有如下差分方程描述的离散线性系统(又称为一阶 AR 自回归模型)，

$$X[n]=aX[n-1]+W[n]$$

系统如图 6.5.1 所示，其中 $W[n]$为平稳白噪声，方差为 σ^2，$|a|<1$，模型所产生的随机过程称为 AR 过程，求一阶 AR 过程的自相关函数和功率谱。

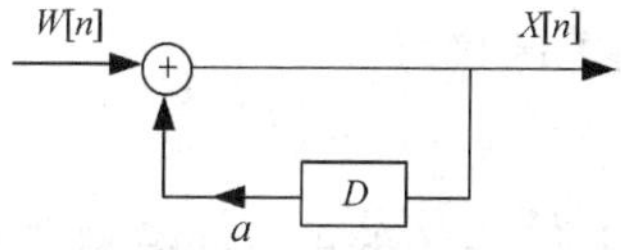

图6.5.1　例 6.5.1 的一阶 AR 模型

解　根据题意，得到一阶 AR 模型的单位脉冲响应：

$$h[n]=a^n u[n]$$

相应地，系统的频率响应为

$$H(e^{j\omega}) = \sum_{n=-\infty}^{+\infty} h[n]e^{-jn\omega} = \frac{1}{1-ae^{-j\omega}}$$

利用式(6.5.5)可得相关函数为

$$R_X(m)=\frac{\sigma^2 a^{|m|}}{1-a^2}$$

利用式(6.5.7)可以求出功率谱为

$$G_X(\omega)=|H(e^{j\omega})|^2 G_W(\omega)=\frac{\sigma^2}{|1-ae^{-j\omega}|^2}=\frac{\sigma^2}{2(1+a^2-a\cos\omega)}$$

在实际中，可以利用观测到的数据，估计模型的参数，用一个 AR 模型对一个时间序列建模。

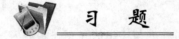

习　题

6.1　某 LTI 系统的单位冲激响应为

$$h(t)=ae^{-at}u(t)$$

其中，a 是大于 0 的实数，求输入为 $2\delta(t-\tau)+\delta(t-3\tau)$ 时滤波器的输出 $y(t)$。

6.2　已知输入信号是宽平稳的随机信号 $X(t)$，其均值为 m_x，自相关函数为 $5\delta(\tau)$，系统频率响应为 $H(j\omega)=\dfrac{2}{1+3j\omega}$，试求：

(1) 输出信号的表达式和均值；

(2) 输出的自相关函数；

(3) 输出平均功率；

(4) 输入和输出信号的互谱密度；

(5) 该系统的等效噪声带宽。

6.3　随机过程：

$$X(t)=a\cos(\omega_0 t+\phi)$$

式中，a、ω_0 为大于 0 的实常数，ϕ 为 $(0, 2\pi)$ 上均匀分布的随机变量。将 $X(t)$ 通过一个单位冲激响应为 $h(t)=e^{-at}u(t)$ 的线性时不变系统，求输出过程的表示式和均值。

6.4　随机过程 $X(t)$ 的自相关函数为

$$R_X(\tau)=a^2+be^{-|\tau|}$$

式中，a、b 是大于 0 的实常数。LTI 系统的单位冲激响应为 $h(t)=e^{-at}u(t)$，求该系统输出过程的均值。

6.5　在传输函数为 $H(j\omega)=\dfrac{j\omega RC}{1+j\omega RC}$ 的线性电路中，输入电压为 $X(t)=X_0+\cos(2\pi t+\phi)$，式中，$X_0$ 为 $(0, 2)$ 上均匀分布的随机变量，ϕ 为 $(0, 2\pi)$ 上均匀分布的随机变量，X_0 与 ϕ 相互独立。求输出电压 $Y(t)$ 的自相关函数。

6.6　若某系统的输入为平稳随机过程 $X(t)$，其功率谱密度为 $G_X(\omega)$。系统的输出 $Y(t)=X(t+\lambda)-\rho X(t)$，其中 λ 和 ρ 是常数，求 $Y(t)$ 的功率谱密度。

6.7　已知输入信号是宽平稳的随机信号 $X(t)$，其均值为 m_x，自相关函数为 $\frac{N_0}{2}\delta(\tau)$，系统单位冲激响应为 $h(t)=\frac{1}{2}\mathrm{e}^{-\frac{t}{2}}\mathrm{u}(t)$，试求：

(1) 输出均值；

(2) 输出信号的功率谱密度；

(3) 输出的平均功率；

(4) 输入和输出信号的互相关函数；

(5) 该系统的等效噪声带宽。

6.8　某线性时不变系统的传输函数为 $H(\mathrm{j}\omega)=\frac{\mathrm{j}\omega}{1+\mathrm{j}\omega}$，输入 $X(t)$ 为功率谱密度为 $\frac{N_0}{2}$ 的白噪声，求该 LTI 系统输出均值和自相关函数 $R_Y(\tau)$。

6.9　功率谱密度为 $\frac{N_0}{2}$ 的白噪声，输入图 T6.1 所示的带通滤波器中，求输出随机信号的平均功率。

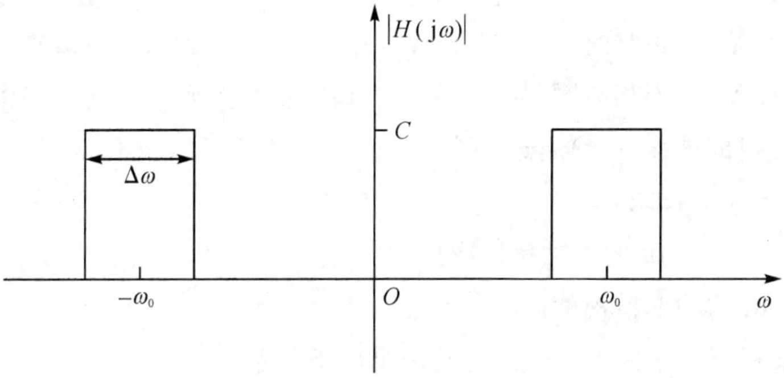

图 T6.1　题 6.9 图

6.10　假设一个零均值平稳随机过程 $X(t)$，其功率谱为 $G_X(\omega)$，通过一个单位冲激响应为 $h(t)=b\mathrm{e}^{-at}\mathrm{u}(t)$ 的线性滤波器中，求输出随机过程的功率谱密度，以及输入输出随机过程的互谱密度。

6.11　假设一个零均值平稳随机过程 $X(t)$，通过单位冲激响应为 $h(t)=\begin{cases}a\mathrm{e}^{-at}, & 0\leqslant t\leqslant T\\ 0, & 其他\end{cases}$ 的线性滤波器，证明：

(1) 输入输出的互谱密度 $G_{XY}(\omega)=\frac{a}{a+\mathrm{j}\omega}[1-\mathrm{e}^{-(a+\mathrm{j}\omega)T}]G_X(\omega)$；

(2) 输出信号的功率谱密度为

$$G_Y(\omega)=\frac{a^2}{a^2+\omega^2}(1-2\mathrm{e}^{-aT}\cos\omega T+\mathrm{e}^{-2aT})G_X(\omega)$$

6.12 假设某线性系统如图 T6.2 所示，试用频域分析法求：

(1) 系统的传输函数 $H(j\omega)$；

(2) 当输入是功率谱密度为$\frac{N_0}{2}$的白噪声时，输出的功率谱密度和均方值。

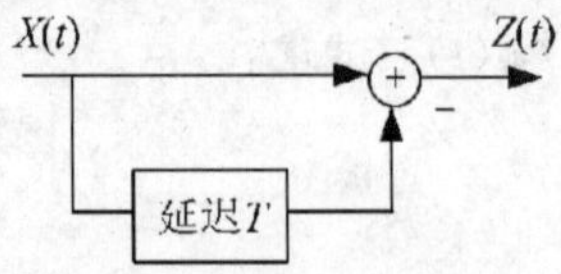

图 T6.2 题 6.12 图

6.13 求一个稳定的线性系统，使该系统在输入信号是一个功率谱密度为 1 的白噪声时，输出的功率谱为 $G_Y(\omega)=\frac{\omega^2}{\omega^4+10\omega^2+9}$。

6.14 设平稳过程 $X(t)$的自相关函数为 $R_X(\tau)=\begin{cases}1-\frac{|\tau|}{T}, & |\tau|\leqslant T\\ 0, & |\tau|>T\end{cases}$，$X(t)$通过 RC 电路，求 $Z(t)=Y(t)-X(t)$的功率谱密度 $G_Z(\omega)$。

6.15 对于两个实平稳随机过程 $X_1(t)$和 $X_2(t)$，若 $X_1(t)$和 $X_2(t)$联合平稳，将 $X(t)=X_1(t)+X_2(t)$通过一个单位冲激响应为 $h_1(t)$的线性时不变系统，试求：

(1) $X_1(t)$和 $X_2(t)$正交时，系统输出 $Y(t)$的自相关函数和功率谱密度；

(2) $X_1(t)$和 $X_2(t)$不相关时，系统输出 $Y(t)$的自相关函数和功率谱密度。

6.16 假设随机过程 $X(t)$通过一个微分器，其输出过程 $\mathrm{d}X(t)/\mathrm{d}t$ 存在，微分器的传输函数为 $H(j\omega)=j\omega$，试求：

(1) $X(t)$与 $\mathrm{d}X(t)/\mathrm{d}t$ 的互功率谱密度；

(2) $\mathrm{d}X(t)/\mathrm{d}t$ 的功率谱密度。

6.17 设某积分电路输入与输出之间满足以下关系：

$$Y(t)=\int_{t-T}^{t}X(\tau)\mathrm{d}\tau$$

式中，T 为积分时间。设输入与输出都是平稳过程。求证输出功率谱密度为

$$G_Y(\omega)=G_X(\omega)\frac{\sin^2\left(\frac{\omega T}{2}\right)}{\left(\frac{\omega}{2}\right)^2}$$

提示：可将 $X(t)$等效为通过一个单位冲激响应为 $h(t)=\mathrm{u}(t)-\mathrm{u}(t-T)$的线性系统。

6.18 具有一个输入、两个输出的 LTI 系统，输入 $X(t)$为平稳随机过程，如图 T6.3所示。

(1) 证明：输出 $Y_1(t)$和 $Y_2(t)$的互谱密度为 $G_{Y_1Y_2}(\omega)=H_1(\omega)H_2^*(\omega)G_X(\omega)$，其中 $G_X(\omega)$为输入信号 $X(t)$的功率谱密度；

(2) 若输入信号 $X(t)$是均值为 0，双边功率谱密度为$\frac{N_0}{2}$的高斯白噪声，当 $H_1(\omega)$和

$H_2(\omega)$满足什么关系时，输出信号$Y_1(t)$和$Y_2(t)$统计独立？

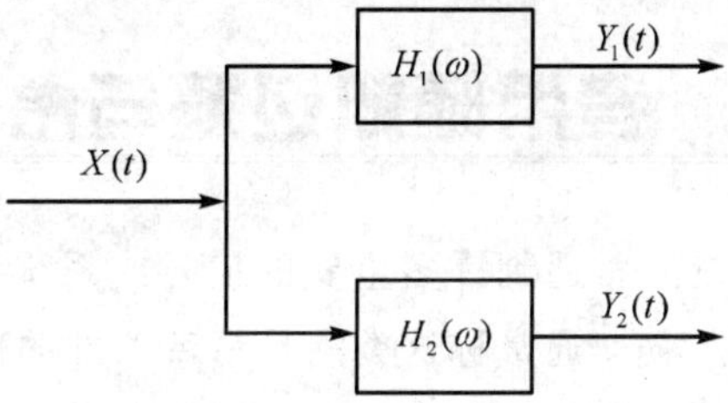

图 T6.3　题 6.18 图

6.19　已知$X(t)$和$Y(t)$是两个相互统计独立的平稳随机过程，自相关函数分别为$R_X(\tau)$和$R_Y(\tau)$，功率谱密度分别为$G_X(\omega)$和$G_Y(\omega)$，其中$Z(t)=X(t)Y(t)$。

(1) 求$Z(t)$的自相关函数$R_Z(\tau)$；

(2) 求$Z(t)$的功率谱密度$G_Z(\omega)$。

6.20　平稳随机过程$X(t)$，通过传输函数为$H(\mathrm{j}\omega)$的线性系统，求证输出信号的单边功率谱密度为

$$F_Y(\omega)=H^*(\mathrm{j}\omega)F_{XY}(\omega)$$

6.21　设有单位冲激响应为$h(t)$的线性时不变系统，系统输入$X(t)$为零均值、平稳过程，该过程的自相关函数为$R_X(\tau)=\delta(\tau)$。如果输入随机过程$X(t)$与输出随机过程$Y(t)$在同一时刻的随机变量不相关，那么$h(t)$需要满足什么条件？

6.22　若线性系统输入平稳过程$X(t)$的功率谱密度为

$$G_X(\omega)=\frac{\omega^2+4}{\omega^2+9}$$

现要求系统输出$Y(t)$的功率谱密度$G_Y(\omega)=1$，求该因果线性系统的传输函数。

6.23　某一线性时不变系统的频率响应为$H(\mathrm{j}\omega)=\frac{\alpha}{\mathrm{j}\omega+2}$，求等效噪声带宽和 3 dB 带宽。

6.24　某个放大器其功率增益随频率的变化为$\frac{10}{\left[1+\left(\frac{\omega}{1000}\right)^2\right]^2}$，求该放大器的噪声带宽。

第7章 窄带随机过程与希尔伯特变换

在通信、雷达等信息系统经常遇到许多重要的信号或系统都满足窄带的假设条件，也就是中心频率远远大于谱(带)宽，通常称这类满足窄带条件的信号或系统为窄带信号或窄带系统。窄带信号的频谱或窄带系统的频率响应被限制在中心频率附近一个比较窄的范围内，而中心频率又很大，比如：第三代移动通信系统的工作频率在2000 MHz左右、第五代移动通信系统则可以工作在6 GHz频段上，而这些系统所传输信号的带宽远远小于系统的工作频率。又比如微波脉冲雷达，其工作频率约1000 MHz以上，而它的带宽一般都在几兆赫兹以下。

类似地，如果一个随机过程的功率谱密度只分布在高频载波附近一个相对很窄的频率范围以内，则称之为窄带随机过程。窄带随机过程是在信息传输系统，特别是接收机中经常遇到的随机信号。当窄带系统的输入噪声的功率谱分布在足够宽的频率上时，系统的输出可以看成是一个窄带随机过程。

本章主要通过介绍窄带随机过程的物理模型、数学模型以及希尔伯特变换来分析窄带随机过程的统计特性、功率谱密度等重要的性质。最后讨论窄带随机过程包络和相位的一些统计特性。

7.1 希尔伯特变换

实信号 $f(t)$的频谱 $F(\mathrm{j}\omega)$包含有正负频率成分，是一个双边谱。实际应用中经常涉及的物理谱 $2F(\mathrm{j}\omega)\mathrm{u}(\omega)$是单边谱，它在正频率部分等于 $2F(\mathrm{j}\omega)$，负频率部分为0。显然，物理谱 $2F(\mathrm{j}\omega)\mathrm{u}(\omega)$对应的时域信号是一个复信号，而频谱 $F(\mathrm{j}\omega)$对应的是一个实信号$f(t)$。从频域上看，一个信号的频谱 $F(\mathrm{j}\omega)$和物理谱 $2F(\mathrm{j}\omega)\mathrm{u}(\omega)$有着密切的联系，那么从时域上看，频谱和物理谱对应的信号之间是否也有联系呢？为此，下面先来介绍希尔伯特变换。

7.1.1 希尔伯特变换和逆变换

希尔伯特变换(Hilbert transform)是以著名数学家大卫·希尔伯特(David Hilbert)来命名的，它是分析窄带随机信号和系统的重要工具。一个连续时间信号 $x(t)$的希尔伯特变换等于该信号通过具有冲激响应 $h(t)=1/(\pi t)$的线性系统以后的输出响应。

1. 希尔伯特变换

定义 7.1.1 设有一个实信号 $x(t)$，它的希尔伯特变换记作 $\hat{x}(t)$(或记作$\mathscr{H}[x(t)]$)，则

$$\mathscr{H}[x(t)]=\hat{x}(t)=\frac{1}{\pi}\int_{-\infty}^{\infty}\frac{x(\tau)}{t-\tau}\mathrm{d}\tau=x(t)*\frac{1}{\pi t}\tag{7.1.1}$$

从定义可以看到，$x(t)$的希尔伯特变换为 $x(t)$与 $1/(\pi t)$的卷积。因此，可以把希尔伯

特变换看作信号通过一个冲激响应为 $1/(\pi t)$ 的线性时不变系统的输出。

式(7.1.1)经积分变量替换后，又可以表示为

$$\hat{x}(t)=\frac{1}{\pi}\int_{-\infty}^{\infty}\frac{x(t-\tau)}{\tau}\mathrm{d}\tau=-\frac{1}{\pi}\int_{-\infty}^{\infty}\frac{x(t+\tau)}{\tau}\mathrm{d}\tau \tag{7.1.2}$$

由式(7.1.1)，希尔伯特变换的单位冲激响应为 $1/(\pi t)$，对其求傅里叶变换可以得到传递函数 $H(\mathrm{j}\omega)$：

$$h(t)=\frac{1}{\pi t}\xleftrightarrow{\mathscr{F}}H(\mathrm{j}\omega)=-\mathrm{j}\,\mathrm{sgn}(\omega)=\begin{cases}-\mathrm{j}, & \omega\geqslant 0\\ +\mathrm{j}, & \omega<0\end{cases} \tag{7.1.3}$$

证明　由傅里叶变换对

$$\mathrm{sgn}(t)\xleftrightarrow{\mathscr{F}}\frac{2}{\mathrm{j}\omega} \tag{7.1.4}$$

对式(7.1.4)应用傅里叶变换的对偶性质(若 $f(t)\xleftrightarrow{\mathscr{F}}F(\mathrm{j}\omega)$，则 $F(\mathrm{j}t)\leftrightarrow 2\pi f(-\omega)$)，可得

$$\frac{2}{\mathrm{j}t}\xleftrightarrow{\mathscr{F}}2\pi\mathrm{sgn}(-\omega)=-2\pi\mathrm{sgn}(\omega)$$

整理得到

$$h(t)=\frac{1}{\pi t}\xleftrightarrow{\mathscr{F}}H(\mathrm{j}\omega)=-\mathrm{j}\,\mathrm{sgn}(\omega)=\begin{cases}-\mathrm{j}, & \omega\geqslant 0\\ +\mathrm{j} & \omega<0\end{cases}$$

于是希尔伯特变换的传输函数(频率响应)的模和相位分别为

$$|H(\mathrm{j}\omega)|=1$$

和

$$\phi(\omega)=\begin{cases}-\dfrac{\pi}{2}, & \omega\geqslant 0\\[2ex] +\dfrac{\pi}{2}, & \omega<0\end{cases}$$

图 7.1.1 给出了希尔伯特变换的传输函数示意图以及它的模和相位特性。

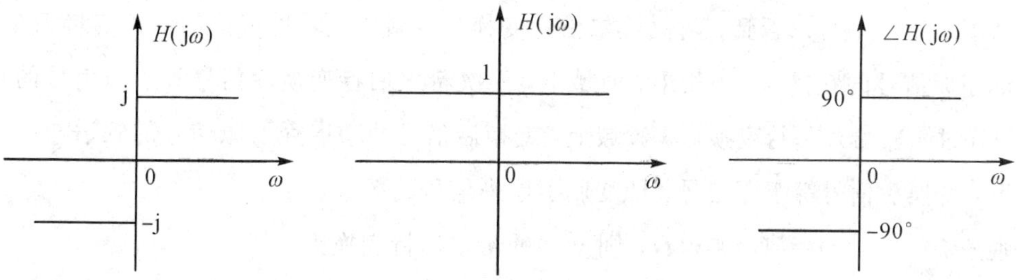

图 7.1.1　希尔伯特变换的传输函数

可见，希尔伯特变换器本质上是一个理想的90°移相器，又相当于一个正交滤波器。信号经希尔伯特变换后，在频域各频率分量的幅度保持不变，但相位将出现90°相移，即对正频率相位滞后 $\pi/2$，对负频率相位超前 $\pi/2$。用希尔伯特变换描述幅度调制或相位调制的包络、瞬时频率和瞬时相位会使分析简便，在通信系统中有着重要的理论意义和实用价值。在通信理论中，希尔伯特变换是分析信号的工具，在数字信号处理中，不仅可用于信号变换，还可用于滤波，可以做成不同类型的希尔伯特滤波器。

2. 希尔伯特逆变换

希尔伯特逆变换：

$$x(t)=\mathscr{H}^{-1}[\hat{x}(t)]=-\frac{1}{\pi}\int_{-\infty}^{\infty}\frac{\hat{x}(\tau)}{t-\tau}\mathrm{d}\tau=\hat{x}(t)*\left(-\frac{1}{\pi t}\right) \tag{7.1.5}$$

由式(7.1.5)可见，一个连续时间信号 $x(t)$ 的希尔伯特逆变换等于该信号通过具有单位冲激响应为 $h(t)=-\frac{1}{\pi t}$ 的线性系统以后的输出响应。

7.1.2 希尔伯特变换的性质

性质1 $\hat{x}(t)$ 的希尔伯特变换为 $-x(t)$。

证明 由式(7.1.1)和式(7.1.5)，可得

$$\mathscr{H}[\hat{x}(t)]=\hat{x}(t)*\frac{1}{\pi t}=-\hat{x}(t)*\left(-\frac{1}{\pi t}\right)=-x(t)$$

说明两次希尔伯特变换相当于一个倒相器。

图7.1.2示意了一个原始信号分别做1至4次希尔伯特变换的传输函数。

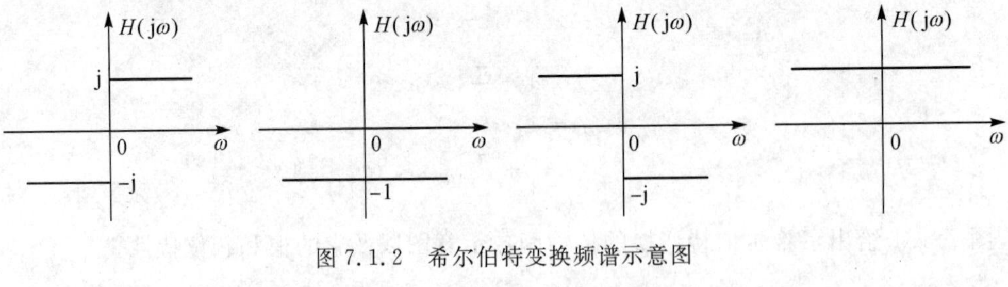

图7.1.2　希尔伯特变换频谱示意图

从图7.1.2中可以看到，两次希尔伯特变换后，频域上，两次希尔伯特变换后信号的频谱等于原信号的频谱与−1相乘；时域上，两次希尔伯特变换后信号等于原信号的负值。另外，经过4次希尔伯特变换后，频域上，变换后信号的频谱等于原信号的频谱与1相乘；时域上，变换后信号等于原信号，即变回了原来信号的频谱。

性质2 若 $y(t)=h(t)*x(t)$，则 $y(t)$ 的希尔伯特变换为

$$\hat{y}(t)=h(t)*\hat{x}(t)=\hat{h}(t)*x(t)$$

证明　利用卷积运算满足结合律和交换律容易得出

$$\hat{y}(t)=h(t)*x(t)*\frac{1}{\pi t}=h(t)*\left[x(t)*\frac{1}{\pi t}\right]=h(t)*\hat{x}(t)$$

$$=\left[h(t)*\frac{1}{\pi t}\right]*x(t)=\hat{h}(t)*x(t)$$

性质 3　$\hat{x}(t)$与 $x(t)$的能量及平均功率相等，即

$$\int_{-\infty}^{\infty}|x(t)|^2\mathrm{d}t=\int_{-\infty}^{\infty}|\hat{x}(t)|^2\mathrm{d}t$$

$$\lim_{T\to\infty}\frac{1}{2T}\int_{-T}^{T}|x(t)|^2\mathrm{d}t=\lim_{T\to\infty}\frac{1}{2T}\int_{-T}^{T}|\hat{x}(t)|^2\mathrm{d}t \tag{7.1.6}$$

性质 3 说明希尔伯特变换是一个全通滤波器，信号通过它只改变了信号的相位，不会改变信号的能量和功率。

证明　假设 $\hat{x}(t)$的傅里叶变换为 $\hat{X}(\mathrm{j}\omega)$，根据帕塞瓦尔定理：

$$\int_{-\infty}^{\infty}|\hat{x}(t)|^2\mathrm{d}t=\frac{1}{2\pi}\int_{-\infty}^{\infty}|\hat{X}(\mathrm{j}\omega)|^2\mathrm{d}t \tag{7.1.7}$$

由 $\hat{X}(\mathrm{j}\omega)=H(\mathrm{j}\omega)X(\mathrm{j}\omega)$可得

$$\int_{-\infty}^{\infty}|\hat{x}(t)|^2\mathrm{d}t=\frac{1}{2\pi}\int_{-\infty}^{\infty}|\hat{X}(\mathrm{j}\omega)|^2\mathrm{d}t=\frac{1}{2\pi}\int_{-\infty}^{\infty}|X(\mathrm{j}\omega)|^2\mathrm{d}t$$

$$=\int_{-\infty}^{\infty}|x(t)|^2\mathrm{d}t$$

这等价于

$$\lim_{T\to\infty}\int_{-T}^{T}|x(t)|^2\mathrm{d}t=\lim_{T\to\infty}\int_{-T}^{T}|\hat{x}(t)|^2\mathrm{d}t$$

上式等号两边除以 $2T$ 也成立，所以，$\hat{x}(t)$与 $x(t)$的平均功率相等。

性质 4　平稳随机过程 $X(t)$的自相关函数与它的希尔伯特变换 $\hat{x}(t)$的自相关函数相同，有

$$R_{\hat{X}}(\tau)=R_X(\tau) \tag{7.1.8}$$

证明　平稳随机过程 $X(t)$通过希尔伯特变换器以后，得到的输出为

$$\hat{X}(t)=X(t)*h(t)$$

输出信号的自相关函数为

$$R_{\hat{X}}(\tau)=R_X(\tau)*h(\tau)*h(-\tau)=R_X(\tau)*\frac{1}{\pi\tau}*\left(-\frac{1}{\pi\tau}\right)=\mathscr{H}^{-1}\{\mathscr{H}[R_X(\tau)]\}=R_X(\tau)$$

输出信号的功率谱为

$$G_{\hat{X}}(\omega)=G_X(\omega)|H(\mathrm{j}\omega)|^2$$

由于希尔伯特变换器传输函数的模为 1，即$|H(\mathrm{j}\omega)|^2=1$，因此，

$$G_{\hat{X}}(\omega)=G_X(\omega)|H(\mathrm{j}\omega)|^2=G_X(\omega)$$

对上式进行傅里叶反变换，得

$$R_{\hat{X}}(\tau)=R_X(\tau)$$

推论 1 由 $R_{\hat{X}}(\tau)=R_X(\tau)$，得到：

$$R_{\hat{X}}(0)=R_X(0) \tag{7.1.9}$$

即经过希尔伯特变换后，平均功率不变(性质 3)。

推论 2 经过希尔伯特变换后功率谱密度不变

$$G_{\hat{X}}(\omega)=G_X(\omega)|H(\mathrm{j}\omega)|^2=G_X(\omega) \tag{7.1.10}$$

性质 5 平稳随机过程 $X(t)$与它的希尔伯特变换 $\hat{X}(t)$的互相关函数与 $X(t)$的自相关函数的希尔伯特变换有如下关系：

$$R_{\hat{X}X}(\tau)=-\hat{R}_X(\tau) \tag{7.1.11}$$

$$R_{X\hat{X}}(\tau)=\hat{R}_X(\tau) \tag{7.1.12}$$

证明 根据平稳随机过程通过 LTI 系统的互相关函数表达式：

$$R_{X\hat{X}}(\tau)=R_X(\tau)*\frac{1}{\pi\tau} \tag{7.1.13}$$

式(7.1.13)等号右边就是 $R_X(\tau)$的希尔伯特变换，因此

$$R_{X\hat{X}}(\tau)=\hat{R}_X(\tau)$$

同理，$R_{\hat{X}X}(\tau)=R_X(\tau)*\left(-\frac{1}{\pi\tau}\right)=-\hat{R}_X(\tau)$。

性质 6 平稳随机过程 $X(t)$与它的希尔伯特变换 $\hat{X}(t)$的互相关函数是奇函数。

证明 由性质 5，有

$$R_{\hat{X}X}(\tau)=-\hat{R}_X(\tau),\ R_{\hat{X}}(\tau)=\hat{R}_X(\tau)$$

综上互相关函数的性质，可得

$$R_{\hat{X}X}(\tau)=R_{X\hat{X}}(-\tau)=-\hat{R}_X(\tau)=-R_{\hat{X}}(\tau)$$

因此，从 $R_{X\hat{X}}(-\tau)=-R_{X\hat{X}}(\tau)$可以看出 $R_{\hat{X}}(\tau)$是奇函数，并且有

$$R_{\hat{X}X}(0)=-R_{\hat{X}X}(0)$$

这表明，$R_{\hat{X}X}(0)=0$。

可见，平稳随机过程 $X(t)$与它的希尔伯特变换 $\hat{X}(t)$在同一时刻是正交的，它们的互相关函数是奇函数。

性质 7 设具有有限带宽 $\Delta\omega$ 的信号 $a(t)$的傅里叶变换为 $A(\mathrm{j}\omega)$，$a(t)$与 $a(t)\cos\omega_0 t$ 的

时域波形图如图 7.1.3 所示，频谱如图 7.1.4 所示。假定 $\omega_0>\frac{\Delta\omega}{2}$，则有

$$H[a(t)\cos\omega_0 t]=a(t)\sin\omega_0 t \tag{7.1.14}$$

$$H[a(t)\sin\omega_0 t]=-a(t)\cos\omega_0 t \tag{7.1.15}$$

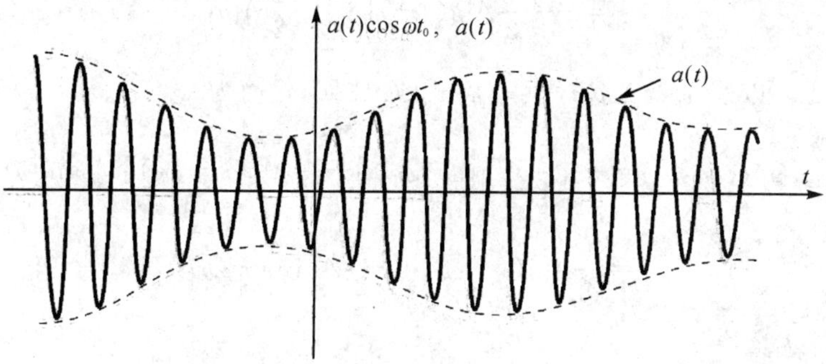

图 7.1.3　$a(t)$与$a(t)\cos\omega_0 t$的时域波形示意图

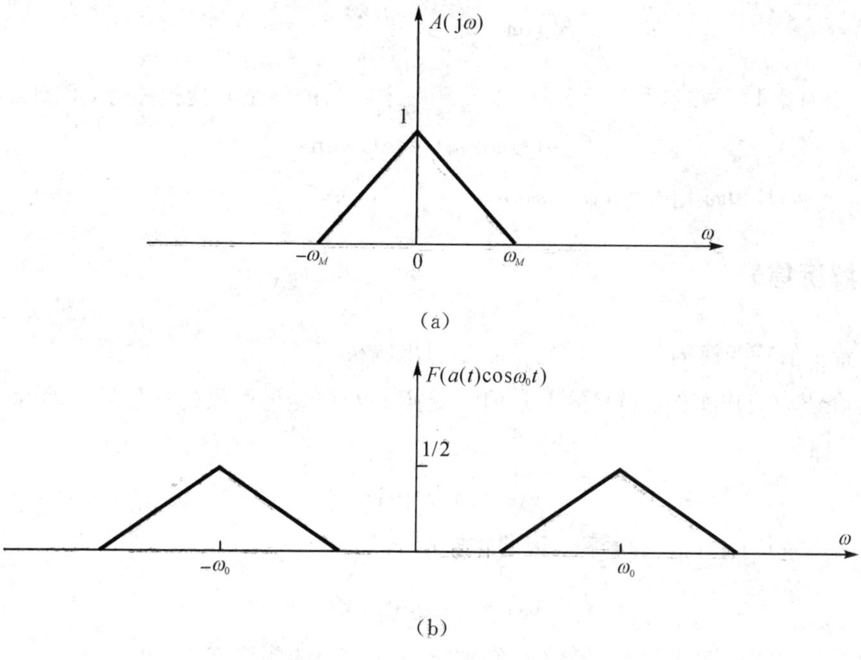

图 7.1.4　$a(t)$与$a(t)\cos\omega_0 t$的频谱

证明　设$a(t)$的傅里叶变换为$A(\mathrm{j}\omega)$，那么

$$F\{a(t)\cos\omega_0 t\}=\frac{1}{2\pi}A(\mathrm{j}\omega)*\pi[\delta(\omega+\omega_0)+\delta(\omega-\omega_0)]$$

$$=\frac{1}{2}A[\mathrm{j}(\omega+\omega_0)]+\frac{1}{2}A[\mathrm{j}(\omega-\omega_0)]$$

根据 LTI 系统输入/输出的频域关系，即希尔伯特变换的频谱是该信号频谱与希尔伯

特变换器的传输函数之积，有

$$F\{H[a(t)\cos\omega_0 t]\}=F\left[a(t)\cos\omega_0 t * \frac{1}{\pi t}\right]$$

$$=-F[a(t)\cos\omega_0 t]\mathrm{j}\,\mathrm{sgn}(\omega)$$

$$=-\left\{\frac{1}{2}A[\mathrm{j}(\omega+\omega_0)]+\frac{1}{2}A[\mathrm{j}(\omega-\omega_0)]\right\}\mathrm{j}\,\mathrm{sgn}(\omega) \quad (7.1.16)$$

结合图 7.1.4 以及 $\omega_0>\Delta\omega/2$，可以将式(7.1.16)化简为

$$F\{H[a(t)\cos\omega_0 t]\}=-\left\{\frac{1}{2}A[\mathrm{j}(\omega+\omega_0)]+\frac{1}{2}A[\mathrm{j}(\omega-\omega_0)]\right\}\mathrm{j}\,\mathrm{sgn}(\omega)$$

$$=\frac{1}{2\mathrm{j}}A[\mathrm{j}(\omega-\omega_0)]-\frac{1}{2\mathrm{j}}A[\mathrm{j}(\omega+\omega_0)] \quad (7.1.17)$$

又因为

$$F\{a(t)\sin\omega_0 t\}=\frac{1}{2\pi\mathrm{j}}A(\mathrm{j}\omega) * \pi[\delta(\omega-\omega_0)-\delta(\omega+\omega_0)]$$

$$=\frac{1}{2\mathrm{j}}A[\mathrm{j}(\omega-\omega_0)]-\frac{1}{2\mathrm{j}}A[\mathrm{j}(\omega+\omega_0)] \quad (7.1.18)$$

综合式(7.1.17)和式(7.1.18)，可以发现两个函数的傅里叶变换相等，因此，有

$$H[a(t)\cos\omega_0 t]=a(t)\sin\omega_0 t$$

同理，$\mathscr{H}[a(t)\sin\omega_0 t]=-a(t)\cos\omega_0 t$。

7.1.3 解析信号

研究希尔伯特变换的主要目的之一就是引出解析信号。

由实信号 $x(t)$ 作实部、$x(t)$ 的希尔伯特变换 $\hat{x}(t)$ 作虚部构成的复信号 $z(t)$ 称为 $x(t)$ 的解析信号，即

$$z(t)=x(t)+\mathrm{j}\hat{x}(t) \quad (7.1.19)$$

由于 $\hat{x}(t)$ 是 $x(t)$ 与 $1/(\pi t)$ 的卷积，因此在频域上有

$$\hat{X}(\mathrm{j}\omega)=-\mathrm{j}\,\mathrm{sgn}(\omega)X(\mathrm{j}\omega) \quad (7.1.20)$$

结合式(7.1.19)和式(7.1.20)，可知解析信号 $z(t)$ 的频谱 $Z(\mathrm{j}\omega)$ 为

$$Z(\mathrm{j}\omega)=\begin{cases}2X(\mathrm{j}\omega), & \omega\geqslant 0\\ 0, & \omega<0\end{cases}$$

$$=2X(\mathrm{j}\omega)\mathrm{u}(\omega) \quad (7.1.21)$$

如果 $x(t)$ 是随机信号(记为 $X(t)$)，我们还可以求出它的解析信号的功率谱。对解析信号求自相关函数，可以得到

$$
\begin{aligned}
R_Z(\tau) &= Ez^*(t)z(t+\tau) = E[X(t)-\mathrm{j}\hat{X}(t)][X(t+\tau)+\mathrm{j}\hat{X}(t+\tau)] \\
&= R_X(\tau)+R_{\hat{X}}(\tau)-\mathrm{j}R_{\hat{X}X}(\tau)+\mathrm{j}R_{X\hat{X}}(\tau) \\
&= 2[R_X(\tau)+\mathrm{j}\hat{R}_X(\tau)]
\end{aligned} \tag{7.1.22}
$$

式(7.1.22)的最后一步应用了希尔伯特变换性质 4 和性质 5。

对式(7.1.22)求傅里叶变换，可以得到解析信号的功率谱：

$$
\begin{aligned}
G_Z(\omega) &= \begin{cases} 4G_X(\omega), & \omega \geqslant 0 \\ 0, & \omega < 0 \end{cases} \\
&= 4G_X(\omega)\mathrm{u}(\omega)
\end{aligned} \tag{7.1.23}
$$

由式(7.1.19)～式(7.1.23)可以看到，解析信号 $z(t)$ 的实部包含了实信号 $x(t)$ 的全部信息，虚部则与实部有着确定的关系；原信号的功率如图 7.1.5(b)所示，解析信号仅有单边谱，它的频谱只有正频段且幅度值为原来的两倍(如图 7.1.5(a)所示)，实现了信号由双边谱转换成单边谱；解析信号的功率谱也只有正频段，强度为原来的四倍(如图 7.1.5(c)所示)，实部和虚部功率谱相同，自相关函数相同；实部和虚部的互相关函数是一个奇函数。

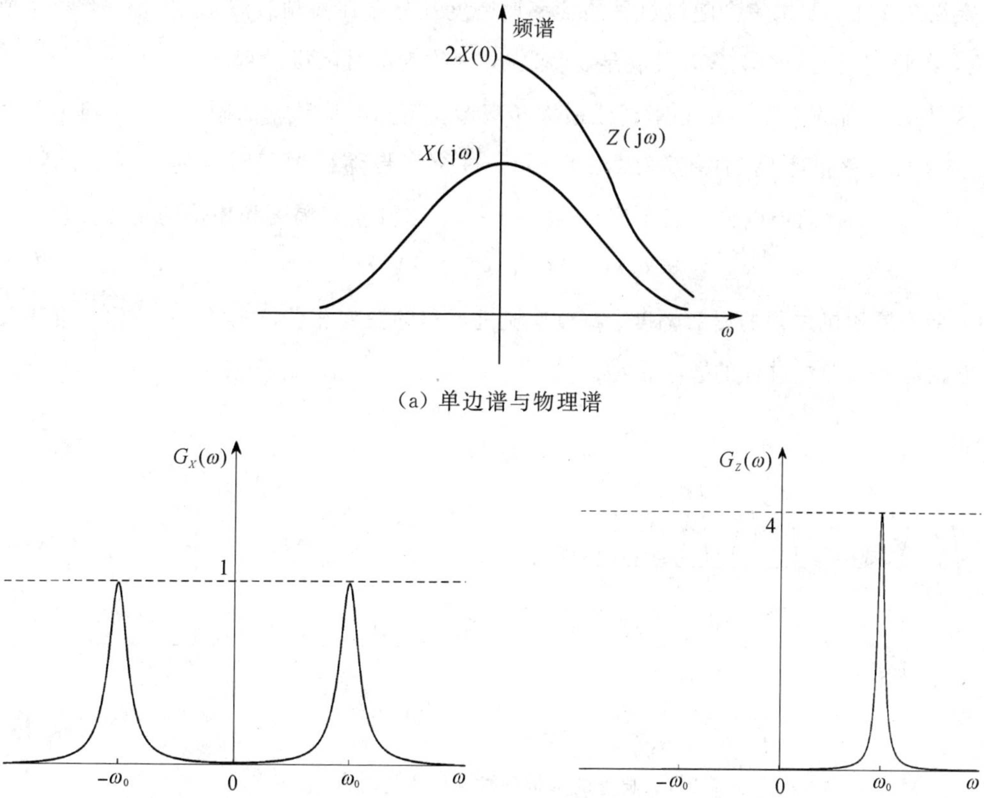

(a) 单边谱与物理谱

(b) 原信号的功率谱　　　　(c) 解析信号的功率谱

图 7.1.5　解析信号的频谱和功率谱

所以，解析信号是将原信号的负频率成分去掉，然后将正频率成分加倍所得到的信号，这个信号从时域上看是一个复值信号。它的实部就是原信号，虚部就是原信号的希尔伯特变换。虽然解析信号只用了原信号一半的频域，但由于解析信号的实部就是原信号，所以它仍保有原信号的全部信息。

7.2 窄带随机过程

7.2.1 窄带随机过程的概念

在通信中，基带信号需要调制到一个很高的载频上才能发射出去。比如，语音信号是低频信号(一般为 300～3400 Hz)，而通信系统的工作频率很高，第五代移动通信系统工作在 6 GHz 频段上。此时，需要将低频信号通过频谱搬移调制到高频上，接收机收到后再将高频信号解调为低频信号。这种带宽远远小于载波频率的被调制信号，称为窄带信号。对于一个随机过程来说，其功率谱是限带的，而且满足 $\omega_0 \gg \Delta\omega$ 就称为窄带随机过程。

定义 7.2.1 如果一个随机过程的功率谱密度只分布在高频载波 ω_0 附近一个窄频范围 $\Delta\omega$ 内，在此范围之外全为零，且满足 $\omega_0 \gg \Delta\omega$，则称为窄带随机过程。

这里 ω_0 可能选在频带中心附近或最大功率谱密度点对应频率的附近。一个典型的窄带随机过程的功率谱密度如图 7.2.1(b)所示。这个窄带随机过程对应的某样本函数如图 7.2.1(a)所示，我们可以将它表示成具有角频率 ω_0 以及慢变幅度和相位的正弦振荡：

$$X(t)=A(t)\cos[\omega_0 t+\phi(t)] \tag{7.2.1}$$

式中，$A(t)$是随机过程的慢变幅度，$\phi(t)$是随机过程的慢变相位。式(7.2.1)称为准正弦振荡，也就是窄带随机过程的数学模型。

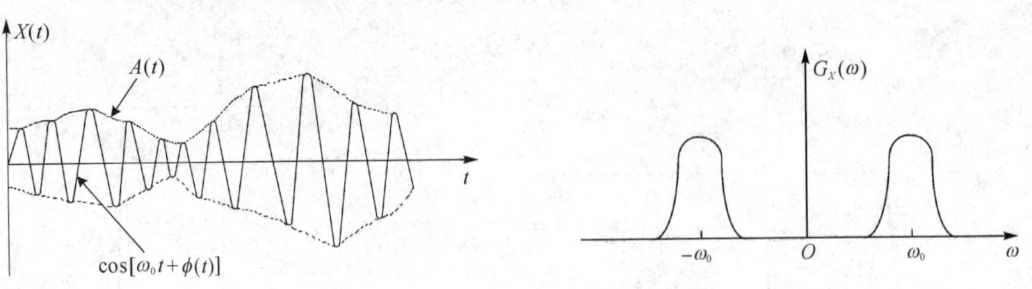

(a) (b)

图 7.2.1 典型的窄带随机过程及其功率谱密度图

用三角公式展开式(7.2.1)得到

$$X(t)=A(t)\cos[\omega_0 t+\phi(t)]=A(t)\cos\omega_0 t\cos\phi(t)-A(t)\sin\omega_0 t\sin\phi(t) \tag{7.2.2}$$

令 $a(t)=A(t)\cos\phi(t)$，$b(t)=A(t)\sin\phi(t)$，于是窄带随机过程 $X(t)$可以表示为

$$X(t)=a(t)\cos\omega_0 t-b(t)\sin\omega_0 t \tag{7.2.3}$$

其中：

$$A(t)=\sqrt{a^2(t)+b^2(t)} \tag{7.2.4}$$

$$\phi(t)=\arctan\frac{b(t)}{a(t)} \tag{7.2.5}$$

对式(7.2.3)作希尔伯特变换，得到

$$\hat{X}(t)=a(t)\sin\omega_0 t+b(t)\cos\omega_0 t \tag{7.2.6}$$

联立式(7.2.3)和式(7.2.6)，解得

$$a(t)=X(t)\cos\omega_0 t+\hat{X}(t)\sin\omega_0 t \tag{7.2.7}$$

$$b(t)=-X(t)\sin\omega_0 t+\hat{X}(t)\cos\omega_0 t \tag{7.2.8}$$

通常将式(7.2.3)、式(7.2.7)和式(7.2.8)一起称为莱斯表达式。$a(t)$与$b(t)$分别称为窄带随机过程的同向分量与正交分量。

7.2.2　窄带随机过程的性质

本节主要讨论窄带随机过程相关的性质，这里假设窄带随机过程$X(t)$是零均值实平稳随机过程。

性质 1　$a(t)$与$b(t)$都是实随机过程。

证明　因为$X(t)$和$\hat{X}(t)$都是实随机过程，所以由

$$a(t)=X(t)\cos\omega_0 t+\hat{X}(t)\sin\omega_0 t$$

$$b(t)=-X(t)\sin\omega_0 t+\hat{X}(t)\cos\omega_0 t$$

可知，$a(t)$与$b(t)$都是实随机过程。

性质 2　$a(t)$与$b(t)$的均值为 0，即$E[a(t)]=E[b(t)]=0$

证明　假设$E[X(t)]=0$，则平稳随机过程通过 LTI 系统的输出均值为

$$E[\hat{X}(t)]=E[X(t)]H(0)=0$$

因此

$$E[a(t)]=E[X(t)]\cos\omega_0 t+E[\hat{X}(t)]\sin\omega_0 t=0$$

同理：

$$E[b(t)]=-E[X(t)]\sin\omega_0 t+E[\hat{X}(t)]\cos\omega_0 t=0$$

性质 3　$a(t)$与$b(t)$都是平稳随机过程且联合平稳。

证明　根据定义计算$a(t)$的自相关函数如下：

$$R_a(t, t+\tau)=E[a(t)a(t+\tau)]$$

$$=E[\{X(t)\cos\omega_0 t+\hat{X}(t)\sin\omega_0 t\}\cdot\{X(t+\tau)\cos\omega_0(t+\tau)+\hat{X}(t+\tau)\sin\omega_0(t+\tau)\}]$$

$$=R_X(\tau)\cos\omega_0 t\cos\omega_0(t+\tau)+R_{X\hat{X}}(\tau)\cos\omega_0 t\sin\omega_0(t+\tau)+R_{\hat{X}X}(\tau)\sin\omega_0 t\cos\omega_0(t+\tau)+R_{\hat{X}}(\tau)\sin\omega_0 t\sin\omega_0(t+\tau)$$

因为 $R_{X\hat{X}}(\tau)=-R_{\hat{X}X}(\tau)$ 且 $R_{\hat{X}}(\tau)=R_X(\tau)$，所以有

$$R_a(t, t+\tau)=R_X(\tau)[\cos\omega_0 t\cos\omega_0(t+\tau)+\sin\omega_0 t\sin\omega_0(t+\tau)]+\hat{R}_X(\tau)[\cos\omega_0 t\sin\omega_0(t+\tau)-\sin\omega_0 t\cos\omega_0(t+\tau)]$$

$$=R_X(\tau)\cos\omega_0\tau+\hat{R}_X(\tau)\sin\omega_0\tau=R_a(\tau)$$

可见，$a(t)$的自相关函数与 t 无关。

又因为

$$E[a^2(t)]=R_a(0)=R_X(0)<\infty$$

另外，性质 2 已经证明 $a(t)$的均值为零，所以，$a(t)$是平稳随机过程。

同理，$b(t)$也是平稳随机过程，并且

$$R_b(t, t+\tau)=R_X(\tau)\cos\omega_0\tau+\hat{R}_X(\tau)\sin\omega_0\tau=R_b(\tau)$$

下面求 $a(t)$与 $b(t)$的互相关函数：

$$R_{ab}(t, t+\tau)=E[a(t)b(t+\tau)]$$

$$=E[\{X(t)\cos\omega_0 t+\hat{X}(t)\sin\omega_0 t\}\cdot\{-X(t+\tau)\sin\omega_0(t+\tau)+\hat{X}(t+\tau)\cos\omega_0(t+\tau)\}]$$

$$=-R_X(\tau)\cos\omega_0 t\sin\omega_0(t+\tau)+R_{\hat{X}}(\tau)\sin\omega_0 t\cos\omega_0(t+\tau)-R_{\hat{X}X}(\tau)\sin\omega_0 t\sin\omega_0(t+\tau)+R_{X\hat{X}}(\tau)\cos\omega_0 t\cos\omega_0(t+\tau)$$

根据希尔伯特变换的性质 $R_{X\hat{X}}(\tau)=-R_{\hat{X}X}(\tau)$、$R_{\hat{X}}(\tau)=R_X(\tau)$ 以及 $R_{X\hat{X}}(\tau)=\hat{R}_X(\tau)$，可知

$$R_{ab}(t, t+\tau)=-R_X(\tau)\cos\omega_0 t\sin\omega_0(t+\tau)+R_X(\tau)\sin\omega_0 t\cos\omega_0(t+\tau)+R_{X\hat{X}}(\tau)\sin\omega_0 t\sin\omega_0(t+\tau)+R_{X\hat{X}}(\tau)\cos\omega_0 t\cos\omega_0(t+\tau)$$

$$=-R_X(\tau)\sin\omega_0\tau+R_{X\hat{X}}(\tau)\cos\omega_0\tau$$

$$=-R_X(\tau)\sin\omega_0\tau+R_X(\tau)\cos\omega_0\tau$$

$$=R_{ab}(\tau)$$

同理可得

$$R_{ba}(t, t+\tau)=R_X(\tau)\sin\omega_0\tau-\hat{R}_X(\tau)\cos\omega_0\tau=R_{ba}(\tau)$$

因此，$a(t)$与$b(t)$是联合平稳的，且 $R_{ab}(\tau)=-R_{ba}(\tau)$。

性质 4　$a(t)$与$b(t)$的自相关函数相同。

由性质 3 的证明过程可以得到

$$R_a(\tau)=R_X(\tau)\cos\omega_0\tau+R_{X\hat{X}}(\tau)\sin\omega_0\tau=R_b(\tau)$$

性质 5　$a(t)$、$b(t)$以及 $X(t)$的平均功率相同，即 $E[a^2(t)]=E[b^2(t)]=E[X^2(t)]$。

证明　当 $\tau=0$ 时，由性质 3，有

$$E[a^2(t)]=E[b^2(t)]=E[X^2(t)]$$

性质 6　$R_{ab}(\tau)=-R_X(\tau)\sin\omega_0\tau+\hat{R}_X(\tau)\cos\omega_0\tau$，$R_{ab}(\tau)=-R_{ba}(\tau)=-R_{ab}(-\tau)$。

证明　由性质 3 的证明可以得到。

性质 7　$R_{ab}(0)=0$。

证明　由性质 6，有

$$R_{ab}(\tau)=-R_{ab}(-\tau)$$

说明 $a(t)$和 $b(t)$的互相关函数是奇函数，因此

$$R_{ab}(0)=0$$

可见，随机过程 $a(t)$和 $b(t)$在同一时刻是正交的。

性质 8　$R_X(\tau)=R_a(\tau)\cos\omega_0\tau+R_{ba}(\tau)\sin\omega_0\tau$

证明

$$\begin{aligned}R_X(t, t+\tau)&=E[X(t)X(t+\tau)]\\&=E[\{a(t)\cos\omega_0 t-b(t)\sin\omega_0 t\}\cdot\\&\quad\{a(t+\tau)\cos\omega_0(t+\tau)-b(t+\tau)\sin\omega_0(t+\tau)\}\\&=R_a(\tau)\cos\omega_0 t\cos\omega_0(t+\tau)-R_{ba}(\tau)\sin\omega_0 t\cos\omega_0(t+\tau)\\&\quad-R_{ab}(\tau)\cos\omega_0 t\sin\omega_0(t+\tau)+R_b(\tau)\sin\omega_0 t\sin\omega_0(t+\tau)\end{aligned}$$

根据性质 4 和性质 6 可知

$$R_a(\tau)=R_b(\tau),\ R_{ab}(\tau)=-R_{ba}(\tau)$$

因此，$R_X(\tau)=R_a(\tau)\cos\omega_0\tau+R_{ba}(\tau)\sin\omega_0\tau$。

性质 9　$G_a(\omega)=G_b(\omega)=\mathrm{LOW_P}[G_X(\omega+\omega_0)+G_X(\omega-\omega_0)]$，其中，$G_a(\omega)$、$G_b(\omega)$和 $G_X(\omega)$分别是 $a(t)$、$b(t)$和 $X(t)$的功率谱，这里 $\mathrm{LOW_P}$ 表示取低通部分。

证明　由性质 3，有

$$\begin{aligned}R_a(\tau)=R_b(\tau)&=R_X(\tau)\cos\omega_0\tau+R_{X\hat{X}}(\tau)\sin\omega_0\tau\\&=\frac{1}{2}R_X(\tau)[\mathrm{e}^{\mathrm{j}\omega_0\tau}+\mathrm{e}^{-\mathrm{j}\omega_0\tau}]+\frac{1}{2\mathrm{j}}R_{\hat{X}}(\tau)[\mathrm{e}^{\mathrm{j}\omega_0\tau}-\mathrm{e}^{-\mathrm{j}\omega_0\tau}]\end{aligned}$$

两边取傅里叶变换，并根据

$$G_{X\hat{X}}(\omega)=H(\mathrm{j}\omega)G_X(\omega)=-\mathrm{j}\,\mathrm{sgn}(\omega)G_X(\omega)$$

以及

$$\mathrm{e}^{\mathrm{j}\omega_0\tau}\xleftrightarrow{\mathscr{F}}2\pi\delta(\omega-\omega_0)$$

这里 $H(\mathrm{j}\omega)=-\mathrm{j}\,\mathrm{sgn}(\omega)$是希尔伯特变换器的传输函数。

可以得到

$$\begin{aligned}G_a(\omega)&=\frac{1}{2}[G_X(\omega-\omega_0)+G_X(\omega+\omega_0)]+\\&\quad\frac{1}{2\mathrm{j}}[-\mathrm{j}\,\mathrm{sgn}(\omega-\omega_0)G_X(\omega-\omega_0)+\mathrm{j}\,\mathrm{sgn}(\omega+\omega_0)G_X(\omega+\omega_0)]\\&=\frac{1}{2}[G_X(\omega-\omega_0)+G_X(\omega+\omega_0)]+\\&\quad\frac{1}{2}[-\mathrm{sgn}(\omega-\omega_0)G_X(\omega-\omega_0)+\mathrm{sgn}(\omega+\omega_0)G_X(\omega+\omega_0)]\\&=\mathrm{LOW}_P[G_X(\omega+\omega_0)+G_X(\omega-\omega_0)]\end{aligned}$$

同理，可以得到

$$G_b(\omega)=\mathrm{LOW}_\mathrm{P}[G_X(\omega+\omega_0)+G_X(\omega-\omega_0)]$$

性质 10 随机过程 $a(t)$和 $b(t)$的互谱密度为

$$\begin{aligned}G_{ab}(\omega)&=-\mathrm{j}\left\{-\frac{1}{2}[G_X(\omega-\omega_0)-G_X(\omega+\omega_0)]+\frac{1}{2}[\mathrm{sgn}(\omega-\omega_0)G_X(\omega-\omega_0)+\right.\\&\qquad\left.\mathrm{sgn}(\omega+\omega_0)G_X(\omega+\omega_0)]\right\}\\&=\begin{cases}\mathrm{j}[G_X(\omega-\omega_0)-G_X(\omega+\omega_0)], & |\omega|<\dfrac{\Delta\omega}{2}\\0, & \text{其他}\end{cases}\end{aligned}$$

图 7.2.2 分别给出了各个函数的功率谱示意图。

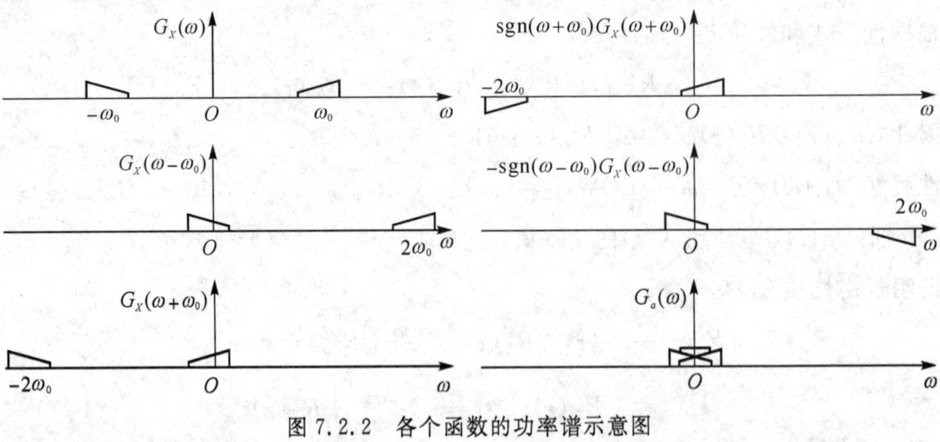

图 7.2.2 各个函数的功率谱示意图

性质 11　$G_{ab}(\omega)=-G_{ba}(\omega)$。

证明　由性质 6，有

$$R_{ab}(\tau)=-R_{ba}(\tau)$$

于是

$$G_{ab}(\omega)=-G_{ba}(\omega)$$

由以上分析可以发现，零均值的平稳窄带随机过程 $X(t)$中，表示包络的两个分量 $a(t)$和 $b(t)$也是零均值、各自平稳且联合平稳的随机过程。另外，这两个分量具有相同的自相关函数和相同的平均功率，且在同一时刻正交。

7.3　窄带高斯随机过程的包络和相位的概率分布

工程上应用最广泛的窄带随机过程是窄带高斯过程，因为不仅热噪声是高斯过程，很多宽带噪声通过窄带系统后也成为窄带高斯过程。因此，本节重点讨论窄带高斯过程。在信号处理中，有用信号通常调制在载波的幅度或相位上，要提取有用信号通常需要包络检波器和鉴相器检测出信号的包络和相位，而检测前噪声通常都是窄带高斯随机过程，为了获得最佳的检测效果，需要分析窄带高斯随机过程的包络和相位分布。

7.3.1　窄带随机过程的包络与相位在同一时刻的概率密度

窄带随机过程的包络和相位在同一时刻的状态，可以看成两个随机变量。本节主要来分析这两个随机变量的联合概率密度函数以及各自的概率密度函数。

从 7.2 节可知，窄带随机过程的一般表达式为

$$X(t)=A(t)\cos[\omega_0 t+\phi(t)]=A(t)\cos\omega_0 t\cos\phi(t)-A(t)\sin\omega_0 t\sin\phi(t)$$

令 $a(t)=A(t)\cos\phi(t)$，$b(t)=A(t)\sin\phi(t)$，于是，有

$$X(t)=a(t)\cos\omega_0 t-b(t)\sin\omega_0 t$$

$X(t)$的包络和相位分别为

$$A(t)=\sqrt{a^2(t)+b^2(t)} \tag{7.3.1}$$

$$\phi(t)=\arctan\frac{b(t)}{a(t)} \tag{7.3.2}$$

若 $X(t)$是均值为 0、方差为 σ^2 的高斯过程，则 $a(t)$和 $b(t)$也是均值为 0，方差为 σ^2 的高斯过程，这是因为 $a(t)=X(t)\cos\omega_0 t+\hat{X}(t)\sin\omega_0 t$ 以及 $b(t)=-X(t)\sin\omega_0 t+\hat{X}(t)\cos\omega_0 t$ 都是高斯随机过程 $X(t)$的线性变换。

根据性质 7，有 $R_{ab}(0)=0$。说明随机过程 $a(t)$和 $b(t)$在同一时刻是不相关的(零均值)。又因为正态随机过程不相关等价于独立，因此，可以得到 $a(t)$和 $b(t)$的联合概率密

度为

$$f_{ab}(a_t, b_t)=f_a(a_t)f_b(b_t)=\frac{1}{2\pi\sigma^2}\exp\left(-\frac{a_t^2+b_t^2}{2\sigma^2}\right)=\frac{1}{2\pi\sigma^2}\exp\left(-\frac{A_t^2}{2\sigma^2}\right)$$

其中，a_t、b_t 分别表示 $a(t)$和 $b(t)$在时刻 t 的状态。

利用二维随机变量函数的概率密度变换，有

$$f_{A\phi}(A_t, \phi_t)=|J|f_{ab}(a_t, b_t)$$

式中，A_t 和 ϕ_t 表示随机过程 $A(t)$和 $\phi(t)$在时刻 t 的状态；J 为雅可比行列式，有

$$J=\begin{vmatrix}\dfrac{\partial a_t}{\partial A_t} & \dfrac{\partial a_t}{\partial \phi_t}\\ \dfrac{\partial b_t}{\partial A_t} & \dfrac{\partial b_t}{\partial \phi_t}\end{vmatrix}=\begin{vmatrix}\cos\phi_t & -A_t\sin\phi_t\\ \sin\phi_t & A_t\cos\phi_t\end{vmatrix}=A_t$$

于是可以得到包络和相位的联合概率密度为

$$f_{A\phi}(A_t, \phi_t)=\begin{cases}\dfrac{A_t}{2\pi\sigma^2}\exp\left(-\dfrac{A_t^2}{2\sigma^2}\right) & A_t\geqslant 0,\ 0\leqslant\phi_t\leqslant 2\pi\\ 0 & \text{其他}\end{cases}\tag{7.3.3}$$

对式(7.3.3)关于 ϕ_t 求积分，得到包络 A_t 的概率密度为

$$\begin{aligned}f_A(A_t)&=\int_0^{2\pi}f_{A\phi}(A_t, \phi_t)\mathrm{d}\phi_t=f_{A\phi}(A_t, \phi_t)\int_0^{2\pi}\mathrm{d}\phi_t\\&=\frac{A_t}{2\pi\sigma^2}\exp\left(-\frac{A_t^2}{2\sigma^2}\right)2\pi=\frac{A_t}{\sigma^2}\exp\left(-\frac{A_t^2}{2\sigma^2}\right)\end{aligned}\tag{7.3.4}$$

可见，窄带高斯随机过程的包络服从瑞利分布，概率密度函数图如图 7.3.1 所示。

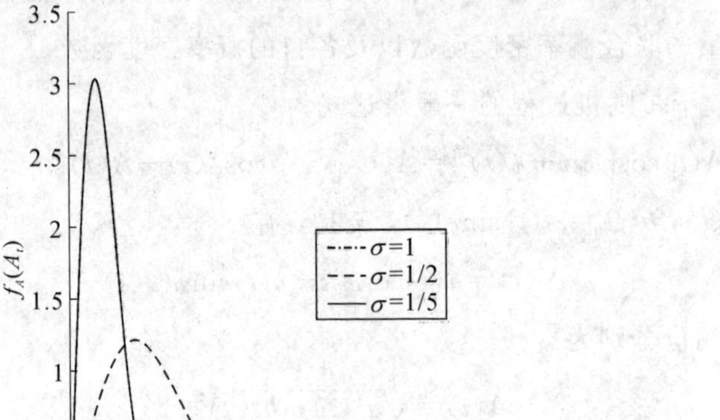

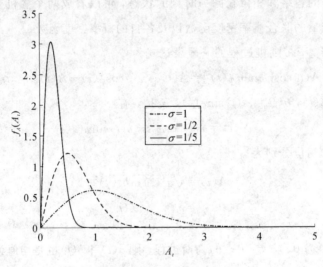

图 7.3.1　瑞利分布概率密度函数

对式(7.3.3)关于 A_t 求积分，得到相位 ϕ_t 的概率密度为

$$f_\phi(\phi_t)=\int_0^{\infty}f_{A\phi}(A_t, \phi_t)\mathrm{d}A_t=\frac{1}{2\pi}\tag{7.3.5}$$

其中 $0 \leqslant \phi_t \leqslant 2\pi$。这说明，相位 ϕ_t 服从$(0, 2\pi)$的均匀分布。

另外，综合式(7.3.3)、式(7.3.4)和式(7.3.5)，可以发现：

$$f_{A\phi}(A_t, \phi_t) = f_A(\phi_t) f_\phi(\phi_t) \tag{7.3.6}$$

式(7.3.6)表明，随机过程 $A(t)$和 $\phi(t)$在同一时刻的状态之间是相互独立的。

由式(7.3.4)可得出瑞利分布的一些特性，瑞利分布的均值为

$$E[A] = \int_0^\infty A_t f_A(A_t) \mathrm{d}A_t = \sigma\sqrt{\frac{\pi}{2}} = 1.2533\sigma$$

方差为

$$\sigma_A^2 = E[A^2] - E^2[A] = \int_0^\infty A_t^2 P(A_t) \mathrm{d}A_t - \frac{\sigma^2\pi}{2} = \sigma^2\left(2 - \frac{\pi}{2}\right) = 0.4292\sigma^2$$

综合以上分析，我们得出了 3 个结论：窄带高斯随机过程包络的一维概率分布为瑞利分布；窄带高斯随机过程相位的一维概率分布为均匀分布；窄带高斯随机过程的包络和相位在同一时刻的状态，是两个统计独立的随机变量，值得注意的是，这并不说明窄带高斯随机过程的包络和相位是相互独立的随机过程。

7.3.2　移动通信系统中瑞利衰落特性分析

在移动通信系统中，由于接收端所处地理环境复杂，信号到达接收端时不仅有直射波的主径信号，还有从不同反射物反射过来的多条不同方向、不同强度和不同到达时间的多路信号，接收端接收到的是这些各路信号的矢量和，这些信号有时是同向相加而加强，有时是反向相加而减弱，这使得接收信号的幅度急剧变化，从而会引起信号衰落和失真，这称为多径衰落。下面应用 7.3.1 节中类似的方法来证明多径衰落的包络一般服从瑞利分布，其相位服从均匀分布。因此，多径衰落一般也称为瑞利衰落。

设发射机发出的信号为 $R(t)\cos\omega_c t$。这个信号经过无线环境的传播，接收端收到的是多路信号的叠加，每一路信号的幅度和相位都不同，于是接收机收到的合成信号为

$$Y(t) = \sum_{i=1}^{n} R_i(t)\cos\{\omega_c[t - \tau_i(t)]\} = \sum_{i=1}^{n} R_i(t)\cos\{[\omega_c t + \phi_i(t)]\} \tag{7.3.7}$$

其中，$R_i(t)$为第 i 条路径的接收信号；$\tau_i(t)$为第 i 条路径的传输时间；$\phi_i(t)$为第 i 条路径的滞后相位，$\phi_i(t) = -\omega_c\tau_i(t)$。经过大量的观察可知，$R_i(t)$和 $\phi_i(t)$随时间的变化与发射信号的载波周期相比，通常要缓慢得多，所以，$R_i(t)$和 $\phi_i(t)$可以认为是缓慢变化的随机过程，式(7.3.7)可以进一步分解为

$$Y(t) = \sum_{i=1}^{n} R_i(t)\cos\phi_i(t)\cos\omega_c t - \sum_{i=1}^{n} R_i(t)\sin\phi_i(t)\sin\omega_c t \tag{7.3.8}$$

记

$$x_c(t) = \sum_{i=1}^{n} R_i(t)\cos\phi_i(t)$$

$$x_s(t) = \sum_{i=1}^{n} R_i(t)\sin\phi_i(t)$$

式(7.3.3)可以改写为

$$Y(t)=x_c(t)\cos\omega_c(t)-x_s(t)\sin\omega_c(t)=U(t)\cos[\omega_c t+\phi(t)]$$

其中，合成波 $Y(t)$的包络和的相位分别为

$$U(t)=\sqrt{x_c^2(t)+x_s^2(t)}$$

$$\phi(t)=\arctan\frac{x_c(t)}{x_s(t)}$$

由 7.3.1 节的结论可知，$Y(t)$可视为一个窄带过程，假设其均值为 0，方差为 σ^2，$U(t)$满足瑞利分布，相位 $\phi(t)$满足均匀分布。

在移动通信中，如果存在一个起支配作用的直达波(未受衰落影响)，此时接收端接收信号的包络为莱斯分布，满足：

$$f_A(A_t)=\begin{cases}\dfrac{A_t}{\sigma^2}e^{-\frac{(A_t^2+\alpha^2)}{2\sigma^2}}I_0\left(\dfrac{\alpha A_t}{\sigma^2}\right), & \alpha\geqslant 0,\ A_t\geqslant 0\\ 0, & A_t<0\end{cases}$$

其中，α 表示直达波幅度，$I_0(\cdot)$为第一类零阶贝塞尔函数。令

$$K=10\lg\frac{\alpha^2}{2\sigma^2}$$

若 $\alpha\to 0$，$K\to-\infty$，则莱斯分布趋近于瑞利分布。

7.3.3 窄带高斯随机过程包络平方的一维概率密度

平方律检波器在电子系统中的应用十分广泛，而平方律检波器输出的是包络的平方。为此，这里来讨论一下窄带高斯随机过程包络平方的一维概率密度。

已知在任意时刻 t，一个窄带高斯随机过程的包络 $A(t)$的概率密度为

$$f_A(A_t)=\frac{A_t}{\sigma^2}\exp\left(-\frac{A_t^2}{2\sigma^2}\right),\quad A_t\geqslant 0$$

其中，A_t 表示随机过程 $A(t)$在时刻 t 的状态。

假设包络的平方为

$$u=A^2$$

其反函数为

$$A=h(u)=\sqrt{u}$$

于是在任意时刻 t，u 的概率密度为

$$f_u(u_t)=f_A(A_t)\,|h'(u_t)|=\frac{1}{2\sqrt{u_t}}\frac{\sqrt{u_t}}{\sigma^2}\exp\left(-\frac{u_t}{2\sigma^2}\right)=\frac{1}{2\sigma^2}\exp\left(-\frac{u_t}{2\sigma^2}\right) \tag{7.3.9}$$

式(7.3.9)表明，窄带高斯随机过程的包络平方服从指数分布，可以求得它的均值和方差分别为

$$E(u)=\int_0^{\infty}\frac{u_t}{2\sigma^2}\exp\left(-\frac{u_t}{2\sigma^2}\right)\mathrm{d}u_t=\int_0^{\infty}\exp\left(-\frac{u_t}{2\sigma^2}\right)\mathrm{d}u_t=2\sigma^2$$

和

$$D(u)=\int_0^{\infty}\frac{(u_t-2\sigma^2)}{2\sigma^2}\exp\left(-\frac{u_t}{2\sigma^2}\right)\mathrm{d}u_t=4\sigma^4$$

7.4 余弦信号与窄带随机过程之和的包络与相位的概率密度函数

接收机的中放输出经常会遇到随机相位正弦(余弦)信号与窄带噪声叠加在一起通过包络检波器或平方律检波器的问题。这里就来讨论一下，余弦信号与窄带高斯过程之和的包络和相位的概率密度函数式。

假设随机相位余弦信号

$$S(t)=a\cos(\omega_0 t+\theta)=a\cos(\omega_0 t)\cos\theta-a\sin(\omega_0 t)\sin\theta \tag{7.4.1}$$

式中，a、ω_0 皆为常数，θ 是在$(0,\ 2\pi)$上均匀分布的随机变量。当它收到一个窄带高斯白噪声的影响时，信号与噪声的和可以表示为

$$X(t)=S(t)+N(t) \tag{7.4.2}$$

其中，$N(t)$为平稳窄带实高斯随机过程，具有零均值和方差为σ^2，且$N(t)$可以分解为如下形式：

$$N(t)=a(t)\cos\omega_0 t-b(t)\sin\omega_0 t \tag{7.4.3}$$

将式(7.4.1)和式(7.4.3)代入式(7.4.2)，可得

$$X(t)=[a\cos\theta+a(t)]\cos\omega_0 t-[a\sin\theta+b(t)]\sin\omega_0 t$$

令 $a_1(t)=a\cos\theta+a(t)$，$b_1(t)=a\sin\theta+b(t)$，于是

$$\begin{aligned}X(t)&=a_1(t)\cos\omega_0 t-b_1(t)\sin\omega_0 t\\&=A(t)\cos[\omega_0 t+\phi(t)]\end{aligned}$$

这里，$X(t)$的包络和相位分别为

$$A(t)=\sqrt{a_1^2(t)+b_1^2(t)}$$

和

$$\phi(t)=\arctan[b_1(t)/a_1(t)]$$

由于$a(t)$和$b(t)$都是零均值高斯分布的，且相互独立的，因而对于给定的θ以及任意

固定的时间 t，得到随机变量：

$$\begin{cases} a_{1t}=a\cos\theta+a_t \\ b_{1t}=a\sin\theta+b_t \end{cases}$$

则 a_{1t}和 b_{1t}也是独立的高斯分布，并且在任意时刻 t，以信号相位 θ 为条件，均值分别为

$$E[a_{1t}|\theta]=a\cos\theta$$

$$E[b_{1t}|\theta]=a\sin\theta$$

方差为

$$D(a_{1t}|\theta)=D(b_{1t}|\theta=\sigma^2)$$

可以得到条件二维联合概率密度函数 $f_{a_1b_t|\theta}(a_{1t}, b_{1t}|\theta)$为

$$f_{a_1b_1|\theta)}(a_{1t}, b_{1t}|\theta)=\frac{1}{2\pi\sigma^2}\exp\left\{-\frac{1}{2\sigma^2}[(a_{1t}-a\cos\theta)^2+(b_{1t}-a\sin\theta)^2]\right\}$$

令 $a_{1t}=A_t\cos\phi_t$，$b_{1t}=A_t\sin\phi_t$，由随机变量的函数的概率分布求 $f_{(A\phi|\theta)}(A_t, \phi_t|\theta)$，可以得到

$$f_{A\phi|\theta}(A_t, \phi_t|\theta)=|J|f_{a_1b_1|\theta}(a_{1t}, b_{1t}|\theta)$$

其中：

$$J=\begin{vmatrix} \cos\phi_t & -A_t\sin\phi_t \\ \sin\phi_t & A_t\cos\phi_t \end{vmatrix}=A_t$$

于是：

$$\begin{aligned} f_{A\phi|\theta}(A_t, \phi_t|\theta)&=\frac{A_t}{2\pi\sigma^2}\exp\left\{-\frac{1}{2\sigma^2}[A_t^2+a^2-2a(a_{1t}\cos\theta+b_{1t}\sin\theta)]\right\} \\ &=\frac{A_t}{2\pi\sigma^2}\exp\left\{-\frac{1}{2\sigma^2}[A_t^2+a^2-2aA_t(\cos\phi_t\cos\theta+\sin\phi_t\sin\theta)]\right\} \\ &=\frac{A_t}{2\pi\sigma^2}\exp\left\{-\frac{1}{2\sigma^2}[A_t^2+a^2-2aA_t\cos(\theta-\phi_t)]\right\} \end{aligned}$$

这里，$0\leqslant\phi_t\leqslant2\pi$，$A_t\geqslant0$。

由边沿分布求 $f_{A|\theta}(A_t|\theta)$，可以得到 A_t 的条件概率密度为

$$\begin{aligned} f_{A|\theta}(A_t|\theta)&=\int_0^{2\pi}f_{A\phi|\theta}(A_t, \phi_t|\theta)\mathrm{d}\phi_t \\ &=\frac{A_t}{\sigma^2}\exp\left(-\frac{A_t^2+a^2}{2\sigma^2}\right)\cdot\frac{1}{2\pi}\int_0^{2\pi}\exp\left[\frac{aA_t}{\sigma^2}\cos(\theta-\phi_t)\right]\mathrm{d}\phi_t \\ &=\frac{A_t}{\sigma^2}\exp\left(-\frac{A_t^2+a^2}{2\sigma^2}\right)\mathrm{I}_0\left(\frac{aA_t}{\sigma^2}\right), A_t\geqslant0 \end{aligned}$$

上式与 θ 无关，因此又可以写为

$$f_A(A_t)==\frac{A_t}{\sigma^2}\exp\left(-\frac{A_t^2+a^2}{2\sigma^2}\right)\mathrm{I}_0\left(\frac{aA_t}{\sigma^2}\right) \tag{7.4.4}$$

式(7.4.4)称为广义瑞利分布，也称为莱斯(Rice)分布。其中：

$$I_0(x)=\frac{1}{2\pi}\int_0^{2\pi}\exp(x\cos\phi)\mathrm{d}\phi$$

是零阶修正贝塞尔函数。

当 $x\ll 1$ 时：

$$I_0(x)\approx 1+\frac{x^2}{4}$$

当 $x\gg 1$ 时：

$$I_0(x)\approx\frac{e^x}{\sqrt{2\pi x}}$$

因此，当信噪比很小时，即 $a/\sigma\ll 1$ 时，有

$$f_A(A_t)=\frac{A_t}{\sigma^2}\exp\left(-\frac{A_t^2+a^2}{2\sigma^2}\right)\left(1+\frac{a^2A_t^2}{4\sigma^4}\right)$$

说明窄带高斯噪声加余弦信号的包络趋近瑞利分布；

当信噪比很大时，有

$$f_A(A_t)=\frac{(A_t/a)^{\frac{1}{2}}}{(2\pi\sigma^2)^{\frac{1}{2}}}\exp\left[-\frac{(A_t-a)^2}{2\sigma^2}\right] \tag{7.4.5}$$

说明窄带高斯噪声加余弦信号的包络趋近正态分布。图 7.4.1 给出了随信噪比不同，归一化包络的概率密度曲线。

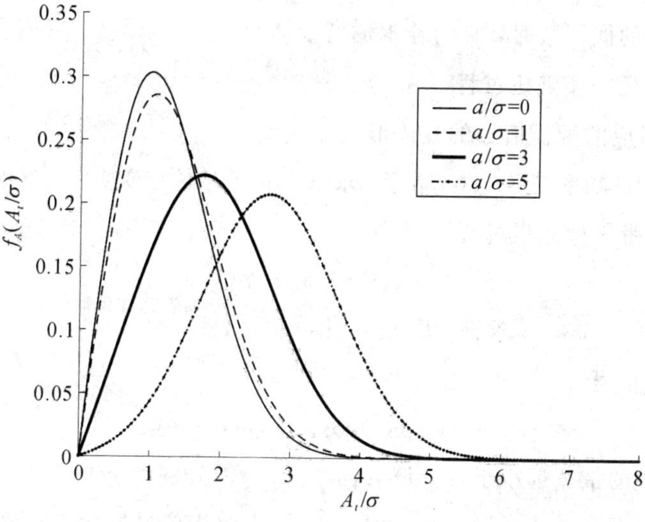

图 7.4.1 窄带高斯噪声加余弦信号的包络的概率密度

从关系式 $A(t)=\sqrt{a_1^2(t)+b_1^2(t)}$ 可知，在任意时刻 t，窄带高斯噪声加余弦信号的包络 $A(t)$ 是两个高斯分布的非线性变换，然而根据式(7.4.5)可知，在大信噪比的条件下 $A(t)$

趋于高斯分布，这说明在信号强度远远大于噪声强度时，非线性变换对概率密度的影响很小，可以忽略不计。可见，随着信噪比的增大，对随机变量的非线性变换结果将趋近于线性变换结果。实际上，这一结论适用于所有形式的非线性处理。

由边沿分布求 $f_{\phi|\theta}(\phi_t|\theta)$，可以得到 ϕ_t 的条件概率密度为

$$\begin{aligned}f_{\phi|\theta}(\phi_t|\theta) &= \int_0^{\infty} f_{A\phi|\theta}(A_t,\ \phi_t|\theta)\mathrm{d}A_t \\ &= \exp\left(-\frac{a^2}{2\sigma^2}\right)\cdot\frac{1}{2\pi}\int_0^{\infty}\frac{A_t}{\sigma^2}\exp\left(-\frac{A_t^2+a^2}{2\sigma^2}\right)\exp\left[\frac{aA_t}{\sigma^2}\cos(\theta-\phi_t)\right]\mathrm{d}A_t \\ &= \frac{1}{2\pi}\exp\left(-\frac{a^2}{2\sigma^2}\right)\left\{1+\sqrt{2\pi}\,\frac{a}{\sigma}\cos(\theta-\phi_t)\phi\left[\frac{a}{\sigma}\cos(\theta-\phi_t)\right]\cdot\right. \\ &\quad\left.\exp\left[\frac{1}{2}\frac{a^2}{\sigma^2}\cos^2(\theta-\phi_t)\right]\right\}\end{aligned}$$

其中，$\phi(\cdot)$为概率积分函数。当$\frac{a}{\sigma}\to 0$ 时，相位变成均匀分布。当信噪比很大时，相位趋近正态分布。

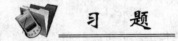

习　题

7.1　设 $x(t)$为实函数，试证：

(1) $x(t)$为 t 的奇函数时，它的希尔伯特变换为 t 的偶函数；

(2) $x(t)$为 t 的偶函数时，它的希尔伯特变换为 t 的奇函数。

7.2　$X(t)$为任一实随机过程。

(1) 构造其对应的解析信号的具体形式；

(2) 如果 $X(t)$的功率谱用 $G_X(\omega)$表示，求 $X(t)$的希尔伯特变换以及其解析信号的功率谱。

7.3　对于窄带平稳随机过程

$$Z(t)=X(t)\cos\omega_0 t-Y(t)\sin\omega_0 t$$

若已知 $R_Z(\tau)=a(\tau)\cos\omega_0\tau$，求证：$R_X(\tau)=R_Y(\tau)=a(\tau)$。

7.4　设窄带信号

$$z(t)=x(t)\cos\omega_0 t-y(t)\sin\omega_0 t$$

其中，$x(t)$与 $y(t)$的带宽远小于 ω_0。设 $X(\mathrm{j}\omega)$和 $Y(\mathrm{j}\omega)$分别为 $x(t)$与 $y(t)$的频谱，$g(t)$是由 $x(t)$构造的解析信号，$g(t)=x(t)+\mathrm{j}\hat{x}(t)$，$G(\mathrm{j}\omega)$为解析信号的频谱，试证：

$$X(\mathrm{j}\omega)=\frac{1}{2}[G(\omega+\omega_0)+G^*(-\omega+\omega_0)]$$

$$Y(\mathrm{j}\omega)=\frac{1}{2}[G(\omega+\omega_0)-G^*(-\omega+\omega_0)]$$

7.5　$X(t)$为实平稳随机过程，$X(t)$的希尔伯特变换记为$\hat{X}(t)$，证明：

(1) $X(t)$ 经过两次希尔伯特变换后为$-X(t)$；

(2) $X(t)$ 与它的希尔伯特变换的平均功率相等$\left(\int_{-\infty}^{\infty} X^2(t)\mathrm{d}t = \int_{-\infty}^{\infty} \hat{X}^2(t)\mathrm{d}t\right)$；

(3) $X(t)$ 与它的希尔伯特变换 $\hat{X}(t)$ 的互相关函数与 $X(t)$ 的自相关函数的希尔伯特变换相同($R_{X\hat{X}}(\tau) = \hat{R}_X(\tau)$)。

7.6　已知零均值的窄带高斯随机过程 $X(t)=a(t)\cos\omega_0 t-b(t)\sin\omega_0 t$，其中 $\omega_0=100\pi$，且已知 $X(t)$的功率谱如图 T7.1 所示。

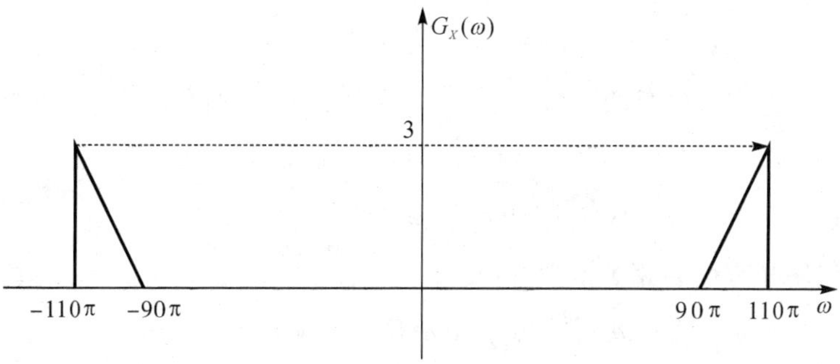

图 T7.1　题 7.6 图

求自相关函数 $R_a(\tau)$和 $R_b(\tau)$、$a(t)$和 $b(t)$的一维联合概率密度。

7.7　对于窄带平稳随机过程：

$$Z(t)=X(t)\cos\omega_0 t-Y(t)\sin\omega_0 t$$

若其均值为零，功率谱密度为

$$G_Z(\omega)=\begin{cases} W\cos\left[\dfrac{\pi(\omega-\omega_0)}{\Delta\omega}\right], & -\dfrac{\Delta\omega}{2}\leqslant\omega-\omega_0\leqslant\dfrac{\Delta\omega}{2} \\ W\cos\left[\dfrac{\pi(\omega+\omega_0)}{\Delta\omega}\right], & -\dfrac{\Delta\omega}{2}\leqslant\omega+\omega_0\leqslant\dfrac{\Delta\omega}{2} \\ 0, & \text{其他} \end{cases}$$

式中，W、$\Delta\omega$ 与 ω_0 都是正实常数，$\omega_0\geqslant\Delta\omega$。

(1) 试求 $Z(t)$的平均功率；

(2) 试求 $X(t)$的功率谱密度 $G_X(\omega)$；

(3) 试求互相关函数 $R_{XY}(\tau)$；

(4) $X(t)$和 $Y(t)$是否正交?

7.8　对于窄带平稳高斯过程：

$$Z(t)=X(t)\cos\omega_0 t-Y(t)\sin\omega_0 t$$

若假定其均值为零，方差为 σ^2，并具有对载频 ω_0 偶对称的功率谱密度。试借助于已知二维高斯概率密度函数，求出四维概率密度函数 $p(X_{t_1}, X_{t_2}, Y_{t_1}, Y_{t_2})$。

7.9　对于均值为零、方差为 σ^2 的窄带平稳高斯过程：

$$Z(t)=B(t)\cos[\omega_0 t+\phi(t)]=X(t)\cos\omega_0 t-Y(t)\sin\omega_0 t$$

求证：包络在任意时刻所给出的随机变量 B_t，其数学期望值与方差分别为

$$E[B_t]=\sqrt{\frac{\pi}{2}}\sigma,\ D[B_t]=\left(2-\frac{\pi}{2}\right)\sigma^2$$

7.10　试证：均值为零、方差为 1 的窄带平稳高斯过程，其任意时刻的包络平方的数学期望为 2，方差为 4。

7.11　已知 $X(t)$ 为信号与窄带高斯噪声之和：

$$X(t)=a\cos(\omega_0 t+\theta)+N(t)$$

式中，θ 是 $(0, 2\pi)$ 上均匀分布的随机变量，$N(t)$ 为窄带平稳高斯过程，且均值为零，方差为 σ^2，并可表示为

$$N(t)=N_e(t)\cos\omega_0 t-N_s(t)\sin\omega_0 t$$

求证：$X(t)$ 的包络平方的自相关函数为

$$R_X(\tau)=a^4+4a^2\sigma^2+4\sigma^4+4[a^2R_{N_e}^2(\tau)+R_{N_e}^2(\tau)+R_{N_eN_s}^2(\tau)]$$

7.12　若 7.10 题中噪声功率谱密度关于 ω_0 偶对称，求仅存在噪声时 $X(t)$ 的功率谱密度。

7.13　设具有有限带宽 $\Delta\omega$ 的信号 $a(t)$ 的付氏变换为 $A(j\omega)$，假定 $\omega_0>\Delta\omega/2$，证明：

$$\mathscr{H}[a(t)\sin\omega_0 t]=-a(t)\cos\omega_0 t$$

7.14　求信号 $x(t)=\sin\omega_0 t$ 和 $y(t)=\cos\omega_0 t$ 的希尔伯特变换。

第 8 章　常见的随机过程

常见的随机过程除了第 3 章提到的高斯随机过程以外，还包括马尔可夫过程和泊松过程等。本章将介绍马尔可夫过程和泊松过程。

8.1　马尔可夫(Markov)过程

马尔可夫过程是一类重要的随机过程，广泛应用在近代物理、经济学、生物(生灭过程)、通信、信号处理、自动控制等方面。

事物的发展状态总是随着时间的推移而不断变化的。在一般情况下，人们要了解事物未来的发展状态，只需要知道现在的状态，而与事物以前的状态无关。这种已知“现在”的条件下“将来”与“过去”独立的特性称为马尔可夫性，具有这种性质的过程称为马尔可夫过程。

一个随机过程$\{X(t),\ t\in T\}$，假设该随机过程在当前时刻 t_n 的状态 $X(t_n)=x_n$，那么在将来某一时刻 t_{n+1}的状态 $X(t_{n+1})=x_{n+1}$只与当前时刻 t_n 的状态 x_n 有关，而与过去时刻的状态无关，即马尔可夫过程的条件概率满足如下关系：

$$\begin{aligned}&P[X(t_{n+1})\leqslant x_{n+1}\mid X(t_n)=x_n,\ X(t_{n-1})=x_{n-1},\ \cdots,\ X(t_0)=x_0]\\=&P[X(t_{n+1})\leqslant x_{n+1}\mid X(t_n)=x_n]\end{aligned}$$

这里，x_0，x_1，…，x_n 分别表示随机过程在 t_0，t_1，…，t_n 时刻的状态，$t_{n+1}>t_n>t_{n-1}>\cdots>t_0$。

总之，马尔可夫过程的基本特征是无后效性。也就是说，未来状态只与现在有关，而与过去无关。

马尔可夫过程按照时间和状态的取值是连续的或离散的，可以分为如下 4 类：

(1) 离散马尔可夫链：时间离散，状态也离散。

(2) 连续马尔科夫链：时间离散，状态连续。

(3) 离散马尔可夫过程：时间连续，状态离散。

(4) 连续马尔可夫过程：时间连续，状态也连续。

8.1.1　马尔可夫链的定义

时间和状态均离散的马尔可夫过程称为马尔可夫链。转移概率是马尔可夫链中描述一个状态转移到另一个状态的概率。

定义 8.1.1　时间离散、状态离散的马尔可夫过程称为马尔可夫链，即在 n 时刻状态已知的条件下，$n+1$ 时刻所处的状态 X_{n+1} 只与 n 时刻的状态 $X_n=x_n$ 有关，而与以前 $n-1$，$n-2$，…，1 时刻的状态无关，则该过程称为马尔可夫链，即条件概率满足如下关系：

$$\begin{aligned}&P[X_{n+1}=x_{n+1}\,|\,X_n=x_n,\ X_{n-1}=x_{n-1},\ \cdots,\ X_1=x_1]\\&=P[X_{n+1}=x_{n+1}\,|\,X_n=x_n]\end{aligned} \tag{8.1.1}$$

这里假设该马尔可夫链的状态集合为$\{s_1,\ s_2,\ \cdots,\ s_J\}$，$x_n\in\{s_1,\ s_2,\ \cdots,\ s_J\}$。

【例 8.1.1】 一维随机游动问题。如图 8.1.1 所示，设有一质点在 x 轴上作随机游动。在 $t=0$ 时，质点属于 x 轴的原点，在 $t=1$，2，3…时，质点可以在轴上正向或反向移动一个单位距离。

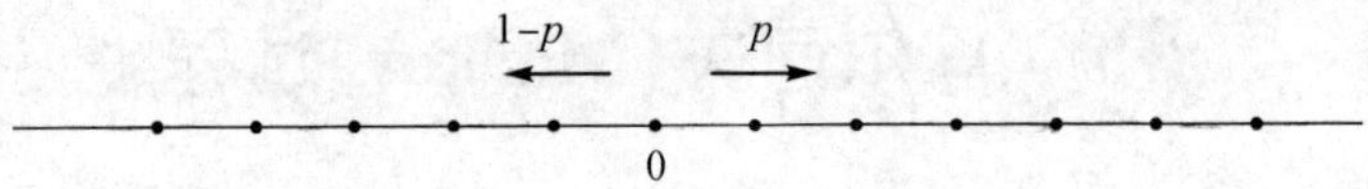

图 8.1.1 一维随机游动

若给定时间 $n-1$，质点偏离原点的距离为 k，可表示为 $X_{n-1}=k$，则质点在 n 时刻偏离 x 轴原点的距离只与 $n-1$ 时刻质点所处的状态有关。在 n 时刻质点所处的状态可以表示

$$X_n=\begin{cases}k+1, & \text{质点正向移动一个单位}\\ k-1, & \text{质点反向移动一个单位}\end{cases}$$

8.1.2 马尔可夫链的统计特性

这里主要介绍马尔可夫链的状态概率、状态转移概率和状态转移图。

假设马尔可夫链有 J 个状态 s_1，s_2，…，s_J，那么，马尔可夫链在 n 时刻处于状态 s_j 的状态概率可以用如下式子表示：

$$p_j(n)=P\{X_n=s_j\} \tag{8.1.2}$$

由状态概率 $p_j(n)$构成的 $J\times1$ 维向量 $\boldsymbol{p}(n)=[p_1(n)\quad p_2(n)\quad\cdots\quad p_J(n)]^{\mathrm{T}}$ 给出了 n 时刻所有可能状态的分布列，且这个向量的各元素之和等于 1，即

$$\sum_{j=1}^{J}p_j(n)=1 \tag{8.1.3}$$

除了用状态概率描述马尔可夫链的统计特性以外，马尔可夫链的另一个重要描述方式是状态转移概率。我们称马尔可夫链在时刻 m 处于状态 s_i，在 n 时刻处于状态 s_j 的条件概率为状态转移概率，记为 $p_{ij}(m,\ n)$，即

$$p_{ij}(m,\ n)=P\{X_n=s_j/X_m=s_i\} \tag{8.1.4}$$

由状态转移概率构成的 $J\times J$ 维矩阵称为状态转移矩阵，记为

$$\boldsymbol{P}(m,\ n)=\begin{bmatrix}p_{11}(m,\ n) & p_{12}(m,\ n) & \cdots & p_{1J}(m,\ n)\\ p_{21}(m,\ n) & p_{22}(m,\ n) & \cdots & p_{2J}(m,\ n)\\ \vdots & \vdots & & \vdots\\ p_{J1}(m,\ n) & p_{J2}(m,\ n) & \cdots & p_{JJ}(m,\ n)\end{bmatrix} \tag{8.1.5}$$

其中，$\boldsymbol{P}(m,\ n)$的第 i 行对应于从状态 s_i转移到所有状态 s_j的概率；$\boldsymbol{P}(m,\ n)$的第 j 列对应

于从所有状态 s_i 转移到同一状态 s_j 的概率。显然，矩阵中的所有元素非负，且行和为 1，即

$$\sum_{j=1}^{J} p_{ij}(m, n) = \sum_{j=1}^{J} P\{X_n = s_j / X_m = s_i\} = 1 \tag{8.1.6}$$

下面根据全概率公式来推导马尔可夫链在 n 时刻的状态概率与状态转移矩阵之间的关系。

$$\begin{aligned} p_j(n) &= P\{X_n = s_j\} \\ &= \sum_{i=1}^{J} P\{X_n = s_j, X_m = s_i\} \\ &= \sum_{i=1}^{J} P\{X_n = s_j / X_m = s_i\} P\{X_m = s_i\} \\ &= \sum_{i=1}^{J} p_{ij}(m, n) p_i(m) \end{aligned} \tag{8.1.7}$$

式(8.1.7)可以写成矩阵形式：

$$\boldsymbol{p}(n) = \boldsymbol{P}^{\mathrm{T}}(m, n)\boldsymbol{p}(m) \tag{8.1.8}$$

定义 8.1.2 如果马尔可夫链的转移概率 $p_{ij}(m, n)$ 只取决于 $n-m$，而与 n 和 m 本身的值无关，则称为齐次马尔可夫链，简称齐次链，即

$$p_{ij}(m, n) = p_{ij}(m-n)$$

当 $n-m=1$ 时，通常以 p_{ij} 表示马尔可夫链由状态 s_i 转移到状态 s_j 的转移概率，而转移概率矩阵 $\boldsymbol{P}(n-m)$ 为 $n-m$ 步转移概率矩阵。

齐次马尔可夫链可以用状态转移图来描述。状态转移图和状态转移矩阵一一对应。每个圆圈代表一种状态；状态之间的有向线代表某一状态向另一状态的转移；有向线一侧数字代表条件概率。

【例 8.1.2】 图 8.1.2 所示是一个相对码编码器，输入的码 $X_r(r=1, 2, \cdots)$ 是相互独立的，取值 0 或 1，且已知 $P(X=0)=p$，$P(X=1)=1-p=q$，输出的码是 Y_r，显然

$$Y_1 = X_1, \; Y_2 = X_2 \oplus Y_1, \; \cdots$$

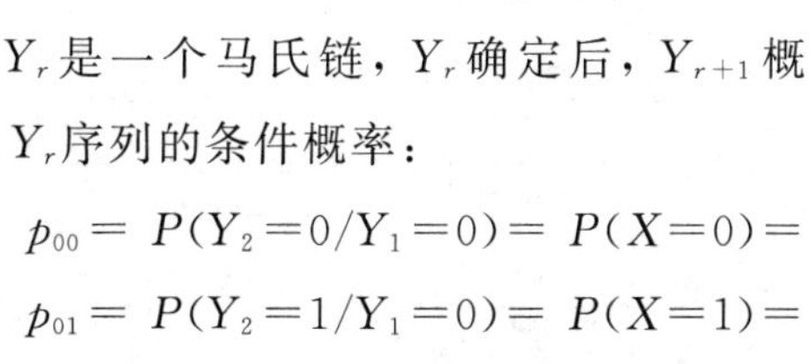

图 8.1.2 相对码编码器

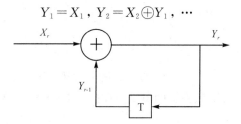

这个例子中的输出码 Y_r 是一个马氏链，Y_r 确定后，Y_{r+1} 概率分布只与 Y_r 有关，与 Y_{r-1}，Y_{r-2}，…无关，且知 Y_r 序列的条件概率：

$$\begin{aligned} p_{00} &= P(Y_2=0/Y_1=0) = P(X=0) = p \\ p_{01} &= P(Y_2=1/Y_1=0) = P(X=1) = q \\ p_{10} &= P(Y_2=0/Y_1=1) = P(X=1) = q \\ p_{11} &= P(Y_2=1/Y_1=1) = P(X=0) = p \end{aligned}$$

状态转移概率矩阵可以表示为

$$\boldsymbol{P}=\begin{bmatrix} p & q \\ q & p \end{bmatrix}$$

状态转移图如图 8.1.3 所示。

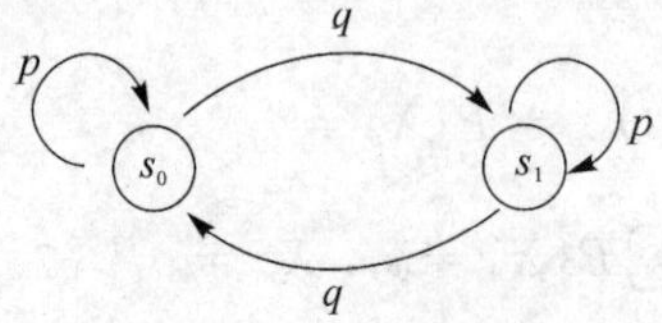

图 8.1.3 状态转移图

【例 8.1.3】 反射壁状态转移图如图 8.1.4 所示。状态转移图和状态转移矩阵一一对应，由状态转移图可以写出状态转移矩阵：

$$\boldsymbol{P}(n,\ n+1)=\begin{bmatrix} 0 & 1 & 0 & 0 \\ \frac{1}{2} & 0 & \frac{1}{2} & 0 \\ 0 & \frac{1}{2} & 0 & \frac{1}{2} \\ 0 & 0 & 1 & 0 \end{bmatrix}$$

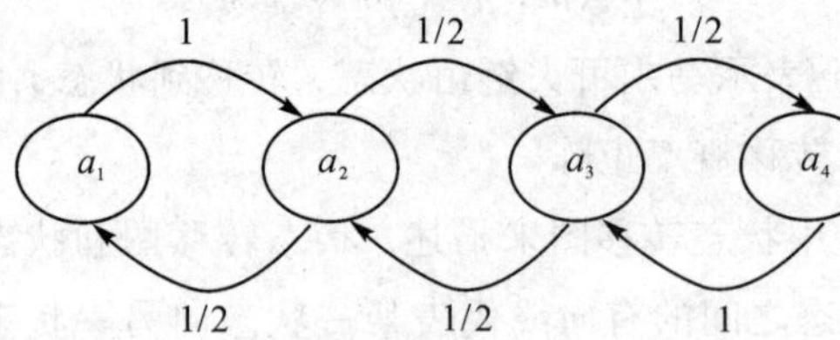

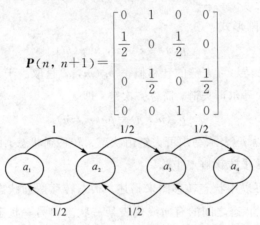

图 8.1.4 反射壁状态转移图

8.1.3 切普曼-柯尔莫哥洛夫方程

马尔可夫链的状态转移概率满足以下的关系式：

$$p_{ij}(m,\ m+k)=\sum_{l=1}^{J} p_{il}(m,\ m+r)p_{lj}(m+r,\ m+k) \tag{8.1.9}$$

式中，$r>m$。式(8.1.9)称为切普曼-柯尔莫哥洛夫方程(Chapman-Kolmogorov equations)，它表明从状态 s_i 经过 k 步到达状态 s_j 的概率，等价于先经过 r 步到达某个状态 s_l，再由状态 s_l 经过 $k-r$ 步到达状态 s_j。

证明

$$\begin{aligned} p_{ij}(m,\ m+k) &= P\{x_{m+k}=s_j \mid x_m=s_i\} \\ &= \frac{P\{x_{m+k}=s_j,\ x_m=s_i\}}{P\{x_m=s_i\}} \\ &= \sum_{l=1}^{J}\frac{P\{x_{m+k}=s_j,\ x_{m+r}=s_l,\ x_m=s_i\}}{P\{x_m=s_i\}} \\ &= \sum_{l=1}^{J}\frac{P\{x_{m+k}=s_j,\ x_{m+r}=s_l,\ x_m=s_i\}}{P\{x_m=s_i\}}\cdot\frac{P\{x_{m+r}=s_l,\ x_m=s_i\}}{P\{x_{m+r}=s_l,\ x_m=s_i\}} \end{aligned}$$

$$= \sum_{l=1}^{J} \frac{P\{x_{m+r}=s_l,\ x_m=s_i\}}{P\{x_m=s_i\}} \cdot \frac{P\{x_{m+k}=s_j,\ x_{m+r}=s_l,\ x_m=s_i\}}{P\{x_{m+r}=s_l,\ x_m=s_i\}}$$

$$= \sum_{l=1}^{J} p_{il}(m,\ m+r) p_{lj}(m+r,\ m+k)$$

由式(8.1.9)，对于齐次马尔可夫链，可得

$$p_{ij}(k) = \sum_{l=1}^{J} p_{il}(r) p_{lj}(k-r) \tag{8.1.10}$$

这里 $p_{ij}(k)$称为齐次马尔科夫链的 k 步转移概率。

令 $r=1$，可得

$$p_{ij}(k) = \sum_{l=1}^{J} p_{il}(1) p_{lj}(k-1)$$

它表明从状态 s_i经过k 步到达状态s_j的概率，等价于先经过 1 步到达某个状态 s_l，然后再由状态 s_l 经过$k-1$ 步到达状态 s_j。

令齐次马尔可夫链的一步转移概率矩阵的转置为$\boldsymbol{P}^{\mathrm{T}}(1)$，结合式(8.1.10)，可得

$$\boldsymbol{P}^{\mathrm{T}}(k)=[\boldsymbol{P}^{\mathrm{T}}(1)]^k$$

这表明齐次马尔可夫链的一步转移概率完全决定了 k 步转移概率。

由式(8.1.8)可得，齐次马尔可夫链在 n 时刻的状态概率为

$$\boldsymbol{P}(n)=\boldsymbol{P}^{\mathrm{T}}(n-1)\boldsymbol{P}(1)=[\boldsymbol{P}^{\mathrm{T}}(1)]^{n-1}\boldsymbol{P}(1) \tag{8.1.11}$$

由此可见，齐次马尔可夫链的状态概率由初始概率和一步转移概率决定。

定义 8.1.3　如果齐次马尔可夫链的各个时刻状态概率都相同，即 $\boldsymbol{P}(n)=\boldsymbol{P}(1)$，其中，$\boldsymbol{P}(n)=[p_1(n)\quad p_2(n)\quad \cdots\quad p_J(n)]^{\mathrm{T}}$，则称为平稳链。

事实上，只要 $\boldsymbol{P}(2)=\boldsymbol{P}(1)$成立，则根据式(8.1.11)，$\boldsymbol{P}(n)=\boldsymbol{P}(1)$必定成立。

平稳链的状态概率可以用如下方式求得：

假设平稳链的初始概率为 $\boldsymbol{P}(1)=[p_1\quad p_2\quad \cdots\quad p_J]^{\mathrm{T}}$，由 $\boldsymbol{P}(2)=\boldsymbol{P}^{\mathrm{T}}(1)\boldsymbol{P}(1)=\boldsymbol{P}(1)$或$[\boldsymbol{P}(1)]^{\mathrm{T}}\boldsymbol{P}(1)=[\boldsymbol{P}(1)]^{\mathrm{T}}$ 可以建立如下方程组：

$$\begin{cases} p_j = \sum_{i=1}^{J} p_i p_{ij}, \quad j=1,\ \cdots,\ J \\ \sum_j p_j = 1 \end{cases} \tag{8.1.12}$$

由式(8.1.12)可以得到平稳链的状态概率。

这里：

$$\boldsymbol{P}(1)=\begin{bmatrix} p_{11} & p_{12} & \cdots & p_{1J} \\ p_{21} & p_{22} & \cdots & p_{2J} \\ \vdots & \vdots & & \vdots \\ p_{J1} & p_{J2} & \cdots & p_{JJ} \end{bmatrix}$$

【例 8.1.4】 反射壁的一步转移概率矩阵为

$$\boldsymbol{P}(1)=\begin{bmatrix} 0 & 1 & 0 & 0 & 0 \\ 1/2 & 0 & 1/2 & 0 & 0 \\ 0 & 1/2 & 0 & 1/2 & 0 \\ 0 & 0 & 1/2 & 0 & 1/2 \\ 0 & 0 & 0 & 1 & 0 \end{bmatrix}$$

求该平稳链的状态概率。

解 由式(8.1.12)可得

$$\begin{cases} \dfrac{p_2}{2}=p_1 \\ p_1+\dfrac{p_3}{2}=p_2 \\ \dfrac{p_2}{2}+\dfrac{p_4}{2}=p_3 \\ \dfrac{p_3}{2}+p_5=p_4 \end{cases}$$

$$p_1+p_2+p_3+p_4+p_5=1$$

因此：

$$p_2=p_3=p_4=\frac{1}{4},\ p_1=p_5=\frac{1}{8}$$

8.1.4 马尔可夫链的状态分类

为了进一步了解马尔可夫链的特性，本节研究马尔可夫链的状态分类及特性。

1. 到达和相通

设马氏链$\{X_n, n\geqslant 0\}$的状态空间为E。如果对状态空间中的任意两个状态s_i和s_j，存在正整数k，使得$p_{ij}(k)>0$，即由状态s_i出发，经k次转移以正的概率到达状态s_j，则称自状态s_i到达状态s_j，记为$s_i\rightarrow s_j$。反之，s_i不能到达s_j，记为$s_i\nrightarrow s_j$，此时，对任意的正整数k，$p_{ij}(k)=0$。

如果$s_i\rightarrow s_j$，$s_j\rightarrow s_i$，则称s_i和s_j是相通的，记为$s_i\leftrightarrow s_j$。

到达具有传递性，即如果$s_i\rightarrow s_k$，$s_k\rightarrow s_j$，则$s_i\rightarrow s_j$。

相通也具有传递性，即如果$s_i\leftrightarrow s_k$，$s_k\leftrightarrow s_j$，则$s_i\leftrightarrow s_j$。

图 8.1.5 中，设马氏链$\{X_n, n\geqslant 0\}$的状态空间$E=\{1, 2, 3, 4, 5\}$，状态 2 可达状态 1，状态 1 不能达到状态 2，即 $2\rightarrow 1$，$1\nrightarrow 2$。状态 1 和状态 4 相通，记为$1\leftrightarrow 4$。

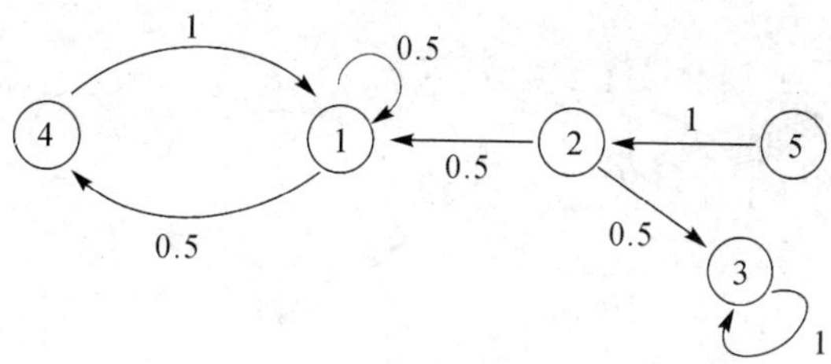

图 8.1.5　某一状态空间 $E=\{1, 2, 3, 4, 5\}$ 的马氏链

2. 状态空间的分解

如果两个状态相通，则称这两个状态处于同一类中。可以根据相通的概念把状态空间分成一些隔离的类。

定义 8.1.4　设马氏链 $\{X_n, n\geqslant 0\}$ 的状态空间为 E。如果状态空间有一个子集 C，对于任何 $s_i\in C$，$s_j\notin C$，都恒有 $p_{ij}(n)=0(n\geqslant 1)$，则称 C 为闭集，即对任意 $s_i\in C$，$s_j\notin C$，自 s_i 不能到达 s_j。

由闭集的定义可知，一旦状态进入闭集 C，则该状态将永远在 C 中运动而不可能到达 C 的外部。

进一步，若 C 是闭集，对于任意 $s_i\in C$，都有

$$\sum_{s_j\in C} p_{ij}(n)=1$$

如果单个状态 s_i 构成一个闭集，则称该闭集为吸状态；如果整个状态空间构成一个闭集，这是最大的闭集；如果吸状态也构成一个闭集，这是最小的闭集。在一个闭集内，若不包含任何子闭集，则称该闭集为不可约的。因此，除整个状态空间外，没有其他闭集的马尔可夫链称为是不可约的，这时所有状态之间都是相通的。

【例 8.1.5】　设齐次马氏链 $\{X_n, n\geqslant 0\}$ 的状态空间为 $E=\{1, 2, 3, 4, 5\}$，一步转移概率矩阵：

$$\boldsymbol{P}=\begin{bmatrix} 0.5 & 0 & 0 & 0.5 & 0 \\ 0.5 & 0 & 0.5 & 0 & 0 \\ 0 & 0 & 1 & 0 & 0 \\ 1 & 0 & 0 & 0 & 0 \\ 0 & 1 & 0 & 0 & 0 \end{bmatrix}$$

试分析其状态。

解　该马氏链的状态转移图如图 8.1.5 所示，状态 3 是吸收的，因此，$\{3\}$是闭集。$\{1, 4\}$、$\{1, 3, 4\}$、$\{1, 2, 3, 4\}$都是闭集，其中$\{3\}$、$\{1, 4\}$是不可约的。E 含有闭子集，因此，$\{X_n, n\geqslant 0\}$是可约马氏链。

【例 8.1.6】　设有三个状态$\{1, 2, 3\}$的马尔可夫链，它的一步转移概率矩阵为

$$\boldsymbol{P}(1)=\begin{bmatrix} 1/2 & 1/2 & 0 \\ 1/4 & 1/4 & 1/2 \\ 0 & 1/3 & 2/3 \end{bmatrix}$$

试分析其状态。

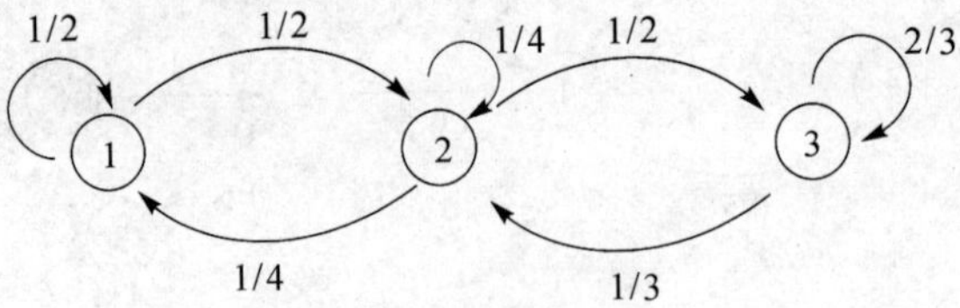

图 8.1.6　例 8.1.6 的状态转移图

解　状态转移图如图 8.1.6 所示。由图 8.1.6 可知：

$$1 \to 2 \to 3$$

$$3 \to 2 \to 1$$

$$1 \leftrightarrow 3$$

三个状态均相通，所以是不可约的。

3. 常返态和非常返态

从状态 s_i 开始，马尔可夫链能否不断地返回？如果能不断地返回，那么返回的平均时间是多长？这些都是值得我们探讨的问题。为此，我们首先引入一些相关的定义。

定义 8.1.5　定义 T_{ij} 为自 s_i 出发首次到达状态 s_j 的时刻，且

$$T_{ij}=\min\{n: x_0=s_i,\ x_n=s_j;\ n\geqslant 1\}$$

也是从状态 s_i 出发，经过转移后，首次到达状态 s_j 的步数，也称为首达时间。

定义 8.1.6　定义：

$$f_{ij}(n)=P\{x_n=s_j;\ x_m\neq s_j,\ m=1,2,\cdots,n-1\,|\,x_0=s_i\}$$

为自状态 s_i 出发，在时刻 n 首次到达状态 s_j 的概率，简称首达概率。

定义 8.1.7　定义：

$$f_{ij}=\sum_{1\leqslant n<\infty} f_{ij}(n)=\sum_{1\leqslant n<\infty} P\{T_{ij}=n\,|\,x_0=s_i\}=P\{T_{ij}<\infty\}$$

为自状态 s_i 出发，最终要到达状态 s_j 的概率。

根据以上定义可知，$P\{T_{ij}=\infty\}=f_{ij}(\infty)=1-f_{ij}$ 表示永远也不能到达状态 s_j 的概率。

显然，$0\leqslant f_{ij}(n)<f_{ij}\leqslant 1$。

特别地，如果 s_i 就是 s_j，那么 $f_{ii}(n)$ 表示从状态 s_i 出发，经过 n 步首次返回 s_i 的概率，简称 n 步首返概率。f_{ii} 表示从状态 s_i 出发，最终返回 s_i 的概率。

定义 8.1.8　如果对于每一个从 s_i 出发可达的状态 s_j，相应地从 s_j 出发也可以到达 s_i，则状态 s_i 是常返的。如果存在一个状态 s_j，从状态 s_i 出发可达状态 s_j，但从状态 s_j 出发不能到达状态 s_i，则称状态 s_i 是非常返的。

【例 8.1.7】　判断图 8.1.7 所示的马尔可夫链的各个状态是否为常返态。

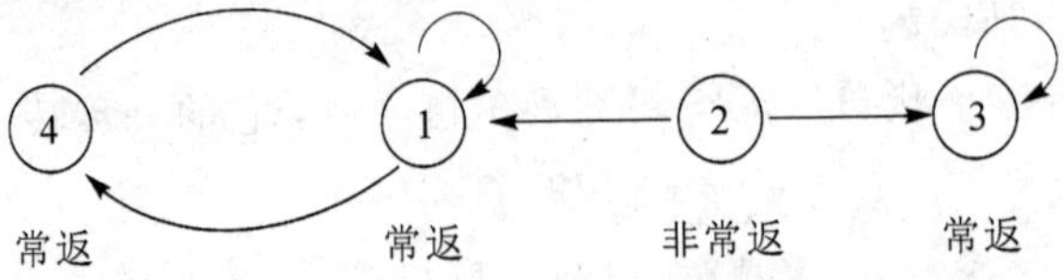

图 8.1.7　例 8.1.7 图

解　状态 1 和状态 4 常返。状态 2 可达状态 1 和状态 3，但状态 1 和状态 3 不能到达状态 2，所以状态 2 非常返。状态 3 唯一可达的状态是本身，所以状态 3 也是常返的。

另外，如果 s_i 状态为常返态，则从 s_i 状态出发，经过有限步的转移迟早要返回状态 s_i，这样过程自 s_i 状态出发，返回，再出发，再返回，周而复始，如果过程无限地进行下去，那么访问 s_i 的次数也无限地增加。

对于一个非常返态，在过程中访问它的次数是有限的，对于有限状态的马尔可夫链，不是所有状态都为非常返态，或者说至少有一个状态是常返态。

4. 周期状态和非周期状态

定义 8.1.9　如果有大于 1 的正整数 d，只有当 n 为 d 的正整数倍时，$p_{ii}(n)>0$，则称 s_i 是周期的。

如图 8.1.8 所示，有六个状态{1，2，3，4，5，6}的马尔可夫链，可以看出状态 2 和状态 3 互通，且具有非周期性。状态 4 和状态 5 互通，周期为 2。

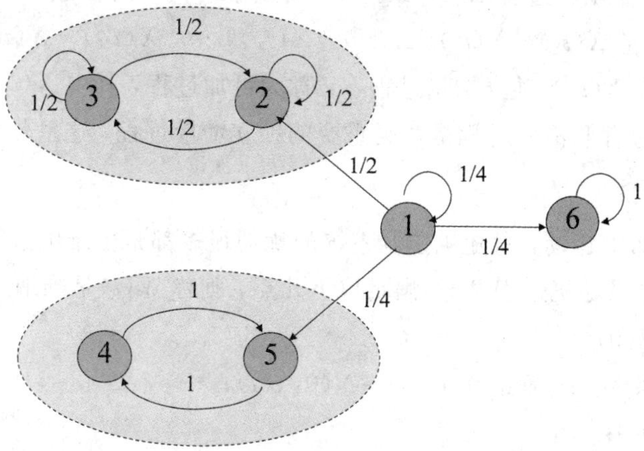

图 8.1.8　马尔可夫链状态转移图

对齐次马尔可夫链所描述的系统进行分析，通常要讨论两类问题：瞬态分析和稳态分析。瞬态分析主要研究齐次马尔可夫链在一个固定时刻的概率特性，如概率分布、转移概率等。下面主要研究当转移步长 k 趋于无穷时，k 步转移概率的极限性能，即稳态分析。

5. 遍历性

定义 8.1.10　对于齐次马尔可夫链，如果对一切 s_i 和 s_j，存在不依赖 s_i 的极限，即

$$\lim_{k\to\infty} p_{ij}(k)=W_j$$

则称该马尔可夫链具有遍历性。这意味着，一个状态有限的遍历马尔可夫链，其 k 步转移概率 $p_{ij}(k)$在 $k\to\infty$时趋于一个和初始状态无关的极限概率 W_j，它是满足方程组

$$\begin{aligned} W_j &= \sum_i W_i p_{ij} \\ \sum_j W_j &= 1 \end{aligned} \tag{8.1.13}$$

的唯一解。W_j 称为马尔可夫链的一个平稳分布，也就是系统此时处于状态 s_j的概率 p_j。平

稳分布存在，则方程组(8.1.13)一定有唯一解。反之，有唯一解不能得出平稳分布存在。

定理 对于有限状态的马尔可夫链，如果存在正整数 s，使对任意的两个状态空间 E 中的状态 s_i，$s_j \in E$，都有 $p_{ij}(s)>0$ 成立，则该链具有遍历性。W_j 是该马氏链平稳时的状态概率。

一个不可约的、非周期的有限状态马氏链一定是遍历的。比如由图 8.1.8 中状态 2 和状态 3 构成的马氏链是遍历的。

8.2 独立增量过程

独立增量过程也具有无后效性，它在任一时间间隔上的过程状态的改变，不影响将来任一时间间隔上的过程状态的改变，是一种重要的马尔可夫过程，其参数和状态可以是连续的，也可以是离散的。

定义 8.2.1 如果随机过程 $X(t)(t\in T)$，对应于时间 t 的任意 $N>2$ 个数值 $0\leqslant t_0\leqslant t_1\leqslant\cdots\leqslant t_N$，过程增量 $X(t_1)-X(t_0)$，$X(t_2)-X(t_1)$，$\cdots$，$X(t_N)-X(t_{N-1})$是互为统计独立的随机变量，则称 $X(t)$为独立增量过程，又称为可加过程，其中 $X(t_0)=0$。

维纳(Wiener)过程和泊松过程是两类重要的独立增量过程，这里分别进行介绍。

1. 维纳过程

维纳过程也称布朗运动，对随机控制系统的扰动很多都是由维纳过程来生成的。

定义 8.2.2 如果随机过程 $W(t)$满足以下几点，则称 $W(t)$是维纳过程或布朗运动。

(1) 初始值：$W(0)=0$；

(2) $W(t)$是高斯随机过程，而 $W(t)\sim N(0, \sigma^2 t)$；

(3) $E[W(t)]=0$；

(4) $W(t)$具有平稳独立增量。

若 $\sigma^2=1$，则称为标准布朗运动；若 $\sigma^2\neq 1$，则可将其通过$\left\{\dfrac{W(t)}{\sigma}, t\geqslant 0\right\}$标准化。

标准布朗运动$\{W(t), t\geqslant 0\}$具有下述性质：

(1) $W(t_2)-W(t_1)\sim N(0, t_2-t_1)$，即 $W(t_2)-W(t_1)$服从均值为 0、方差为 t_2-t_1 的正态分布；

(2) $W(t_2)-W(t_1)\sim N(0, t_2-t_1)$，独立于过去的状态 $W(t_0)$，$0\leqslant t_0\leqslant t_1$；

(3) 对 $\forall t\in T$，$W(t)$是 t 的连续函数。

2. 泊松过程

自然界很多的现象可以用泊松过程来刻画，它是随机建模的重要基石。比如：在一定时间间隔内移动用户呼叫次数、某交叉路口的车辆数、服务窗口用户数等，通常都用泊松过程来描述。

定义 8.2.3 设随机过程$\{X(t), t\in[t_0, \infty)\}$，$(t_0\geqslant 0)$，其状态只取非负整数值，若满足下列条件，则称为泊松过程。

(1) $P\{X(t_0)=0\}=1$；

(2) $X(t)$为均匀独立增量过程；

(3) 对任意时刻 t_1，$t_2\in[t_0, \infty)$，且 $t_1<t_2$，相应的随机变量的增量 $X(t_2)-X(t_1)$服从数学期望为$\lambda(t_2-t_1)$的泊松分布，即对于 $k=0$，1，2，…，有

$$P_k(t_1, t_2)=P\{X(t_1, t_2)=k\}=\frac{[\lambda(t_2-t_1)]^k}{k!}e^{-\lambda(t_2-t_1)} \tag{8.2.1}$$

式中，$X(t_1, t_2)=X(t_2)-X(t_1)$。

下面分析泊松过程的数字特征。

(1) 数学期望。

令 $t_2-t_1=t$，$t_2=0$，因此，均值函数为

$$\begin{aligned}E[X(t)] &= E[X(t)-X(0)] = \sum_{k=0}^{\infty}kP_k(0, t) = \sum_{k=0}^{\infty}k\frac{(\lambda t)^k}{k!}e^{-\lambda t} \\ &= e^{-\lambda t}\lambda t\sum_{k=0}^{\infty}\frac{(\lambda t)^{k-1}}{(k-1)!} = \lambda t e^{-\lambda t}e^{\lambda t} = \lambda t\end{aligned} \tag{8.2.2}$$

(2) 均方值和方差函数：

$$\begin{aligned}E[X^2(t)] &= E\{[X(t)-X(0)]^2\} \\ &= \sum_{k=0}^{\infty}k^2\frac{(\lambda t)^k}{k!}e^{-\lambda t} = \sum_{k=0}^{\infty}(k^2-k+k)\frac{(\lambda t)^k}{k!}e^{-\lambda t} \\ &= \sum_{k=0}^{\infty}k(k-1)\frac{(\lambda t)^k}{k!}e^{-\lambda t} + \sum_{k=0}^{\infty}k\frac{(\lambda t)^k}{k!}e^{-\lambda t} \\ &= \lambda^2t^2+\lambda t\end{aligned} \tag{8.2.3}$$

$$D[X(t)] = E[X^2(t)] - E^2[X(t)] = \lambda t \tag{8.2.4}$$

(3) 相关函数与协方差函数。

设 $t_2>t_1$，把$[0, t_2)$区间分成两个不互不重叠的时间区间$[0, t_1)$和$[t_1, t_2)$，于是自相关函数为

$$\begin{aligned}R_X(t_1, t_2)&=E[X(t_1)X(t_2)] \\ &=E\{[X(t_1)-X(0)][X(t_2)-X(t_1)+X(t_1)]\} \\ &=E[X(t_1)-X(0)]E[X(t_2)-X(t_1)]+E[X^2(t_1)]\end{aligned} \tag{8.2.5}$$

根据定义，我们知道 $X(0)=0$，区间$[0, t_1)$和$[t_1, t_2)$上事件出现的次数是互相独立的，所以上式成立。又由于

$$E[X(t_2)-X(t_1)] = \sum_{k=0}^{\infty}kP_k(t_1, t_2) = \sum_{k=0}^{\infty}k\frac{[\lambda(t_2-t_1)]^k}{k!}e^{-\lambda(t_2-t_1)} = \lambda(t_2-t_1) \tag{8.2.6}$$

将式(8.2.2)、式(8.2.3)及式(8.2.6)代入式(8.2.5)，得

$$R_X(t_1, t_2)=\lambda^2t_1(t_2-t_1)+\lambda^2t_1^2+\lambda t_1=\lambda^2t_1t_2+\lambda t_1$$

当 $t_1=t_2$ 时，有

$$R_X(t_1, t_2)=E[X^2(t)]=\lambda^2t^2+\lambda t$$

根据协方差函数与自相关函数的关系，可以得到

$$\begin{aligned} C_X(t_1, t_2) &= R_X(t_1, t_2) - EX(t_1)EX(t_2) \\ &= \lambda^2 t_1 t_2 + \lambda t_1 - \lambda^2 t_1 t_2 \\ &= \lambda t_1 \end{aligned} \tag{8.2.7}$$

一般地，泊松过程的协方差函数可表示为

$$C_X(t_1, t_2) = \lambda \min(t_1, t_2)$$

泊松过程在很多学科都有重要的应用。比如：某一电话交换台在某段时间接到的呼叫。令 $X(t)$ 表示电话交换台在 $[0, t]$ 时间内收到的呼叫次数，则 $\{X(t), t \geqslant 0\}$ 是一个泊松过程。某银行柜台在时间 $[0, t]$ 内到达该业务窗口的顾客数也是一个泊松过程。

习　题

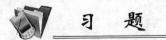

8.1　画出下列马尔可夫链对应的状态转移图，并指出是否非周期不可约的。

$$\boldsymbol{P} = \begin{bmatrix} 0 & \frac{1}{2} & \frac{1}{2} \\ 0 & \frac{1}{2} & \frac{1}{2} \\ 0 & 0 & 1 \end{bmatrix}, \boldsymbol{P} = \begin{bmatrix} \frac{1}{2} & \frac{1}{2} \\ \frac{1}{2} & \frac{1}{2} \end{bmatrix}, \boldsymbol{P} = \begin{bmatrix} 0 & \frac{1}{2} & 0 & \frac{1}{2} \\ \frac{1}{2} & 0 & \frac{1}{2} & 0 \\ 0 & \frac{1}{2} & 0 & \frac{1}{2} \\ \frac{1}{2} & 0 & \frac{1}{2} & 0 \end{bmatrix}$$

8.2　一阶马尔可夫信源有三个状态 $\{0, 1, 2\}$，其状态转移矩阵为

$$\boldsymbol{P} = \begin{bmatrix} 1-p & 0 & p \\ p & 1-p & 0 \\ 0 & p & 1-p \end{bmatrix}$$

画出该马尔可夫信源的状态转移图，求出 k 步转移概率矩阵以及平稳后信源的概率分布。

8.3　马尔可夫链信源有 3 个符号 $\{s_1, s_2, s_3\}$，转移概率为 $p(s_1|s_1)=1/2$，$p(s_2|s_1)=1/2$，$p(s_3|s_1)=0$，$p(s_1|s_2)=1/3$，$p(s_3|s_2)=2/3$，$p(s_1|s_3)=1/3$，$p(s_2|s_3)=2/3$，写出该马尔可夫链的转移矩阵、画出对应的状态转移图并求出各符号的稳态概率。

8.4　有一马尔可夫链，已知转移概率为 $p(s_1|s_1)=2/3$，$p(s_2|s_1)=1/3$，$p(s_1|s_2)=1$，试画出状态转移图，并求出二步转移概率矩阵。

8.5　假设有两个二进制对称信道的转移矩阵为

$$\boldsymbol{P}_1 = \boldsymbol{P}_2 = \begin{bmatrix} 1-\varepsilon & \varepsilon \\ \varepsilon & 1-\varepsilon \end{bmatrix}$$

求出串联信道的信道转移矩阵。如果有无穷多个这样的信道串联，那么这种信道是否还具有信息传输的能力？

8.6　设齐次马尔可夫链有四个状态$\{s_1, s_2, s_3, s_4\}$，其转移概率矩阵为

$$P=\begin{bmatrix} \frac{1}{4} & \frac{1}{4} & \frac{1}{4} & \frac{1}{4} \\ 0 & 1 & 0 & 0 \\ \frac{1}{4} & \frac{1}{4} & 0 & \frac{1}{2} \\ \frac{1}{2} & 0 & \frac{1}{2} & 0 \end{bmatrix}$$

(1) 求该马尔可夫链在时刻 n 处于状态 s_3 的条件下，在 $n+2$ 时刻处于状态 s_2 的概率；

(2) 求该马尔可夫链在时刻 n 处于状态 s_1 的条件下，在 $n+3$ 时刻处于状态 s_3 的概率。

8.7　设齐次马尔可夫链的转移矩阵为

$$P=\begin{bmatrix} \frac{1}{3} & \frac{1}{2} & \frac{1}{6} \\ \frac{1}{2} & \frac{1}{3} & \frac{1}{6} \\ \frac{1}{3} & \frac{1}{2} & \frac{1}{6} \end{bmatrix}$$

(1) 这个马氏链共有几个状态？画出状态转移图，并求出二步转移矩阵。

(2) 此链是否遍历？如果遍历，求出极限分布。

8.8　某电话交换台在$(0, t)$上收到的呼叫次数 $X(t)$是泊松过程，其平均呼叫次数为 2 次/分钟，试求在任意的 10 分钟内呼叫次数为 k 的概率。

参 考 文 献

[1] 吉淑娇，雷艳敏. 随机信号分析[M]. 北京：清华大学出版社，2010.

[2] 张德丰. MATLAB 数字信号处理与应用[M]. 北京：清华大学出版社，2010.

[3] 罗鹏飞，张文明，刘福声. 随机信号分析[M]. 长沙：国防科技大学出版社，2003.

[4] 王永德，王军. 随机信号分析基础[M]. 4 版. 北京：电子工业出版社，2013.

[5] 罗鹏飞，张文明. 随机信号分析与处理[M]. 北京：清华大学出版社，2006.

[6] 郑薇，赵淑清，李卓明. 随机信号分析[M]. 3 版. 北京：电子工业出版社，2015.

[7] 常建平，李海林. 随机信号分析[M]. 北京：科学出版社，2013.

[8] 罗鹏飞. 统计信号处理[M]. 北京：电子工业出版社，2009.

[9] MANOLAKIS D G，INGLE V K，KOGON S M. 统计与自适应信号处理[M]. 西安：西安电子科技大学出版社，2012.

[10] KAY S M. Fundamentals of Statistical Signal Processing：Detection Theory[M]. Prentice Hall，1998.

[11] 谷立臣. 工程信号分析与处理技术. 西安：西安电子科技大学出版社，2017.

[12] 宋承天，蒋志宏，潘曦，等. 随机信号分析与估计[M]. 北京：北京理工大学出版社，2018.

[13] 李晓峰，周宁，傅志中，等. 随机信号分析[M]. 北京：电子工业出版社，2020.

[14] OPPENHEIM A V，VERGHESE G C. 信号、系统及推理[M]. 李玉柏，崔琳莉，武畅，译. 北京：机械工业出版社，2017.